TRAITÉ
DU
CALCUL INTÉGRAL,

POUR SERVIR DE SUITE

A L'ANALYSE DES INFINIMENT-PETITS

DE M. LE MARQUIS DE L'HOPITAL;

*Par M. DE BOUGAINVILLE, de la Société Royale
de Londres.*

SECONDE PARTIE.

A PARIS,

Chez H. L. GUERIN & L. F. DELATOUR,
rue Saint Jacques, à Saint Thomas d'Aquin.

M. DCC. LVI.
Avec Approbation & Privilege du Roi.

AVANT-PROPOS.

JE m'acquitte avec autant d'empreſſement que de reconnoiſſance de mes engagements envers le Public. L'accueil favorable qu'il a fait à la premiere partie de cet Ouvrage, m'a ſoutenu contre les difficultés que préſentoit l'exécution de la ſeconde. L'eſpoir du ſuccès m'animoit. J'avois au moins un gage certain de l'indulgence de mes Juges.

Dans la premiere partie j'ai expoſé les regles pour l'intégration des différentielles qui n'ont qu'une ſeule variable, ou changeante; celle-ci explique les méthodes connues pour intégrer les différentielles qui en contiennent deux, ou un plus grand nombre. Je la diviſe en deux Sections, dont l'une a pour objet celles de ces différentielles qui ſont du premier ordre, & l'autre celles qui ſont d'un ordre plus élevé.

De toutes les méthodes inventées pour éclaircir ces matieres obſcures & compliquées, celles qui embraſſent un plus grand nombre de cas ſont, ſans contredit, les plus utiles. C'eſt à développer les plus générales de ces méthodes, à en faire voir l'application à des cas éloignés

& qui y paroiſſent le moins réductibles, que je me ſuis ſur-tout attaché. Pour épargner aux commençants des eſſais qui, toujours pénibles, ſeroient ſouvent infructueux à l'égard de quantités & d'équations qui ne peuvent être intégrées ſans préparation, j'ai placé à la tête de cette ſeconde partie l'expoſition du Théorême qui apprend à reconnoître quand l'intégration directe eſt poſſible, ou non. J'ai donné à l'expoſition de ce Théorême toute l'étendue néceſſaire pour ne laiſſer, je crois, aucun embarras ſur la maniere de s'en ſervir ; & dans toute la ſuite de l'Ouvrage j'en fais un uſage preſque continuel.

La méthode développée dans le Chap. VII. de la premiere Section eſt auſſi d'une très-grande généralité. On verra que la difficulté d'intégrer pluſieurs équations ſe réduit ſouvent à les ramener au cas dans lequel la méthode du Chapitre VII. ſuppoſe les équations différentielles pour les intégrer. Celle du Chapitre XV. de la même Section eſt auſſi une des plus ingénieuſes & des plus fécondes ; d'autant mieux que M. d'Alembert à qui nous la devons, ainſi que preſque la moitié des méthodes contenues dans ce Volume & dans le précédent, l'a étendue aux différentielles d'un ordre quelconque.

La plûpart de ces méthodes font dans les volu-
mes de 1746, 1748, 1750 des Mémoires
de l'Académie de Berlin.

J'ai trouvé, dans la feconde Section, l'oc-
cafion de faire voir par un exemple, comment
deux méthodes, rapprochées l'une de l'autre,
fe prêtent un jour mutuel & acquierent quelquefois un degré d'évidence & de généralité
que les inventeurs ne leur avoient pas donné.
Il y a toujours à gagner à ces fortes de combinaifons ; puifque fouvent, même en manquant
le but qu'on fe propofe, on trouve une vérité
qu'on ne cherchoit pas. D'ailleurs ces méthodes qui tendent à la même fin, qui font fon-
dées fur les mêmes principes, qui prefque toutes ont les mêmes procédés, ont néceffairement
entre elles un rapport fenfible. Peut-être à force
d'en étudier la liaifon & d'en chercher la dé-
pendance réciproque, parviendroit-on à rendre l'inftrument univerfel & en même temps
plus fimple.

Que ne pouvons-nous pas nous promettre
à cet égard des travaux réunis & conftants de
plufieurs Géometres du premier ordre, dont
les pas ont déja franchi un efpace immenfe ?
Le Public attend avec impatience le Traité du
Calcul Intégral de M. Fontaine. Son but eft

de réduire tout ce Calcul à une regle fondamentale & générale. Les effais de ce Traité
qui ont déja été lus à l'Académie des Sciences
& dont l'Hiftoire de cette Académie (Année
1742.) fait mention, mettent en droit d'ef-
pérer tout de l'Ouvrage même.

SUPPLÉMENT
A LA PREMIERE PARTIE.

Comme on m'a fait appercevoir dans la première partie de cet Ouvrage quelques endroits qui n'avoient pas, pour tout le monde, ce degré de clarté que je m'étois proposé de leur donner ; & qu'on m'en a indiqué d'autres, où le calcul pouvoit être simplifié ; je vais éclaircir & réformer ces endroits, & corriger en même temps les fautes d'impreſſion dont j'ai pu m'appercevoir. Je ſuivrai dans ce Supplément l'ordre des pages.

PAGE 11. LIGNE 15. Placez la lettre O à l'angle des aſymptotes, & nommez : OC, x, au lieu de BC.

Page 15. ligne 1. $\frac{dx}{y} = y$, liſez $\frac{dx}{x} = dy$.

Page 21. ligne 10. $y^z dz\, l\, x\, l y =$, liſez $y^z dz\, l\, x\, l y +$.

Page 35. Lemme 6. La ſuppoſition faite dans la démonſtration de ce Lemme, que $1 - 2ax + xx = 0$, $1 - 2bx + xx = 0$, &c. pourroit faire naître quelques difficultés. Quoique la vérité du Lemme n'en ſubſiſtât pas moins, il eſt cependant à propos de montrer comment on peut ſe paſſer de cette ſuppoſition.

Soient donc a, b, $-h$, &c. les coſinus des arcs AB, AF, AI, &c. a, b, $-h$ feront les différentes valeurs de c dans les équations aux cofinus, trouvées p. 31. Donc ces équations auront pour diviseurs $c - a$, $c - b$, $c + h$, &c.

Suppofons ces équations multipliées par 2 & faifons $2c = u$; les transformées qui en naîtront, auront pour diviseurs $u - 2a$, $u - 2b$, $u + 2h$, &c. Or on fait que fi dans chacune de ces transformées on fubftitue à u une quantité quelconque P, la quantité dans laquelle chacune d'elles fe change par cette fubftitution a pour diviseurs $P - 2a$, $P - 2b$, $P + 2h$. Donc fi à u on fubftitue $\frac{1+xx}{x}$, les transformées qu'on aura dans ce cas auront pour diviseurs $\frac{1+xx}{x} - 2a$, $\frac{1+xx}{x} - 2b$, $\frac{1+xx}{x} + 2h$, &c. Maintenant en faifant le calcul, on verra facilement que la forme générale de ces transformées eft,

$$\frac{1 \pm 2tx^\lambda + x^{2\lambda}}{x^\lambda}.$$ Donc $$\frac{1 \pm 2tx^\lambda + x^{2\lambda}}{x^\lambda} =$$

$$\frac{\left(\frac{1+xx}{x} - 2a\right).\left(\frac{1+xx}{x} - 2b\right).\left(\frac{1+xx}{x} + 2h . \&c. = (1+xx-2ax).(1+xx-2bx).(1+xx+2hx).\&c.}{x^\lambda}.$$ Donc en-

fin $1 \pm 2tx^\lambda + x^{2\lambda} = (1 - 2ax + xx).(1 - 2bx + xx).(1 + 2hx + xx). \&c. = \overline{KB}^2 \times \overline{KF}^2 \times \overline{KI}^2 \times \&c.$

Page 38. *ligne* 2. AF, lifez AE.

Ibid. *ligne* 17. Lifez $\sqrt{1 + 2hx + xx}$, au lieu de $\sqrt{1 + hx + xx}$.

Page 42. *ligne* 17. $\frac{AdA + BdB}{AA + BB} \times$, lifez $\frac{AdA + BdB}{AA + BB} + $;

Page 43. *ligne* 16. $\int h \times \frac{ada - bdb}{aa + bb}$, lifez $\int h \times \frac{ada + bdb}{aa + bb}$.

Page 46. *ligne* 7. Comme 9 eſt à 1 : *liſez*, comme g eſt à 1.

Ibid. *ligne* 15. *juſqu'à* 21 : *pour plus de clarté* : *liſez ce qui ſuit* : $s\overset{\text{\tiny 10}}{\sqrt{-1}} = \overline{s\sqrt{-1}}^{\frac{1}{5}}$. Or cette derniere quantité ſe rapporte à $\overline{a+b\sqrt{-1}}^{g+h\sqrt{-1}}$, en faiſant $a = 0$, $b = s$, $g = \frac{1}{5}$, $h = 0$. Donc (LXX. n°. 4.) $s\overset{\text{\tiny ..}}{\sqrt{-1}}$ ſe rapporte à $A + B\sqrt{.-1}$, & par conſéquent auſſi $r + s\overset{\text{\tiny 10}}{\sqrt{-1}}$.

Page 51. *ligne* 18. $+ y$: *liſez* $+ y^{m}$.

Page 80. *ligne* 16. au lieu de fy : *liſez*, gy.

Ibid. *ligne* 22. $\frac{2gz}{g-2z}$ ou bien, &c. *liſez* $\frac{gg}{g-2z}$ ou bien $\frac{2gz}{g-2z}$.

Page 102. *ligne pénultieme.* $-(X)$: *liſez* $+(X)$.

Page 117. *ligne* 14. Il eſt évident, &c. *liſez*, Il eſt évident qu'on aura toujours un triangle rectangle, dont les côtés autour de l'angle droit ſeront dx & dy, & dont l'hypotenuſe ſera du.

Page 121. *ligne* 26. *liſez*, d'un quadrilatere d'hyperbole équilatere par rapport à ſes aſymptotes : les coordonnées ayant leur origine à la diſtance 1 du ſommet.

Page 129. *ligne* 20. un nombre entier poſitif : *liſez*, un nombre entier pair poſitif.

Page 133. *ligne* 11. $\frac{-z^{m}dz}{rr(zz+rr)}$, *liſez* $\frac{-z^{m}dz}{rr(zz+\frac{1}{rr})}$.

Page 152. *ligne* 5. $\frac{(f+\frac{fa-g}{b-a})}{}$: *liſez* $(f+\frac{fa-g}{b-a})$.

Page 159. *ligne* 14. la fonction de x : *liſez*, le coefficient de x.

II. Partie.

Page 171. *ligne* 11. $G z^r d x$: *lifez*, $G z^r d z$.

Ibid. *ligne* 18. *lifez*, s étant un nombre impair pofitif ou négatif; & cette quantité s'intégrera, ou abfolument, quand s eft pofitive (Art. CVI. n°. 1.), ou par la quadrature du cercle (Art. CVI. n°. 2.), lorfque s eft négative.

Page 180. *On peut fupprimer depuis la ligne* 4 *incluſivement, jufqu'à la ligne* 7 *excluſivement.*

Page 181. *ligne* 15. $1 + x =$ &c. *lifez* $1 + x^\lambda =$.

Page 199. *ligne* 8 & 9. demi-axe conjugué : *lifez* axe conjugué.

Page 204. *ligne* 14. $=$ enfin $\dfrac{-bbdu}{u\sqrt{u}.\sqrt{uu \pm fu - bb}}$. Pour montrer clairement ce qui a pu conduire à ajouter à la différentielle ce qu'on lui a ajouté, mettons-la fous cette forme $-\dfrac{\frac{bbdu}{uu}}{\sqrt{u \pm f - \frac{bb}{u}}}$; il eft facile de voir que $\frac{bbdu}{uu}$ eft la différentielle du terme $-\frac{bb}{u}$ qui eft fous le figne. Donc il ne manque que du dans le numérateur, pour que la différentielle foit complete. Donc au lieu de notre différentielle nous pourrons prendre la fuivante,

$$-\dfrac{du + \frac{bbdu}{uu}}{\sqrt{u \pm f - \frac{bb}{u}}} + \dfrac{du}{\sqrt{u \pm f - \frac{bb}{u}}}.$$

La premiere partie a pour intégrale (Art. VIII.) $-2\sqrt{u \pm f - \frac{bb}{u}}$, ou $-\dfrac{2\sqrt{uu \pm fu - bb}}{\sqrt{u}}$. La feconde n'eft autre chofe que $\dfrac{du\sqrt{u}}{\sqrt{uu \pm fu - bb}}$, qui fe rapporte à l'Article CCVI.

Page 220. *ligne* 3. eft égal à celle de : *effacez* celle de.

Page 224. *ligne* 1. *changez le double figne* $\pm$ *en* $\mp$.

Page 227. *ligne* 16. On aura une différentielle , &c. C'eft ce qu'on peut voir de la maniere fuivante. Puifque $f + gx + hxx + x^3 = (k + lx + mx^2).(c \pm x)$, en faifant $c \pm x = z$, on aura une transformée de cette forme $[a.(\pm z \mp c) + b]^p \times \pm z^{\frac{n}{2}} dz \times (k' + l'z + mz^2)^{\frac{n}{2}}$; donc , &c.

Page 231. *ligne* 2. & $xx =$ &c. On peut fimplifier ce calcul de la façon fuivante. Subftituez la valeur de x, qui vient d'être trouvée, dans l'équation $g'zx + \delta z = g + lx + kx^2$ & vous aurez tout de fuite $g + lx + kxx = \delta z + g'z \times \left\{ \frac{g'z - l}{2k} \pm \sqrt{\frac{\delta z - g}{k} + \left(\frac{g'z - l}{2k}\right)^2} \right\}$, d'où l'on tire immédiatement le dénominateur $\sqrt{\varphi + \frac{1}{z}} \times \left\{ \delta z + g'z \left(\frac{g'z - l}{2k}\right) \pm \sqrt{\frac{\delta z - g}{k} + \left(\frac{g'z - l}{2k}\right)^2} \right\}$; *réduifant,* &c. *comme jufqu'à la ligne* 10 , je multiplie &c. On peut fe difpenfer de cette opération , parce que le numérateur & le dénominateur font chacun divifibles par la quantité qui multiplie $\frac{dz}{k}$, ce qui conduit fur le champ à $\frac{\pm dz}{\sqrt{z} . \sqrt{\&c.}}$, *ligne* 12. *page fuivante.*

Quant à la remarque qui fuit, page 233 , on peut trouver auffi facilement, fans le fecours du calcul qui précede, que la propofée fe rapporte aux logarithmes , toutes les fois que $\delta\delta - \frac{\delta g' l}{k} + \frac{g g' g'}{k} = 0$. Car il eft fûr que la propofée fe réduira aux logarithmes, lorfque $g'x + \delta$ fera divifeur de $g + lx + kx^2$. Suppofant donc qu'il le foit, & faifant la divifion, jufqu'à ce qu'il n'y ait plus d'x au dividende, on trouvera, en égalant le refte à zéro & en réduifant, $\partial\partial - \dfrac{\partial g' l}{k} + \dfrac{g g' g'}{k} = 0$.

Page 234. *ligne* 17. eft du troifieme degré : *lifez*, eft 3.

Page 235. *ligne* 20. Les quadratures de ces quatre équations : *lifez*, les quadratures des courbes repréfentées par ces quatre équations.

Ibid. *ligne* 23. fa quadrature fe réduira : *lifez*, la quadrature de cette courbe fe réduira.

Page 237. *ligne* 14. $dx = y\,du$, effacez $dx =$.

Ibid. *ligne* 15. Faites ainfi, pour plus de fimplicité, le calcul fuivant. Je multiplie la différentielle

$$\dfrac{du\sqrt{k + lu + mu^2 + nu^3}}{\sqrt{u}}$$

haut & bas par $4\sqrt{k + lu + mu^2 + nu^3}$ & j'ai

$$\dfrac{4kdu + 4ludu + 4mu^2du + 4nu^3du}{4\sqrt{k + lu^2 + mu^3 + nu^4}},$$

ou bien

$$\dfrac{kdu + 2ludu + 3mu^2du + 4nu^3du}{4\sqrt{ku + lu^2 + mu^3 + nu^4}} + \dfrac{3kdu + 2ludu + mu^2du}{4\sqrt{ku + lu^2 + mu^3 + nu^4}}.$$

Il eft évident que la premiere partie a pour intégrale $\dfrac{\sqrt{ku + lu^2 + mu^3 + nu^4}}{2}$. A l'égard de la feconde, elle fe réduit à trois autres, dont la premiere qui a pour numérateur $3kdu$ s'integre par les fections coniques, en faifant $u = \dfrac{1}{x}$. La feconde qui fe réduit à

$$\dfrac{ldu\sqrt{u}}{2\sqrt{k + lu + mu^2 + nu^3}}$$

eft de la forme de celle dont nous cherchons l'intégrale ; & la troifieme fe réduit à

$$\dfrac{mudu}{4\sqrt{\dfrac{k}{u} + l + mu + nu^2}},$$

à laquelle, après l'avoir mife fous cette forme,

$$\frac{m}{8n} \cdot \frac{2\,n\,u\,d\,u}{\sqrt{\frac{k}{u} + l + m\,u + n\,u^2}}$$, on voit qu'il ne manque

pour être une différentielle complete, que d'avoir à son

numérateur $-\frac{k\,d\,u}{u\,u} + m\,d\,u$. Cette troifieme partie fe ré-

duira donc , pour fon intégration , à l'intégrale

$$\frac{m}{4n} \sqrt{\frac{k}{u} + l + m\,u + n\,u^2}$$, à la différentielle

$$\frac{\frac{m}{8n} \cdot k\,d\,u}{u\sqrt{u} \cdot \sqrt{k + l\,u + m\,u^2 + n\,u^3}}$$, qui fe rapporte aux fections

coniques en faifant $u = \frac{1}{z}$; & enfin à la différentielle

$$\frac{-\frac{m^2}{8n} \cdot d\,u\sqrt{u}}{\sqrt{k + l\,u + m\,u^2 + n\,u^3}}$$, de la même forme que celle dont

nous cherchons l'intégrale.

Donc la différentielle $\dfrac{d\,u\sqrt{k + l\,u + m\,u^2 + n\,u^3}}{\sqrt{u}}$ eft com-

pofée de deux parties qui s'integrent abfolument , de

deux parties dépendantes des fections coniques , & enfin

de $\left(\frac{l}{2} - \frac{m\,m}{8n}\right) \cdot \dfrac{d\,u\sqrt{u}}{\sqrt{k + l\,u + m\,u^2 + n\,u^3}}$. Donc l'intégrale

de $\dfrac{d\,u\sqrt{u}}{\sqrt{k + l\,u + m\,u^2 + n\,u^3}}$ dépend de celle de

$\dfrac{d\,u\sqrt{k + l\,u + m\,u^2 + n\,u^3}}{\sqrt{u}}$, c'eft-à-dire , de la quadrature

d'une courbe du troifieme ordre.

Page 241. ligne derniere : d'une quadrature du troifieme

ordre : *lifez* , de la quadrature d'une courbe du troifieme

ordre.

Page 244. ligne 3. $x\,x$: lifez , x.

Page 246. ligne 14. $2\,x\,x\,d\,x$: lifez , $2\,c\,x\,d\,x$.

Page 248. ligne 17. elle ne dépend pas toujours de

$\dfrac{dx}{x\sqrt{a+fx^3}}$: mais elle peut dépendre ou de $\dfrac{x^2\,dx}{\sqrt{a+fx^3}}$; ou de $\dfrac{x\,dx}{\sqrt{a+fx^3}}$, ou de $\dfrac{dx}{\sqrt{a+fx^3}}$, ou enfin de $\dfrac{dx}{x\sqrt{a+fx^3}}$. Dans le premier cas elle s'integre exactement. Dans le second & le troisieme elle dépend des sections coniques.

Page 253. *ligne* 7. fonctions de x : *lisez*, de z.

Page 259. *ligne* 6. au dénominateur $\sqrt{\varphi A + B u}$ &c. : lisez $\sqrt{A + B u}$ &c.

Page 277. *ligne* 3. $x^3 = \dfrac{az - g}{z^3}$ donne, &c. Le calcul qui suit peut s'abreger en cette maniere ; $x^3 = \dfrac{az - g}{z^3}$ donne $x^2\,dx = \dfrac{-2azdz + 3gdz}{3z^4}$; donc $x^2 z\,dx = \dfrac{-2azdz + 3gdz}{3z^3}$; *ce qui intégré conduit tout de suite à la ligne* 7.

Ibid. *ligne* 22. Ay, lisez Ay^λ.

Page 292. *ligne* 10. Si l'on avoit $\int(r\,dx \int u\,dx)$: *ajoutez ces mots*: r & u étant des fonctions quelconques de x.

Ibid. *ligne* 15. *en titre*, Second Cas ; *effacez ce titre & les deux lignes qui suivent. Lisez à la marge :* Autre exemple du premier cas ; *& au lieu de* $\int (dx) \times \left(\int \dfrac{r\,dx}{\sqrt{2rx - xx}}\right)^3$, *lisez* $\int\left\{ dx \left(\int \dfrac{r\,dx}{\sqrt{2rx - xx}}\right)^3 \right\}$ *dans cet article & le suivant.*

Page 294. *Art.* CCCII. *jusqu'à la ligne* 14 : *lisez ce qui suit.* Soit proposée $\int\left\{ dx \left(\int \dfrac{r\,dx}{\sqrt{2rx - xx}}\right)^3 \right\}$; $\int \dfrac{r\,dx}{\sqrt{2rx - xx}}$ est l'expression d'un arc de cercle dont x est le sinus verse & r le rayon : Soit, en supposant le rayon 1, z la valeur de cet arc ; $r z$ sera sa valeur, le rayon étant r. De même si cos. z représente le cosinus de cet arc, le rayon étant

1 , r cof. z repréfentera le cofinus du même arc, le rayon étant r. On aura donc $x = r - r$ cof. z ; or cof. $z =$ &c.

Au refte il eft bon de marquer en paffant la différence de ces deux expreffions r cof. z & cof. rz. La premiere exprime le cofinus de l'arc z pris dans un cercle dont le rayon eft r ; la feconde repréfente le cofinus d'un arc, le nombre de fois r plus grand que z, les arcs rz & z étant pris dans le même cercle ; d'où l'on voit que r cof. z & cof. rz font deux expreffions qu'il ne faut pas confondre.

Page 296. ligne derniere. Entre l'article c c c v. *qui termine cette page & l'article* cccvi. *qui commence la fuivante, inférez ces mots :*

S E C O N D   C A S.

Ce fecond cas a lieu, quand les quantités affeétées du figne $\int$ font multipliées les unes par les autres. Il n'a aucune difficulté. Prenez chaque intégrale en particulier, & multipliez-les enfuite entre elles, le produit fera la valeur de l'expreffion propofée. Ainfi $\int(x\,dx) \times \int(g\,x^3\,dx)$ $= \frac{x^2}{2} \times \frac{g\,x^4}{4} = \frac{g\,x^6}{8}$.

Page 316. ligne 20. ajoutez ce qui fuit. On peut par le même Théorême transformer tout nombre irrationel donné en une fuite infinie de termes purement rationels. Soit, par exemple , la quantité irrationelle $\sqrt{10}$, je la transforme en $\sqrt{9 + 1}$, c'eft-à-dire, en un radical binome dont la premiere partie foit un quarré ; & alors élevant par le moyen de la formule le binome $9 + 1$ à la puiffance

$\frac{1}{2}$, on aura une fuite infinie de termes tous rationels.

Page 324. *ligne* 18. d'un nombre plus grand que l'unité. *Entre cette ligne & l'Art.* CCCXL , *ajoutez* : mais moindre que 2. En effet fi $1 + z$ étoit feulement égal à 2, alors z étant 1 , les deux termes du dénominateur binome feroient égaux & la ferie feroit fautive ; à plus forte raifon, lorfque z furpaffe 2.

On peut néanmoins employer cette ferie à trouver les logarithmes des nombres plus grands que l'unité ; mais il faut pour cela calculer les logarithmes de nombres moindres que 2 , & qui foient tels que, multipliés entre eux, ou divifés les uns par les autres, ils produifent le nombre dont on cherche le logarithme. Par exemple, fachant que $\frac{\frac{12}{10} \times \frac{12}{10}}{\frac{8}{10} \times \frac{9}{10}}$, ou bien $\frac{1,2 \times 1,2}{0,8 \times 0,9} = 2$, je calcule par le moyen de la premiere ferie le logarithme de 1, 2 en fuppofant $z = 0, 2$. Je calcule pareillement les logarithmes de 0, 8 & 0, 9 par le moyen de la feconde formule en fuppofant $z = 0, 2$ pour l'un, & 0, 1 pour l'autre. J'ajoute les logarithmes trouvés de 0, 8 & 0, 9 & je retranche la fomme du double du logarithme de 1, 2, ce qui donnera le logarithme de 2. Si on fe donne la peine de faire ce calcul , on trouvera ce logarithme $= 0, 6931471805 59$ &c. De même puifque $\frac{2 \times 2 \times 2}{0, 8}$ $= 10$, en triplant le logarithme que nous venons de trouver, & retranchant celui de 0, 8, on aura le logarithme de 10 exprimé par $2 . 3025850929 94$ &c. C'eft

ce

ce que (page 10. Art. xv.) nous avions promis de donner.

Lorsque par ce moyen on a formé les logarithmes de quelques nombres, on peut ensuite avoir ceux des autres nombres d'une maniere plus expéditive. La méthode consiste à trouver le logarithme d'une fraction dont le numérateur surpasse le dénominateur de tel nombre d'unités qu'on voudra. Pour cet effet, soit a la somme du numérateur & du dénominateur de cette fraction, x leur différence ; la fraction sera $\dfrac{\frac{1}{2}a + \frac{1}{2}x}{\frac{1}{2}a - \frac{1}{2}x}$, ou $\dfrac{a+x}{a-x}$. La différentielle du logarithme de cette fraction sera $\dfrac{2\,a\,dx}{aa - xx}$; laquelle réduite en serie par la division & ensuite intégrée, donne pour le logarithme de cette même fraction $2 \times \left\{ \dfrac{x}{a} + \dfrac{x^3}{3a^3} + \dfrac{x^5}{5a^5} + \dfrac{x^7}{7a^7} + \dfrac{x^9}{9a^9} + \&c. \right\}$: intégrale à laquelle il n'y a point de constante à ajouter, parce que quand $x = 0$, elle devient $= 0$, ainsi que cela doit être. Car lorsque $x = 0$, la fraction $\dfrac{a+x}{a-x}$ devient $\dfrac{a}{a} = 1$, dont le logarithme est ici $= 0$.

Maintenant s'il s'agit de trouver le logarithme d'un nombre quelconque a, celui d'un autre nombre b étant donné ; je chercherai par cette formule le logarithme de la fraction $\dfrac{a}{b}$, si a est plus grand que b, ou $\dfrac{b}{a}$, s'il est plus petit : ce logarithme étant trouvé, je l'ajouterai dans le premier cas au logarithme supposé connu de b, & j'aurai le logarithme de $\dfrac{a}{b} \times b$; c'est-à-dire de a. Dans le second cas je retrancherai du logarithme connu de b, celui de la fraction $\dfrac{b}{a}$, & j'aurai le logarithme de $\dfrac{b}{\frac{b}{a}} = b \times \dfrac{a}{b} = a$.

II. Partie. c

Au reste, il ne faut pas perdre de vue que les logarith-mes dont nous parlons ici, font les logarithmes hyper-boliques; & que pour réduire à ceux des tables ordinaires les logarithmes trouvés par les moyens que nous venons d'indiquer, il faut multiplier ces derniers par le nombre constant $0,43429448$ &c. La raison en est que les lo-garithmes d'un même nombre pris dans différentes loga-rithmiques font entre eux comme les fous-tangentes de ces logarithmiques. Or les logarithmes appellés hyperboliques, font ceux que donneroit la logarithmique dont la fous-tangente $= 1$, & ceux des tables appartiennent à une logarithmique dont la fous-tangente $= 0,43429448$ &c. Donc si en général on nomme l le logarithme hyperbo-lique d'un nombre donné ; L fon logarithme pris dans les tables ordinaires, on aura $1 : 0,43429448$ &c. $:: l : L$. Donc $L = l \times 0,43429448$ &c.

Par une méthode femblable à celle que nous venons d'employer pour trouver le logarithme du nombre $1 + z$, on peut parvenir à trouver l'expreffion générale de c^x, (c étant le nombre dont le logarithme est 1, & x une quantité quelconque). On fuppofera pour cet effet $c^x = 1 + z$; donc $x = l(1 + z)$ & conféquemment $x = z - \dfrac{z^2}{2} + \dfrac{z^3}{3}$ &c. ; équation de laquelle tirant, par la méthode inverfe des feries, la valeur de z en x, on aura

$$z = \frac{x}{1} + \frac{x^2}{1 \cdot 2} + \frac{x^3}{1 \cdot 2 \cdot 3} + \frac{x^4}{1 \cdot 2 \cdot 3 \cdot 4} + \frac{x^5}{1 \cdot 2 \cdot 3 \cdot 4 \cdot 5} \ \&c.$$

donc $1 + z$ ou $c^x = 1 + \dfrac{x}{1} + \dfrac{x^2}{1 \cdot 2} + \dfrac{x^3}{1 \cdot 2 \cdot 3} + \ \&c.$

Je remarquerai ici que cette expreſſion trouvée pour c^x démontre ce que nous avons ſuppoſé dans la premiere Partie (Art. CCCVII.), ſavoir que $c^{z\sqrt{-1}} = 1 + z\sqrt{-1}$ lorſque z eſt très-petite.

J'obſerverai encore qu'on peut par ce moyen trouver la valeur de c. En effet puiſque $c^x = 1 + \dfrac{x}{1} + \dfrac{x^2}{1.2} + \dfrac{x^3}{1.2.3} + \dfrac{x^4}{1.2.3.4} +$ &c. en ſuppoſant $x = 1$, on a $c = 1 + \dfrac{1}{1} + \dfrac{1}{1.2} + \dfrac{1}{1.2.3} + \dfrac{1}{1.2.3.4} +$ &c. $= 2,7182818$ &c.

EXTRAIT DES REGISTRES
de l'Académie Royale des Sciences,

Du 14 Janvier 1756.

NOUS Commissaires nommés par l'Académie, avons examiné la seconde Partie de l'Ouvrage de Monsieur de Bougainville le jeune, qui a pour titre : *Traité du Calcul intégral.*

Cette seconde Partie traite de l'Intégration des Quantités différentielles à deux ou plusieurs variables, & acquitte par conséquent l'engagement que l'Auteur avoit pris avec le public. Elle est divisée en deux livres.

Le premier a pour objet l'intégration des Différentielles du premier ordre, qui contiennent deux ou plusieurs variables. M. de Bougainville après quelques Définitions & Propositions préliminaires, traite d'abord de l'intégration des quantités ou équations différentielles qui n'ont besoin pour cela d'aucune préparation ; il donne le moyen de connoître & de distinguer ces sortes de quantités ou équations, & de les intégrer. Il passe ensuite à l'intégration des équations qui ont besoin d'être préparées par quelque opération particuliere ; & comme pour l'ordinaire, cette opération consiste à séparer les Indéterminées, M. de Bougainville, après avoir enseigné à construire une Equation différentielle dont les indéterminées font séparées, donne différentes méthodes pour séparer les indéterminées dans une Equation proposée, soit par la voie des multiplications & des divisions, soit par celle des transformations. Le premier usage qu'il en fait, a pour objet les Equations homogenes, & après avoir montré comment on peut construire ces équations dans tous les cas, il enfeigne comment on peut réduire plufieurs Equations au cas de l'homogénéité.

Il paffe de là à l'intégration d'une efpece d'Equations qui a fouvent lieu dans la folution des Problêmes ; c'eft celle dont M. Bernoulli a donné le premier l'Intégrale dans les Journaux de Leipfic de 1697. M. de Bougainville, après avoir donné une méthode particuliere d'intégrer ces fortes d'Equations, fait voir comment on peut y réduire un grand nombre d'Equations propofées. Ces principes établis, il traite en général des équations à trois & quatre termes, & montre dans quels cas on peut les intégrer. Il n'oublie pas la fameufe équation de *Ricati*, ni même des équations plus compliquées, dont celle de *Ricati* n'eft qu'un cas.

De là il paffe à l'intégration des Equations où les deux différentielles font élevées à différentes puiffances ; le cas des Equations homogenes fe retrouve encore ici, mais fous une forme bien plus générale. M. de Bougainville montre de plus comment on peut intégrer dans beaucoup d'autres cas les Equations dans lefquelles les deux différentielles fe trouvent mêlées enfemble, ou élevées à des puiffances plus grandes que l'unité.

L'Auteur fait voir enfuite comment on peut employer dans certains cas la méthode des Coefficients indéterminés pour intégrer en même temps plufieurs équations qui contiennent chacune un certain nombre de variables ; & comment on peut fe fervir de cette même méthode pour déterminer une Intégrale par certaines conditions données de la Différentielle.

Le fecond Livre traite de l'intégration des Equations ou quantités différentielles à plufieurs variables, du fecond ordre & au-delà, en fuppofant conftante telle différentielle qu'on juge à propos. Il contient, ainfi que le Livre premier, toutes les méthodes que les Géometres ont trouvées jufqu'à préfent fur le Calcul qui en eft l'objet ;

l'Auteur fait par-tout fe rendre propres ces méthodes par l'intelligence & la clarté avec laquelle il les a dévelop-pées.

Cette Seconde Partie ne nous paroît pas moins digne que la premiere de l'approbation de l'Académie , & de l'impreffion. *Signé*, NICOLE ; D'ALEMBERT.

Je certifie le préfent Extrait conforme à fon original & au jugement de l'Académie. A Paris, ce 29 Janvier 1756.

GRANDJEAN DE FOUCHY,
Secretaire perpétuel de l'Académie Royale des Sciences.

Fautes à corriger dans la Seconde Partie.

Page 19. ligne 24. $\frac{dC}{dx} \times \frac{dB}{dz}$, lifez $\frac{dC}{dx}$, $\frac{dB}{dz}$.

Page 58. ligne 6. $byyx^{\frac{1}{2}}$, lifez $byyx^{\frac{1}{2}}dx$.

Page 116. & 117. effaçez V^{-1} & V''^{-1}.

Page 154. ligne 15. $\pm nyydx^{3}$, lifez $\pm n$.

Page 155. ligne 1. $\pm ndx^{3}$, lifez $\pm n$; *idem* ligne 8.

N'ayant pu revoir moi-même les épreuves de cette feconde Partie, à caufe d'un voyage que j'ai été obligé de faire & d'une maladie affez longue qui l'a fuivi, je m'en fuis repofé fur l'exactitude de M. Bezout, Cenfeur Royal & très-habile Maître de Mathématiques, qui a bien voulu s'en charger. Ceux qui voudront s'inftruire à fonds du Calcul intégral & de la Géométrie tranfcendante, ne fauroient mieux faire que de le prendre pour guide.

TRAITÉ

TRAITÉ
DU
CALCUL INTÉGRAL.

SECONDE PARTIE,

Où l'on traite de l'Intégration des Différentielles à deux ou plusieurs variables.

Nous avons donné dans la premiere partie de ce Traité les regles que les Géometres ont trouvées jusqu'à présent pour intégrer les différentielles qui n'ont qu'une variable. Nous allons exposer dans cette seconde partie ce que l'on sait sur l'intégration de celles qui en contiennent deux ou un plus grand nombre.

Nous diviserons cette seconde partie en deux Sections.

Division générale de cette Seconde Partie.

La Premiere contiendra les regles d'intégration des différentielles à plusieurs variables qui ne passent pas le premier ordre ; telles que sont les suivantes, $x y\,dx + x x\,dy$; $\frac{x\,dy - y\,dx}{x x}$, &c.

II. Partie.   A

Lᴀ Sᴇᴄᴏɴᴅᴇ traitera de l'intégration des différentielles à plusieurs variables d'un ordre plus élevé ; telles que $x\,dx\,ddy$; $y^3 x^3\,dy\,dy\,ddd x$, &c. qui s'écrivent encore de la façon suivante, $x\,dx\,d^2 y$; $y^3 x^3\,dy^2\,d^3 x$, & en général $dx^n\,d^m y$.

Obſervation ſur l'addition de la conſtante à l'intégrale trouvée.

Il ne faut pas oublier qu'il eſt auſſi néceſſaire ici d'ajouter une conſtante à l'intégrale trouvée, pour la rendre complette, ainſi qu'on l'a fait dans la premiere Partie. Nous nommerons cette conſtante $+\,C$, C étant poſitif ou négatif.

SECTION PREMIERE.

De l'Intégration des Différentielles du premier ordre qui contiennent deux ou plusieurs variables.

CHAPITRE PREMIER.

Des quantités & des équations différentielles qui s'intégrent sans qu'il soit nécessaire d'en séparer auparavant les indéterminées, & sans aucune autre préparation.

§. I. *Sur l'intégration des quantités différentielles.*

I.

LA différentielle de xy est, comme on le sait, $ydx + xdy$. Donc l'intégrale de $ydx + xdy$ est $xy \pm C$. Par la même raison $yxdz + yzdx + xzdy$ a pour intégrale $xyz \pm C$. En général $y^m x^n$ ayant pour différentielle $mx^n y^{m-1} dy + ny^m x^{n-1} dx$, l'intégrale de cette derniere quantité est $y^m x^n \pm C$.

1°. Lorsqu'elles sont des quantités entieres.

I I.

On sait encore que la différence d'une fraction, est la différence du numérateur multipliée par le dénominateur,

2°. Lorsqu'elles sont fractionnaires.

moins la différence du dénominateur multipliée par le numérateur, le tout divisé par le quarré du dénominateur. Ainsi la différence de $\frac{z}{u}$ est $\frac{u\,dz - z\,du}{uu}$. Donc l'intégrale de $\frac{u\,dz - z\,du}{uu}$ est $\frac{z}{u} \pm C$. De même l'intégrale de

$$\frac{n\,y^m x^{n-1}\,dx - m\,x^n y^{m-1}\,dy}{y^{2m}} \text{ est } \frac{x^n}{y^m} \pm C.$$

III.

En général si on nomme ξ une fonction quelconque de x, & Y une fonction quelconque de y, l'intégrale de $\xi\,dY + Y\,d\xi$ est $Y\xi \pm C$; & $\frac{\xi\,dY - Y\,d\xi}{\xi^2}$ a pour intégrale $\frac{Y}{\xi} \pm C$.

IV.

30. Lorsqu'elles contiennent des binomes, trinomes, &c. élevés à différentes puissances.

Nous avons vu dans la première partie de ce Traité que toutes les fois que dans une formule composée d'une seule variable & de constantes, la quantité hors du signe étoit la différentielle de la quantité sous le signe ; l'intégrale de cette formule est la quantité même sous le signe dont l'exposant est augmenté de l'unité, divisée par ce même exposant ainsi augmenté de l'unité. Il en est de même pour les formules différentielles composées de plusieurs variables & de constantes, pourvu qu'elles aient la condition que nous venons d'énoncer.

Ainsi l'intégrale de $(dx + dy) . \sqrt{x+y}$ est $\frac{2}{3} .$ $(x+y)^{\frac{3}{2}} \pm C$: celle de $(2a\,dx + 2b\,dy) . (ax+by)^{-\frac{1}{2}}$ est $4 . (ax+by)^{\frac{1}{2}} \pm C$. Enfin celle de

$$\frac{y^3\,dy + 3yx^2\,dx + 3xy^2\,dy + y^3\,dx}{2.(x^3 y + y^3 x)^{\frac{1}{2}}} \text{ eft } (x^3 y + y^3 x)^{\frac{1}{2}} \pm C.$$

V.

Si l'on avoit en général à intégrer $(xdy + ydx + 2ydy) \cdot (xy + yy)^{\frac{n}{m}}$, l'intégrale en feroit $\frac{m}{m+n} \cdot (xy + yy)^{\frac{m+n}{m}} \pm C$; & de même celle de $\frac{xdy + ydx + 2ydy}{(xy + yy)^{\frac{n}{m}}}$ eft $\frac{m}{m-n} \cdot (xy + yy)^{\frac{m-n}{m}} \pm C$. Il en eft ainfi de beaucoup d'autres.

V I.

Si cependant on étoit embarraffé dans ces cas, & que l'intégrale ne fe préfentât pas d'abord, on la trouveroit fur le champ en fe fervant des transformations enfeignées dans la premiere Partie. Ainfi en faifant dans $(xdy + ydx + 2ydy) \cdot (xy + yy)^{\frac{n}{m}}$, $xy + yy = z$; on aura pour transformée $z^{\frac{n}{m}}\,dz$, dont l'intégrale eft par la regle fondamentale de tout ce calcul $\frac{m}{n+m} z^{\frac{m+n}{m}} \pm C$; & en remettant pour z fa valeur, on aura l'intégrale cherchée. Il en eft de même pour toutes les différentielles qui font dans le même cas.

V I I.

On a établi que toutes les fois que le numérateur d'une fraction compofée d'une feule indéterminée & de conftantes, eft la différentielle du dénominateur, l'intégrale de la propofée eft le logarithme du dénominateur. Cette regle a encore lieu, lorfque la fraction contient deux ou pluſieurs indéterminées avec les mêmes conditions.

Suivant cette regle l'intégrale de $\frac{dx + dy}{x + y}$ eſt $l(x + y) + C$: celle de $\frac{xdy + ydx}{xy}$ eſt $lxy + C$: De même $\int \frac{xdy + ydx - 2ydy}{2xy - 2yy} = l(xy - yy)^{\frac{1}{2}} + C$. En général $\int \frac{my^n x^{m-1} dx + nx^m y^{n-1} dy - (m+n) y^{m+n-1} dy}{rx^m y^n - ry^{m+n}} = l(x^m y^n - y^{m+n})^{\frac{1}{r}} + C$, en ſuppoſant que la ſous-tangente de la logarithmique eſt 1. C'eſt ce qu'on trouvera tout de ſuite en ſuppoſant $x^m y^n - y^{m+n} = z$: car alors on aura la transformée ſuivante $\frac{dz}{rz}$, dont on ſait que l'intégrale eſt $l(z)^{\frac{1}{r}}$. Donc, &c.

§. II. *Sur l'intégration des équations différentielles.*

VIII.

Ce que c'eſt qu'une équation différentielle d'un ordre quelconque.

Lorſqu'une quantité différentielle quelconque eſt ſuppoſée égale à zéro, on l'appelle équation différentielle. Toute équation différentielle eſt du même ordre que les quantités différentielles de l'ordre le plus élevé, qu'elle renferme ; c'eſt-à-dire que l'équation $z^m dz + 2zdu + udz = 0$, dans laquelle les quantités différentielles dz & du ſont du premier ordre, eſt du premier ordre. La ſuivante $\frac{a^2 y^2 dx^2 + 2a^2 yx dy dx + a^2 x^2 dy^2}{y^4 x^4} = 0$ eſt encore du premier. Celle-ci $ddu + xdxdu + vdu^2 = 0$ eſt du ſecond ordre ; & ainſi de ſuite.

I X.

L'intégration des équations différentielles du premier

ordre s'appelle autrement méthode inverse des tangentes. Ce que c'est que la métho- de inverse des tangentes.
En voici la raison. La méthode directe des tangentes n'est
autre chose que la méthode de trouver la tangente d'une
courbe dont l'équation est donnée ; c'est-à-dire (Sect. II.
des Infiniment-Petits) de trouver la valeur de la sous-
tangente $\frac{y\,dx}{dy}$, ou ce qui est la même chose de $\frac{dx}{dy}$, en
supposant qu'on ait une équation en x & en y.

Or une équation différentielle du premier ordre étant
donnée, on a la valeur de $\frac{dx}{dy}$ ou de $\frac{y\,dx}{dy}$ en x & en y,
c'est-à-dire, l'expression de la sous-tangente. L'intégration
de cette équation donnera évidemment l'équation de la
courbe. Donc cette intégration fera connoître la courbe
dont la sous-tangente est supposée donnée ; & ainsi elle est
l'inverse de la méthode directe des tangentes, qui consiste
à trouver la sous-tangente d'une courbe dont l'équation est
donnée.

X.

Les regles pour intégrer les équations différentielles
sont à peu près les mêmes que les précédentes. Il y faut
cependant ajouter un nouveau principe.

Lemme. Quand une différentielle est égale à zéro, Lemme pré- paratoire.
son intégrale, s'il est possible de la trouver, doit être supposée égale à une constante qu'on prendra arbitrairement,
en suivant toutesfois la loi des homogenes. Par exemple,
si on a $\frac{2zu\,du - uu\,dz}{zz} = 0$ dont l'intégrale est $\frac{uu}{z}$, on la
suppose égale à une grandeur constante a, ce qui donne
$\frac{uu}{z} = a$, ou $uu = az$, pour l'intégrale complete.

Voyons maintenant des équations qui s'intégrent sans aucune préparation.

X I.

Premier Exemple.

Ce que nous avons dit plus haut nous fait découvrir sur le champ que l'équation $x\,dy + y\,dx = uz\,dt + ut\,dz + zt\,du$ est la différentielle exacte de celle-ci $xy - uzt + C = 0$; car il suffit pour s'en appercevoir de regarder les deux membres de cette équation comme deux différentielles particulieres, & d'en prendre séparément l'intégrale.

X I I.

On suivra la même regle pour l'intégration de beaucoup d'autres équations dans lesquelles les différentielles sont élevées au quarré, au cube, &c.

Si l'on a, par exemple, l'équation suivante, $x^2\,dy^2 + 2xy\,dx\,dy + y^2\,dx^2 = a^4\,dx^2$; pour l'intégrer j'en prends la racine quarrée. Cette opération me donne $x\,dy + y\,dx = a^2\,dx$, donc l'intégrale est $xy - aax + C = 0$.

X I I I.

Qu'on propose l'équation $a^3y\,dx = fy^3\,dy + h^2y^2\,dz + q^3x\,dy$, qui est la même que celle-ci, $a^3y\,dx - a^3x\,dy = fy^3\,dy + h^2y^2\,dz$; ou bien encore, la même que cette autre $\dfrac{a^3y\,dx - a^3x\,dy}{yy} = fy\,dy + h^2\,dz$; je vois sans peine que l'intégrale de cette équation est $\dfrac{a^3x}{y} - \dfrac{fyy}{2} - h^2z + C = 0$.

X I V.

XIV.

SCHOLIE. De ce que dans l'exemple précédent l'é-
quation n'est devenue intégrable qu'après que l'un &
l'autre membre en a été divisé par yy, il est assez simple
de penser qu'il pourroit y avoir beaucoup de différentielles
qui n'étant pas intégrables dans la forme sous laquelle on
nous les présente, le deviendroient, si on les multiplioit
ou si on les divisoit par quelques fonctions de leurs variables.

D'autres aussi deviendront intégrables en se servant des
substitutions enseignées dans le Chapitre second de la
premiere Partie, pour les transformer ; d'autres enfin
demanderont des opérations plus composées. Mais comme
souvent les différentielles à plusieurs variables sont très-
compliquées ; qu'il est par conséquent difficile de reconnoître les méthodes qui leur conviendroient ; & que même
quelquefois on essayeroit inutilement de les leur appliquer ;
avant que d'entrer dans le détail des méthodes particulieres, nous en allons exposer une générale qui apprend
à reconnoître si une quantité ou une équation quelconque
composée d'un nombre quelconque de variables & de
leurs différentielles (dans l'état où elle est proposée) est
intégrable algébriquement, ou constructible par les quadratures. Lorsque l'intégration est possible, cette méthode
nous apprend à trouver l'intégrale. Souvent même, lorsque la quantité ou l'équation dans l'état dans lequel on

la propofe n'eft pas intégrable, la même méthode nous fait trouver le facteur qui en l'affectant la rend fufceptible d'intégration. Cette méthode eft fondée fur un Théorême dont nous ferons le plus grand ufage dans toute la fuite de ce Traité.

CHAPITRE II.

Méthode pour reconnoître quand une différentielle composée de plufieurs variables eft la différentielle exacte de quelque quantité, & pour l'intégrer dans ce cas.

Solution d'un Problême néceffaire pour ce qui fuit.

AVant que d'expofer cette méthode, il eft néceffaire de donner ici la folution d'un Problême dont on ne peut fe paffer. Ce Problême confifte à différentier les quantités de la forme de $\int A \, dx$; A eft une fonction de x & de y, telle que c'eft x qui a varié ; au lieu qu'on demande ici la différentielle de $\int A \, dx$, y variant & x étant conftant.

X V.

PROBLEME. Différentier les quantités de la nature de $\int A \, dx$, en fuppofant y variable & x conftant.

Nous allons d'abord donner la folution de ce Problême fur un exemple.

SOLUTION. Suppofons que la quantité propofée à différentier foit $\int dx \sqrt{(aa + xx)}$, en faifant a variable. Je différentie la quantité $\sqrt{(aa + xx)}$ en faifant feule-

ment varier a. Cette opération donne $\frac{a\,d\,a}{\sqrt{(a\,a + x\,x)}}$. J'en
ôte da que je mets devant le figne $\int$ en laiffant dx ainfi
qu'il étoit fous ce même figne : j'aurai $d\,a\int\frac{a\,d\,x}{\sqrt{(a\,a + x\,x)}}$
pour la différentielle cherchée de $\int dx\sqrt{(a\,a + x\,x)}$; a
variant & dx étant conftant. C'eft ce qui fe démontre
ainfi.

Soit la courbe BM dont l'équation eft $y = \sqrt{(a\,a + x\,x)}$,
telle que . . . . . $\quad BA = a$

Figure 11

$$AP = x$$
$$Pp = dx$$
$$PM = y = \sqrt{(a\,a + x\,x)};$$

Menant l'ordonnée infiniment proche pm, on a le petit
efpace $PMmp = dx\sqrt{(a\,a + x\,x)}$. Donc la fomme de
ces petits efpaces, ou l'aire entiere $BAPM$ fera
$\int dx\sqrt{(a\,a + x\,x)}$. Soit à préfent prolongé BA en b,
PM en M', pm en m'; & par les points b, M', m',
menée la courbe $bM'm'$. En faifant varier le parametre
a & laiffant x conftant, on aura $MM' = \frac{a\,d\,a}{\sqrt{(a\,a + x\,x)}}$;
donc le petit efpace $M'm'Mm = \frac{a\,d\,a\,d\,x}{\sqrt{(a\,a + x\,x)}}$; donc
la fomme des petits efpaces $M'm'Mm$, ou $BbM'M =$
$\int\frac{a\,d\,a\,d\,x}{\sqrt{(a\,a + x\,x)}}$: or da demeure toujours le même dans
toutes les quantités $\frac{a\,d\,a\,d\,x}{\sqrt{(a\,a + x\,x)}}$, puifque $da = Bb$; donc
on peut le faire fortir hors du figne d'intégration : donc
on a $BbM'M = d\,a\int\frac{a\,d\,x}{\sqrt{(a\,a + x\,x)}}$. Or $BbM'M$ eft
l'élément de l'aire $ABMP$; donc la différence de
$\int dx\sqrt{(a\,a + x\,x)}$ eft $d\,a\int\frac{a\,d\,x}{\sqrt{(a\,a + x\,x)}}$. Il eft évident
qu'on fera le même raifonnement fur tout autre exemple.

XVI.

Solution générale du Problême.

COROLLAIRE. Donc en général la différence de $\int A\,dx$, y étant supposée variable, sera $dy \int \frac{dA}{dy}\,dx$; dans cette quantité, $\frac{dA}{dy}$ exprime le coefficient qu'auroit dy dans la différentiation de la quantité A. Ce qu'on voit aisément par l'exemple ci-deſſus.

Après la solution de ce Problême, paſſons à l'expoſition de la méthode. Nous l'appliquerons d'abord aux quantités & aux équations différentielles qui ne renferment que deux variables ; enſuite nous l'appliquerons à celles qui en renferment trois ou un plus grand nombre.

§. I. *Expoſition de la méthode appliquée aux quantités & aux équations différentielles qui ne renferment que deux variables.*

XVII.

Théorème fondamental.

THÉOREME. Si on différentie une quantité telle que A compoſée de deux variables t & u, en faiſant u variable & t conſtant, & qu'enſuite on différentie la différentielle qui en réſulte en faiſant t variable & u conſtant, on aura la même quantité que ſi on différentioit d'abord A en faiſant u conſtant & t variable, & qu'enſuite on différentiât la différentielle qui en réſulte en faiſant t conſtant & u variable. Par exemple, ſoit $A = \sqrt{(t^2 + nu^2)}$. Différentions cette quantité en ſuppoſant t conſtant, la différentielle ſera $\frac{nu\,du}{\sqrt{(t^2 + nu^2)}}$, qui différentiée de nouveau en traitant u comme conſtant, donne $\frac{-nt\,u\,dt\,du}{(t^2 + nu^2)^{\frac{3}{2}}}$,

Maintenant différentions A en regardant u comme constant, nous aurons $\dfrac{t\,dt}{\sqrt{(t^2+nu^2)}}$; dont la différentielle en supposant t constant sera $\dfrac{-\,ntu\,dt\,du}{(t^2+nu^2)^{\frac{3}{2}}}$, qui est la même quantité que la précédente.

La démonstration de ce Théorême se tire des principes mêmes du Calcul différentiel.

DÉMONSTRATION. Mettons dans A, $t+dt$ au lieu de t, A se change en $B=\sqrt{(t+dt)^2+nu^2}$; mettons ensuite dans A au lieu de u, $u+du$, A se change en $C=\sqrt{t^2+n(u+du)^2}$. Enfin si l'on met en même temps dans A au lieu de t, $t+dt$, & au lieu de u, $u+du$, A se change en $D=\sqrt{(t+dt)^2+n(u+du)^2}$. Il est évident par l'inspection seule que si dans B on écrit pour u, $u+du$, B devient D ; & de même, que si dans C on écrit $t+dt$ pour t, C devient D. Cela posé, si on différentie A en regardant t comme constant, on aura $C-A$. La raison en est simple. Car pour différentier une quantité, x, par exemple, il faut supposer que x devient $x+dx$, & alors la différence qu'il y aura entre x dans le premier état & x dans le second sera la différentielle de x; il faudra donc retrancher x de $x+dx$, ce qui donne dx. De même supposant t constant, pour avoir la différentielle de A, il faut substituer dans A à la place de u, $u+du$, ce qui donne C. C est donc ce que devient A au second instant ; la différence entre A au premier instant & A au second instant, ou la différentielle de A sera donc $C-A$. Le calcul est conforme à ce raisonnement,

$$\text{Car } C - A = \sqrt{t^2 + n(u+du)^2} - \sqrt{(t^2 + nu^2)}$$

$$= \frac{\left(\sqrt{t^2 + n(u+du)^2} - \sqrt{t^2 + nu^2}\right) \cdot \left(\sqrt{t^2 + n(u+du)^2} + \sqrt{t^2 + nu^2}\right)}{\sqrt{t^2 + n(u+du)^2} + \sqrt{(t^2 + nu^2)}}$$

$$= \frac{2nu\,du + ndu^2}{\sqrt{(t^2 + nu^2 + 2nu\,du + ndu^2)} + \sqrt{(t^2 + nu^2)}} = \frac{nu\,du}{\sqrt{(t^2 + nu^2)}}$$

qui eſt en effet la différentielle de A en ſuppoſant t conſtant. Si dans $C - A$ on met $t + dt$ au lieu de t, on aura $D - B$, & la différentielle ſera par les raiſons que nous venons d'expoſer $D - B - C + A$.

Maintenant dans A mettons $t + dt$ au lieu de t, nous aurons B, & la différentielle de A en ſuppoſant u conſtant ſera $B - A$. Si dans cette différentielle on écrit $u + du$ au lieu de u, elle devient $D - C$; & la différentielle ſera par conſéquent $D - C - B + A$, différentielle que nous avons trouvée abſolument la même par la premiere opération.

XVIII.

Ce Théorême peut encore ſe préſenter ſous une autre forme qui ſuppoſe toujours les mêmes principes.

THÉORÈME. Si $A\,dx + B\,dy$ repréſente la différentielle d'une fonction de x, de y & de conſtantes, la différence de A priſe en ſuppoſant ſeulement y variable & diviſant par dy, eſt égale à la différence de B priſe en ſuppoſant x ſeul variable & diviſant par dx. Ce Théorême s'énonce ainſi algébriquement $\frac{dA}{dy} = \frac{dB}{dx}$, ſi $\int A\,dx + Y = \int B\,dy + X$ (Y étant une fonction de y & de conſtantes qu'on peut ajouter à $\int A\,dx$, & X une fonction de x & de conſtantes qu'on peut ajouter à

$\int B\,dy$). On se souviendra que $\frac{dA}{dy}$ exprime le coefficient qu'aura dy dans la différentiation de A, & $\frac{dB}{dx}$ celui de dx dans la différentiation de B.

Démonstration. Les deux membres de cette derniere équation sont égaux : donc la différence de l'un est égale à la différence de l'autre, quelle que soit la quantité que l'on fasse varier. Donc $B\,dy$ qui est la différentielle de $\int B\,dy + X$ en faisant x constant & y variable, sera la même chose que la différentielle de $\int A\,dx + Y$ en supposant aussi y variable & x constant. Donc $B\,dy =$ (Problême précédent) $dy\int \frac{dA}{dy}\,dx + dY$; ou $B = \int \frac{dA}{dy}\,dx + \frac{dY}{dy}$. Je prends maintenant la différentielle de cette quantité en faisant varier x ; j'ai $\frac{dB}{dx}\,dx = \frac{dA}{dy}\,dx$, ou $\frac{dB}{dx} = \frac{dA}{dy}$.

X I X.

Corollaire. On démontrera de la même maniere que si $\frac{dB}{dx} = \frac{dA}{dy}$, $A\,dx + B\,dy$ est nécessairement une différentielle complete, c'est-à-dire qu'il y aura quelque fonction de x, algébrique, ou dépendante des quadratures, qui en sera l'intégrale exacte.

X X.

Soit la quantité $x\,dy\,V(xx+yy) + y\,dx\,V(xx+yy)$; je vois qu'elle n'a pas d'intégrale : car la différence de $x\,V(xx+yy)$ en supposant x variable, y constant, & ôtant dx, est $V(xx+yy) + \frac{xx}{V(xx+yy)}$: celle de

$y\sqrt{(xx+yy)}$ en faisant varier y, supposant x constant & divisant par dy, est $\sqrt{(xx+yy)}+\dfrac{yy}{\sqrt{(xx+yy)}}$. Or ces deux différentielles font des quantités différentes. Donc la différentielle proposée n'a point d'intégrale.

X X I.

Second exemple.

Soit maintenant la quantité différentielle $\dfrac{y\,dx-x\,dy}{xx+yy}$, dont on cherche l'intégrale. Pour m'assurer si cette quantité en a une, soit algébrique, soit dépendante des quadratures, je prends la différence de $\dfrac{y}{xx+yy}$ en variant seulement y & divisant par dy. Il me vient $\dfrac{xx-yy}{(xx+yy)^2}$. Je trouve la même quantité pour la différentielle de $\dfrac{-x}{xx+yy}$ en faisant varier seulement x & ôtant dx. Donc la proposée est intégrable,

X X I I.

Il en est de même de toutes les autres différentielles à deux variables, quelque compliquées qu'elles soient. On voit tout d'un coup par le secours de la méthode précédente si elles font intégrables ou non : ce qui épargne des opérations souvent longues & pénibles, quelquefois même infructueuses, quand la proposée n'est pas une différentielle exacte.

X X I I I.

Application du Théorème aux équations différentielles à deux variables.

Appliquons maintenant le Théorème aux équations différentielles à deux variables. Cette application est facile & se fait avec le même succès. Ainsi pour savoir si l'équation

$$A\,dx +$$

$Adx + Bdy = 0$ est une différentielle exacte, il faut examiner si $\frac{dA}{dy} = \frac{dB}{dx}$. En ce cas l'équation seroit intégrable algébriquement, ou conſtructible par les quadratures; autrement elle ne le feroit pas. Nous allons dire maintenant comment ces fortes de quantités, ou d'équations, s'intégrent.

Maniere d'intégrer les quantités $Adx + Bdy$, *& les équations* $Adx + Bdy = 0$, *lorſqu'elles ſont des différentielles exactes.*

XXIV.

Lorſqu'une fois on aura reconnu par le Théorême précédent qu'une différentielle telle que $Adx + Bdy$ eſt intégrable, voici la méthode qu'on peut fuivre pour parvenir à l'intégration.

J'integre feulement l'un des deux membres, Adx par exemple, en y ſuppoſant y conſtant & x variable : l'intégrale étant trouvée, je la différentie en faiſant y variable & x conſtant; je retranche cette différentielle de Bdy : ſi la différence eſt zéro, c'eſt une marque que $\int Adx$ ſuffit pour l'intégrale de $Adx + Bdy$: ſinon la différence ne peut être qu'une quantité compoſée de y, de dy & de conſtantes, dont l'intégrale étant ajoutée à $\int Adx$, la rendra l'intégrale complete de $Adx + Bdy$.

Applique 1°. aux différentielles $Adx + Bdy$.

XXV.

Soit la différentielle $dx\sqrt{y} + \frac{x\,dy}{2\sqrt{y}} - a\,dy\sqrt{x} =$

Exemple particulier.

II. Partie.   C

$\dfrac{a\,y\,d\,x}{3\,x^{\frac{2}{3}}}$ que nous reconnoîtrons aisément par le Théorême fondamental être une différentielle exacte ; pour l'intégrer suivant la méthode précédente , je prends l'intégrale de $d\,x\,\sqrt{y}-\dfrac{a\,y\,d\,x}{3\,x^{\frac{2}{3}}}$ en supposant y constant : cette intégrale est $x\,\sqrt{y}-a\,y\,x^{\frac{1}{3}}\pm C$. Je différentie cette quantité en faisant x constant & y variable ; j'ai pour différentielle $\dfrac{x\,d\,y}{2\sqrt{y}}-a\,x^{\frac{1}{3}}d\,y$; laquelle retranchée de $\dfrac{x\,d\,y}{2\sqrt{y}}-a\,x^{\frac{1}{3}}d\,y$ donne zéro. Donc l'intégrale complete de la proposée est $x\,\sqrt{y}-a\,y\,x^{\frac{1}{3}}\pm C$. C'est ce dont on peut se convaincre, si on différentie cette quantité en faisant x & y variables.

XXVI.

1°. Application de cette Méthode aux équations $A\,dx+B\,dy=0$.

La même méthode s'applique aux équations différentielles que le Théorême fondamental nous aura montré être intégrables. Il faudra seulement observer de faire l'intégrale trouvée égale à une constante.

XXVII.

SCHOLIE. Il arrive souvent, comme on l'a déja vu, que l'équation n'étant pas une différentielle complete, on peut la rendre telle en la multipliant par quelque facteur composé de x , de y & de constantes. Dans la suite de cet Ouvrage nous nous servirons du Théorême fondamental pour déterminer ce facteur dans certains cas. On trouve dans les Mémoires de l'Académie , année 1740 , une méthode pour découvrir souvent quel peut être ce facteur qui fe feroit évanoui en différentiant, à caufe de l'égalité à zéro. Cette méthode eft des plus ingénieufes ; mais comme elle ne réuffit pas toujours, que d'ailleurs le procédé en eft affez pénible, nous ne la détaillerons pas ici. On peut la voir dans le Mémoire même que nous venons de citer, dans lequel elle eft détaillée d'une maniere exacte & lumineufe. Je paffe à l'application du Théorême aux équations différentielles qui renferment plus de deux variables.

§. II. *Application du Théorême fondamental aux équations différentielles qui renferment plus de deux variables.*

XXVIII.

PREMIERE PROPOSITION. Soit $A\,dx + B\,dy + C\,dz = 0$ une équation quelconque différentielle contenant trois variables, on s'affurera d'abord fi cette équation dans l'état où elle eft, ne feroit pas la différentielle exacte de quelque équation à trois variables ; ce qui fe découvrira en examinant par le moyen de notre Théorême fi $\frac{dA}{dy} = \frac{dB}{dx}$, fi $\frac{dA}{dz} = \frac{dC}{dx}$, & fi $\frac{dB}{dz} = \frac{dC}{dy}$. Si ces trois équations ont lieu à la fois, la quantité $A\,dx + B\,dy + C\,dz$ eft une différentielle complete, finon elle n'en eft pas une.

Moyen de s'affurer fi les équations reprefentées par $A\,dx + B\,dy + C\,dz = 0$ font intégrables.

DÉMONSTRATION. Il eft évident que $A\,dx + B\,dy + C\,dz$ n'a point d'intégrale, fi les équations $\frac{dA}{dy} = \frac{dB}{dx}$, $\frac{dA}{dz} = \frac{dC}{dx} \times \frac{dB}{dz} = \frac{dC}{dy}$ n'ont pas lieu en même temps. Car fi $A\,dx + B\,dy + C\,dz$ eft une différentielle complete, il faut que $A\,dx + B\,dy$ en foit une en fuppofant

z conſtant, & faiſant varier x & y, ce qui donne, ſuivant le Théorême fondamental, $\frac{dA}{dy} = \frac{dB}{dx}$. De même ſi $Adx + Bdy + Cdz$ eſt une différentielle complete, il faut que $Adx + Cdz$ en ſoit une en ſuppoſant y conſtant, x & z variables ; donc on aura $\frac{dA}{dz} = \frac{dC}{dx}$. On fera le même raiſonnement ſur $Bdy + Cdz$.

Pour prouver l'inverſe de cette propoſition, ſavoir que ſi les trois équations $\frac{dA}{dy} = \frac{dB}{dx}$, $\frac{dA}{dz} = \frac{dC}{dx}$, $\frac{dB}{dz} = \frac{dC}{dy}$ ont lieu, $Adx + Bdy + Cdz$ eſt une différentielle exacte, il faut faire voir que l'intégrale de $Adx + Bdy$ priſe en faiſant y & z conſtans, ſera, à une fonction près de y & de z, l'intégrale de $Adx + Bdy + Cdz$, où x, y, z ſont variables ; c'eſt ce qu'on trouve de la façon ſuivante.

Je différentie $\int Adx$ en faiſant x, y, z variables ; j'aurai (Article XVI.) $Adx + dy \int \frac{dA}{dy} dx + dz \int \frac{dA}{dz} dx$. Il ne s'agit que de montrer que cette quantité ne differa de la propoſée que par une fonction de y, z, dy, dz, qui ſoit une différentielle complete : c'eſt-à-dire qu'il faut s'aſſurer $Adx - Adx + Bdy - dy \int \frac{dA}{dy} dx + Cdz - dz \int \frac{dA}{dz} dx$, ou en réduiſant que $(B - \int \frac{dA}{dy} dx) dy + (C - \int \frac{dA}{dz} dx) dz$ eſt une fonction ſans x & une différentielle complete.

Or 1°. ſi $\frac{dA}{dy} = \frac{dB}{dx}$, $\int \frac{dA}{dy} dx$, ou $\int \frac{dB}{dx} dx$ n'eſt que B plus une fonction de y & de z ſans x. Donc $B - \int \frac{dA}{dy} dx$ eſt cette fonction ſans x.

2°. Si $\frac{dA}{dz} = \frac{dC}{dx}$, $\int \frac{dA}{dz} dx$, ou $\int \frac{dC}{dx} dx$ n'eſt que C

plus une fonction de y & de z sans x. Donc $C - \int \frac{dA}{dz} dx$ est cette fonction sans x. Donc $(B - \int \frac{dA}{dy} dx) dy + (C - \int \frac{dA}{dz} dx) dz$ est une quantité sans x.

Il nous reste à prouver qu'elle est une différentielle complete, ou, ce qui revient au même, que $\dfrac{d(B - \int \frac{dA}{dy} dx)}{dz} = \dfrac{d(C - \int \frac{dA}{dz} dx)}{dy}$. Pour le prouver je remarque que $\frac{dB}{dz} = \frac{dC}{dy}$ par l'hypothese. Donc en effaçant dans les deux membres de l'équation ce qui se détruit, elle se réduit à $\dfrac{d(\int \frac{dA}{dy} dx)}{dz} = \dfrac{d(\int \frac{dA}{dz} dx)}{dy}$. Mais $dy \int \frac{dA}{dy} dx + dz \int \frac{dA}{dz} dx$ est la différentielle de $\int A dx$ en faisant x constant, z & y variables; donc par le Théorême fondamental $\dfrac{d(\int \frac{dA}{dy} dx)}{dz} = \dfrac{d(\int \frac{dA}{dz} dx)}{dy}$. Donc $(B - \int \frac{dA}{dy} dx) dy + (C - \int \frac{dA}{dz} dx) dz$ est une différentielle complete : cette même quantité est une fonction sans x. Donc, &c.

Appliquons la proposition précédente à un exemple.

XXIX.

Soit proposée l'équation différentielle $max^{n-\frac{1}{2}} z^{-\frac{1}{2}} y^{m-1} dy$ Exemple. $+ nay^m z^{-\frac{1}{2}} x^{n-\frac{3}{2}} dx - \dfrac{ay^m z^{-\frac{1}{2}} x^{n-\frac{3}{2}} dx}{2} - \dfrac{ay^m x^{n-\frac{1}{2}} z^{-\frac{3}{2}} dz}{2} = 0$. Pour que cette différentielle soit intégrable, il faut que les trois équations suivantes aient lieu en même temps.

$$1^\circ.\ \frac{d\left\{nay^{m}z^{-\frac{1}{2}}x^{n-\frac{1}{2}}-\dfrac{ay^{m}z^{-\frac{1}{2}}x^{n-\frac{1}{2}}}{2}\right\}}{dy}=\frac{d\left(max^{n-\frac{1}{2}}z^{-\frac{1}{2}}y^{m-1}\right)}{dx}$$

y feul étant variable dans le premier membre, & x dans le fecond.

$$2^\circ.\ \frac{d\left(\left(n-\frac{1}{2}\right)ay^{m}z^{-\frac{1}{2}}x^{n-\frac{1}{2}}\right)}{dz}=\frac{d\left(-ay^{m}x^{n-\frac{1}{2}}z^{-\frac{1}{2}}\right)}{2dx}$$

z feul étant variable dans le premier membre, & x dans le fecond.

$$3^\circ.\ \frac{d\left(max^{n-\frac{1}{2}}z^{-\frac{1}{2}}y^{m-1}\right)}{dz}=\frac{d\left(-ay^{m}x^{n-\frac{1}{2}}z^{-\frac{1}{2}}\right)}{2dy}$$

z feul étant variable dans le premier membre & y dans le fecond. Or les équations ont lieu, puifqu'on a en même temps

$$\frac{mnay^{m-1}z^{-\frac{1}{2}}x^{n-\frac{1}{2}}dy-\dfrac{amy^{m-1}z^{-\frac{1}{2}}x^{n-\frac{1}{2}}dy}{2dy}}{dy}=$$

$$\frac{\left(n-\frac{1}{2}\right)amy^{m-1}z^{-\frac{1}{2}}x^{n-\frac{3}{2}}dx}{dx},\ \frac{\left(\frac{1}{4}-\frac{n}{2}\right)ay^{m}x^{n-\frac{1}{2}}z^{-\frac{1}{2}}dz}{dz}=$$

$$\frac{\left(-n+\frac{1}{2}\right)ay^{m}x^{n-\frac{1}{2}}z^{-\frac{1}{2}}dx}{2dx},\ \&\ \text{enfin}\ \frac{-amy^{m-1}x^{n-\frac{1}{2}}z^{-\frac{1}{2}}dz}{2dz}$$

$$=\frac{-amx^{n-\frac{1}{2}}z^{-\frac{1}{2}}y^{m-1}dy}{2dy}:\ \text{Donc l'équation propofée}$$

eft intégrable. Nous trouverons par la méthode de l'article fuivant, que fon intégrale eft $\dfrac{ax^{n}y^{n}}{\sqrt{xz}}+C=0$.

X X X.

Intégration des équations différentielles complettes à trois variables.

SECONDE PROPOSITION. Lorfque j'ai reconnu que $Adx+Bdy+Cdz=0$ eft intégrable, voici la méthode qu'il faut fuivre pour parvenir à l'intégration. J'integre d'abord $A\,dx$ en regardant x comme variable, y & z comme conſtantes. Ce terme étant intégré, ſi la différentielle eſt provenue d'un ſeul terme compoſé de x, y, z & de conſtantes, on aura l'intégrale complete de la propoſée ; ſinon il ne pourra manquer à l'intégrale qu'une fonction de y & de z. On trouvera cette fonction de la maniere ſuivante. Je redifférentie la quantité intégrée $\int A\,dx$ en regardant x comme conſtant, y & z comme variables ; je retranche la différentielle qui en réſulte de $B\,dy + C\,dz$: le reſte ſera une fonction différentielle de y & z, dont l'intégrale ſera la fonction à ajouter à $\int A\,dx$.

S'il paroiſſoit plus commode d'intégrer d'abord un des deux autres termes $B\,dy + C\,dz$, on en feroit le maître, & l'opération demeureroit la même pour les deux termes reſtants.

XXXI.

En ſuivant cette méthode, on trouvera l'intégrale de l'é- quation différentielle $\dfrac{ab\,z^{2}\,y^{-1}\,x^{-\frac{1}{2}}\,dx}{2} + 2\,ab\,x^{\frac{1}{2}}\,y^{-1}\,z\,dz$

$- ab\,x^{\frac{1}{2}}\,z^{2}\,y^{-2}\,dy = 0$ que nous reconnoîtrons (Art. XXVIII.) être intégrable. Le premier terme intégré en traitant x ſeul comme variable eſt $ab\,z^{2}\,y^{-1}\,x^{\frac{1}{2}} + C$; & l'on voit au premier coup d'œil, que c'eſt l'intégrale com- plete de la propoſée.

Application à un exemple particulier.

XXXII.

· Qu'on nous demande ſi l'équation différentielle ſuivante $ab\,x^{-1}\,dz + \dfrac{b\,xy\,dy - b\,y^{2}\,dx}{x^{2}\,\sqrt{(xx + yy)}} - \dfrac{ab\,z\,dx}{xx} = 0$ eſt intégrable

Second Exemple,

& quelle en eſt l'intégrale, il ſera facile d'appliquer la
méthode précédente à cette différentielle.

J'examine d'abord ſi l'on a les trois équations ſuivantes :

1°. $d\left\{\dfrac{abx^{-1}}{dx}\right\} = d\left\{\dfrac{\dfrac{-by^2}{x^2\sqrt{(xx+yy)}}\quad\dfrac{-abz}{xx}}{dz}\right\}$, x ſeul variant dans le premier nombre, & z ſeul dans le ſecond ;

2°. $d\left\{\dfrac{abx^{-1}}{dy}\right\} = d\left\{\dfrac{\dfrac{bxy}{x^3\sqrt{(xx+yy)}}}{dz}\right\}$, y ſeul variant
dans le premier membre & z ſeul dans le ſecond ;

3°. $d\left\{\dfrac{\dfrac{by}{x\sqrt{(xx+yy)}}}{dx}\right\} = d\left\{\dfrac{\dfrac{-by^2-abz\sqrt{(xx+yy)}}{x^2\sqrt{(xx+yy)}}}{dy}\right\}$, x
ſeul variant dans le premier membre, & y ſeul dans le
ſecond. Or en différentiant ſuivant les conditions preſ-
crites, je trouve que les trois équations précédentes ont
lieu ; donc l'équation propoſée eſt intégrable.

Cherchons maintenant quelle eſt ſon intégrale. Suivant
ce qui eſt dit (Art. xxx.) je prends d'abord celle de
$abx^{-1}dz$ en ſuppoſant x conſtant ; j'ai $\dfrac{abz}{x} + C$. Je
différentie cette quantité en traitant z comme conſtant
& x comme variable ; j'ai $-\dfrac{abzdx}{xx}$ que je retranche des
trois autres termes de la propoſée. Il me reſte après cette
opération $\dfrac{bxydy-by^2dx}{x^2\sqrt{(xx+yy)}}$ dont l'intégrale ajoutée à la quantité $\dfrac{abz}{x}$ ſera l'intégrale complete de la propoſée. Pour
intégrer $(N)\ \dfrac{bxydy-by^2dx}{x^3\sqrt{(xx+yy)}}$, je me ſers de la méthode ex-
poſée (Art. xxiv.) j'integre le premier terme $\dfrac{bydy}{x\sqrt{(xx+yy)}}$
en ſuppoſant x conſtant : l'intégrale eſt $\dfrac{b\sqrt{(xx+yy)}}{x} + A$.
Je la différentie en ſuppoſant x ſeule variable ; la différen-

tielle

tielle est $\dfrac{-by^2\,dx}{x^3\,\sqrt{(xx+yy)}}$: laquelle retranchée du second terme de la proposée (N) donne zéro. Donc $\int\dfrac{bxy\,dy-by^2\,dx}{x^3\,\sqrt{(xx+yy)}}$ $=\dfrac{b\sqrt{(xx+yy)}}{x}+A$. Donc enfin l'intégrale de l'équation $\dfrac{ab\,dz}{x}+\dfrac{bxy\,dy-by^2\,dx}{x^3\,\sqrt{(xx+yy)}}-\dfrac{abz\,dx}{xx}=0$ est $\dfrac{abz+b\sqrt{(xx+yy)}}{x}+B=0$.

XXXIII.

Suppofons préfentement qu'on ait découvert par la méthode de l'Article xxviii. que l'équation $A\,dx+B\,dy+C\,dz=0$, dans l'état où elle eft, n'eft point une différentielle exacte, on cherchera quel eft le facteur, qui multipliant tous les termes de cette équation la rendroit une différentielle complete.

Je nomme μ ce facteur commun à tous les termes de l'équation, & dont l'addition la rend une différentielle complete; alors $\mu A\,dx+\mu B\,dy+\mu C\,dz$ fera une différentielle complete. Par conféquent j'aurai les trois équations fuivantes :

$$\frac{A\,d\mu}{dy}+\frac{\mu\,dA}{dy}=\frac{B\,d\mu}{dx}+\frac{\mu\,dB}{dx};$$
$$\frac{A\,d\mu}{dz}+\frac{\mu\,dA}{dz}=\frac{C\,d\mu}{dx}+\frac{\mu\,dC}{dx};$$
$$\frac{B\,d\mu}{dz}+\frac{\mu\,dB}{dz}=\frac{C\,d\mu}{dy}+\frac{\mu\,dC}{dy}.$$

Il ne s'agit maintenant que de donner à μ une forme affez générale avec des coefficiens indéterminés, pour que cette quantité étant fubftituée dans les trois équations précédentes, en faffe évanouir tous les termes.

Mais avant que de chercher cette forme générale pour μ, il eft néceffaire d'avertir que fouvent on la chercheroit inutilement , parce qu'il y a une infinité d'équations diffé- rentielles à trois variables qui n'ont point d'intégrales.

XXXIV.

Pour le prouver je reprends les trois équations précéden- tes ,

$$\frac{A\,d\mu}{d\,y} + \frac{\mu\,d A}{d\,y} = \frac{B\,d\mu}{d\,x} + \frac{\mu\,d B}{d\,x} ;$$

$$\frac{A\,d\mu}{d\,z} + \frac{\mu\,d A}{d\,z} = \frac{C\,d\mu}{d\,x} + \frac{\mu\,d C}{d\,x} ;$$

$$\frac{B\,d\mu}{d\,z} + \frac{\mu\,d B}{d\,z} = \frac{C\,d\mu}{d\,y} + \frac{\mu\,d C}{d\,y} .$$

J'en fais évanouir les grandeurs $\frac{d\mu}{d\,x}$, $\frac{d\mu}{d\,y}$, $\frac{d\mu}{d\,z}$, qui font des quantités finies ; puifque $\frac{d\mu}{d\,x}$ &c. exprime le rapport de $d\mu$ à dx, à dy, à dz ; rapport qui eft toujours fini. Je les fais donc évanouir de la même maniere dont on fait évanouir trois inconnues ordinaires ; il arrivera que μ s'évanouira en même temps, ce qu'il eft aifé de voir par le calcul fuivant. Des trois équations précédentes on tire $\frac{d\mu}{d\,y}$

$$= \frac{\frac{B\,d\mu}{d\,x} + \frac{\mu\,d B}{d\,x} - \frac{\mu\,d A}{d\,y}}{A} \text{ & auffi } \frac{d\mu}{d\,y} = \frac{\frac{B\,d\mu}{d\,z} + \frac{\mu\,d B}{d\,z} - \frac{\mu\,d C}{d\,y}}{C} .$$

Donc $\frac{A B\,d\mu}{d\,z} + \frac{A\mu\,d B}{d\,z} - \frac{A\mu\,d C}{d\,y} = \frac{C B\,d\mu}{d\,x} + \frac{C\mu\,d B}{d\,x} - \frac{C\mu\,d A}{d\,y}$.

D'ailleurs on a $\frac{d\mu}{d\,x} = \frac{\frac{A\,d\mu}{d\,z} + \frac{\mu\,d A}{d\,z} - \frac{\mu\,d C}{d\,x}}{C}$. Subftituant cette valeur de $\frac{d\mu}{d\,x}$ dans l'équation précédente, elle devient

$$\frac{A B\,d\mu}{d\,z} + \frac{A\mu\,d B}{a\,z} - \frac{A\mu\,d C}{d\,y} = \frac{A B\,d\mu}{d\,z} + \frac{B\mu\,d A}{d\,z} - \frac{B\mu\,d C}{d\,x} + \frac{C\mu\,d B}{d\,x} - \frac{C\mu\,d A}{a\,y} .$$

Je réduis cette équation , je la divife par μ qui fe trouve en multiplier tous les termes, après qu'on aura effacé ceux qui fe détruifent ; j'aurai $\frac{B\,d C}{d\,x} - \frac{C\,d B}{d\,x}$

$+\frac{A\,d\,B}{d\,z} - \frac{B\,d\,A}{d\,z} - \frac{A\,d\,C}{d\,y} + \frac{C\,d\,A}{d\,y} = 0$, équation qui nous apprend que C, A, B, doivent avoir entre eux la relation exprimée par cette équation pour que la proposée $A\,dx + B\,dy + C\,dz = 0$ soit intégrable.

XXXV.

Il n'en eſt donc pas des équations différentielles à trois variables comme de celles qui n'en ont que deux : car on eſt fondé à croire (ou du moins on n'a pas démontré le contraire juſqu'à préſent) que toute équation différentielle à deux variables ſe tire de la différentiation de quelque équation en termes finis, au lieu que la démonſtration précédente apprend qu'il y a une infinité d'équations à trois variables qui ne peuvent pas être venues par la différentiation d'aucune équation en termes finis.

XXXVI.

Il y a plus : ſans examiner ſi les équations différentielles à deux variables viennent de la différentiation de quelque équation en termes finis, il eſt aiſé de prouver qu'elles expriment toujours une courbe dont la conſtruction eſt poſſible.

Car ſoit toute équation différentielle à deux variables repréſentée par $s\,dx = r\,dy$ (s & r étant des fonctions de x, de y & de conſtantes) ; prenons deux lignes à volonté AB (x) & BC (y) ; nous aurons par conſéquent $Bb = dx$, $cc' = dy = \frac{s\,dx}{r}$. Prenons enſuite

une ligne bb' à volonté pour un second dx, on aura
$c'c'' = dy = \frac{s\,dx}{r}$, s & r étant des fonctions de Ab &
bc'; & ainsi de suite; tous les points c, c'' appartiendront
à la courbe de l'équation donnée. Il est vrai qu'on ne peut
exécuter cette opération; mais il suffit de l'imaginer exé-
cutée, pour démontrer que toute équation différentielle à
deux variables exprime toujours quelque courbe constructible.

XXXVII.

Il n'en est pas ainsi des équations différentielles à trois
variables. Toutes celles dans lesquelles l'équation $\frac{B\,dC}{dx} - \frac{C\,dB}{dx} + \frac{A\,dB}{dz} - \frac{B\,dA}{dz} - \frac{A\,dC}{dy} + \frac{C\,dA}{dy} = 0$ n'a pas lieu,
ne peuvent être construites en aucune maniere, & les
Problêmes dont la solution dépendroit d'équations pareil-
les, seroient impossibles.

Cette proposition peut encore se démontrer d'une autre
maniere indépendante de toute intégration.

Soit $dz = \omega\,dx + \vartheta\,dy$ une équation quelconque à
trois variables, ω & ϑ étant des fonctions quelconques de
x, y, z, avec des constantes; qu'on se propose de trouver la surface courbe exprimée par cette équation.

Soit AP l'axe des x, AQ celui des y, AR celui des
z. Soient de plus PN la tranche de la surface courbe
par un plan perpendiculaire à l'axe des x, & QN la
tranche de la surface courbe par un plan perpendiculaire
à l'axe des y; l'équation de la tranche PN sera $dz = \vartheta\,dy$, & celle de la tranche QN sera $dz = \omega\,dx$.

Imaginons maintenant que $q\nu$ & $p\,n$ foient deux autres tranches de la furface courbe par des plans infiniment près & parallèles aux premiers ; on verra pour lors que fi l'équation $dz = \omega\,dx + \vartheta\,dy$ exprime une furface courbe poffible, il faudra que les deux courbes $q\nu$, pn, fe rencontrent en un point l de la droite kl, fection des deux plans $q\mu\nu$, pmn ; c'eft-à-dire qu'il faudra que l'équation de la courbe $q\nu l$ foit telle, qu'en y faifant $x = qk$, on ait pour z la même valeur qu'en faifant dans l'équation de la courbe pnl, $y = pk$.

Pour examiner fi cela eft, il faut chercher 1°. la valeur de lk prife pour une ordonnée de la courbe pnl ; & pour cela confidérer lk comme ce qu'eft devenue $\nu\mu$, lorfque AP eft devenue Ap ; NM, nm ; PM demeurant la même. C'eft-à-dire que dans la valeur de $\mu\nu = z + \vartheta\,dy$, il faudra mettre au lieu de z, nm, ou $z + \omega\,dx$, & au lieu de ϑ, ce que devient cette fonction, fi l'on y fubftitue $x + dx$ pour x & $z + \omega\,dx$ pour z. Par cette opération on aura $lk = z + \omega\,dx + \vartheta\,dy + \frac{d\vartheta}{dx}\,dx\,dy + \frac{d\vartheta}{dz}\,\omega\,dx\,dy$.

On cherchera 2°. la valeur de lk prife pour ordonnée de la courbe $q\nu$; & pour l'avoir, on fubftituera dans $nm = z + \omega\,dx$, $\nu\mu$, ou $z + \vartheta\,dy$ au lieu de z, & dans la fonction ω on fubftituera pour y, $y + dy$, & pour z, $z + \vartheta\,dy$, x demeurant conftant. Par cette voye on aura $lk = z + \vartheta\,dy + \omega\,dx + \frac{d\omega}{dy}\,dy\,dx + \frac{d\omega}{dz}\,\vartheta\,dy\,dx$. Donc $z + \omega\,dx + \vartheta\,dy + \frac{d\vartheta}{dx}\,dx\,dy + \frac{d\vartheta}{dz}\,\omega\,dx\,dy = z + \vartheta\,dy,$

$+ \omega\, dx + \frac{d\omega}{dy}\, dy\, dx + \frac{d\omega}{dz}\, \vartheta\, dy\, dx$; ou bien en réduisant $\frac{d\vartheta}{dx} + \omega\, \frac{d\vartheta}{dz} = \frac{d\omega}{dy} + \vartheta\, \frac{d\omega}{dz}$. Donc il faut que cette équation ait lieu, pour que celle-ci $dz = \omega\, dx + \vartheta\, dy$ exprime une surface courbe possible.

XXXVIII.

COROLLAIRE. Il suit de là que l'équation $\frac{d\vartheta}{dx} + \omega\, \frac{d\vartheta}{dz} = \frac{d\omega}{dy} + \vartheta\, \frac{d\omega}{dz}$ doit être la même que l'équation $\frac{B\,dC}{dx} - \frac{C\,dB}{dx} + \frac{A\,dB}{dz} - \frac{B\,dA}{dz} - \frac{A\,dC}{dy} + \frac{C\,dA}{dy} = 0$; c'est ce qu'il est aisé de vérifier : car puisque l'équation $dz = \omega\, dx + \vartheta\, dy$ est la même que $A\,dx + B\,dy + C\,dz = 0$, ou que $dz = -\frac{A\,dx}{C} - \frac{B\,dy}{C}$, il faut que $\omega = -\frac{A}{C}$, & que $\vartheta = -\frac{B}{C}$, $d\omega = \frac{A\,dC - C\,dA}{CC}$, $d\vartheta = \frac{B\,dC - C\,dB}{CC}$. Donc en substituant ces valeurs dans l'équation $\frac{d\vartheta}{dx} + \omega\, \frac{d\vartheta}{dz} = \frac{d\omega}{dy} + \vartheta\, \frac{d\omega}{dz}$, on aura l'équation $\frac{B\,dC}{CC\,dx} - \frac{C\,dB}{CC\,dx} + \frac{A\,dB}{CC\,dz} - \frac{A\,B\,dC}{C^3\,dz} = \frac{A\,dC}{CC\,dy} - \frac{C\,dA}{CC\,dy} + \frac{B\,dA}{CC\,dz} - \frac{A\,B\,dC}{C^3\,dz}$, & en réduisant $\frac{B\,dC}{dx} - \frac{C\,dB}{dx} + \frac{A\,dB}{dz} = \frac{A\,dC}{dy} - \frac{C\,dA}{dy} + \frac{B\,dA}{dz}$, la même que nous avons trouvée plus haut.

XXXIX.

SCHOLIE. Il est évident maintenant que lorsque l'équation $\frac{B\,dC}{dx}$ — &c. n'a pas lieu, la proposée $A\,dx + B\,dy + C\,dz = 0$, n'exprime aucune surface courbe; mais pour être certain que la surface courbe est possible, si l'équation $\frac{B\,dC}{dx}$ — &c. a lieu, il faut s'assurer que toutes les fois que l'on a cette équation, on a le même x, foit qu'on le prenne dans la tranche des y & des x, foit qu'on le prenne dans la tranche des z & des x.

Pour reconnoître que cela fera ainfi, il faut obferver que le calcul qui exprimeroit cette nouvelle condition, ne différeroit de celui que nous venons de faire, qu'en ce qu'on auroit des x au lieu des z, & C au lieu de A. Si donc on pratique cette opération, l'équation

$$\frac{B\,dC}{dx} - \frac{C\,dB}{dx} + \frac{A\,dB}{dz} - \frac{B\,dA}{dz} - \frac{A\,dC}{dy} + \frac{C\,dA}{dy} = 0$$

deviendra celle-ci

$$\frac{B\,dA}{dz} - \frac{A\,dB}{dz} + \frac{C\,dB}{dx} - \frac{B\,dC}{dx} - \frac{C\,dA}{dy} + \frac{A\,dC}{dy} = 0 ;$$

qui eft la même abfolument que la précédente, en changeant les fignes & tranfpofant.

Par cette voie l'on démontreroit aufli qu'on trouveroit le même y en le cherchant foit dans la tranche des y & des z, foit dans la tranche des x & des y.

X L.

Après avoir donné la méthode qui nous fera reconnoître celles d'entre les équations différentielles à trois variables qui ne peuvent être ni intégrées ni conftruites, il faut apprendre à déterminer le facteur qui rendra completes celles qui font fufceptibles d'intégration ou de conftruction ; mais auparavant il eft néceffaire de faire les remarques fuivantes qui fuivent de la différentiation des quantités.

On remarquera d'abord que la plupart des fonctions qui n'ont pas un certain facteur commun à tous leurs termes, n'ont pas non plus ce même facteur à leurs différentielles.

On remarquera en second lieu que si une fonction a un dénominateur, sa différentielle aura aussi un dénominateur qui sera un multiple de celui de l'intégrale.

D'après ces observations, mettons au lieu de μ, $\frac{P}{Q}$, P & Q étant deux fonctions sans diviseurs, P sera un facteur de la fonction φ cherchée, dont la différence est $\frac{PA}{Q}\,dx + \frac{PB}{Q}\,dy + \frac{PC}{Q}\,dz$, & Q contiendra le dénominateur de la même fonction φ.

J'imagine que la différentielle est divisée par l'intégrale, P s'en ira du numérateur & Q se divisera par le dénominateur. Il ne restera par conséquent après sa division, pour le dénominateur commun à tous les termes, qu'une fonction R d'un degré de plus que celui de A, B, C : nous disons d'un degré de plus, parce que la quantité $\frac{A\,dx + B\,dy + C\,dz}{R}$ qui vient par cette division, est égale à $\frac{d\varphi}{\varphi}$, ou à la différence du logarithme de la fonction cherchée, & que par conséquent elle doit être d'un degré au dessous de l'unité.

Pour trouver R, on le prendra égal à la fonction positive, c'est-à-dire sans diviseurs, la plus générale d'un degré au dessus de A, avec des coefficiens indéterminés ; s'il y a des radicaux dans A, B, C, il faut aussi qu'ils entrent dans R, en se combinant avec x, y, z, de toutes les manieres possibles.

On fera ensuite les trois équations suivantes :

$$\frac{R\,dA}{dy} - \frac{A\,dR}{dy} = \frac{R\,dB}{dx} - \frac{B\,dR}{dx},$$

$$\frac{R\,dB}{dz}$$

$$\frac{R\,dB}{dz} - \frac{B\,dR}{dz} = \frac{R\,dC}{dy} - \frac{C\,dR}{dy},$$

$$\frac{R\,dA}{dz} - \frac{A\,dR}{dz} = \frac{R\,dC}{dx} - \frac{C\,dR}{dx},$$

afin de déterminer par leurs fecours les coefficiens indéterminés de la fonction R. Mais entre ces trois équations
on choifira les deux qui paroîtront donner moins de calcul,
la troifieme étant inutile. Car il eft aifé de voir que fi l'on
s'eft affuré au moyen de l'équation $B\frac{dC}{dx} - C\frac{dB}{dx} + \&c.$
que l'équation $A\,dx + B\,dy + C\,dz = 0$ eft poffible,
il arrivera que la fonction R qui convient à deux des trois
équations précédentes conviendra auffi à la troifieme.

Après avoir déterminé par le fecours de ces deux équations les coefficiens de R, & par conféquent R même,
on intégrera $\frac{A\,dx + B\,dy + C\,dz}{R}$, par la méthode de l'article
xxx. pour intégrer une différentielle qu'on fait être exacte.
Enfuite on égalera l'intégrale trouvée à une conftante, &
l'on aura l'intégrale de la propofée.

XLI.

Appliquons maintenant le Théorème aux quantités &
aux équations différentielles qui renferment quatre, cinq
&c. variables.

Soit la différentielle $A\,dx + B\,dy + C\,dz + D\,du +$
$E\,ds + \&c.$ dans laquelle A, B, C, D, E, &c. expriment des fonctions de x, y, z, u, s, & de conftantes;
pour que cette quantité faffe une différentielle exacte, il
faudra que deux des termes quelconques de cette quantité

Application
du Théorème
aux différen-
tielles qui ont
4, 5, &c. va-
riables.

II. Partie.   E

faſſent toujours une différentielle complete, en ne regardant
comme variables que les deux ſeules lettres dont les différentielles ſe trouvent dans ces deux termes. On aura donc
autant d'équations comme $\frac{dA}{dy} = \frac{dB}{dx}$, $\frac{dA}{dz} = \frac{dC}{dx}$ &c. à
vérifier, qu'il y a de manieres de combiner deux à deux
les fonctions A, B, C, &c. Si ces équations ont lieu,
la propoſée ſera intégrable; autrement elle ne le ſera pas.
Dans le premier cas le procédé à ſuivre pour en trouver
l'intégrale ſera le même à peu près que celui que nous
avons pratiqué, (Art. xxx.) pour les différentielles à trois
variables; il n'y aura de différence que dans la longueur
du Calcul.

XLII.

A l'égard des équations telles que $A\,dx + B\,dy + C\,dz + D\,du + E\,ds +$ &c. $= o$ qui repréſente une équation
quelconque compoſée de x, y, z, u, s, &c. avec leurs
différentielles & des conſtantes; on verra d'abord ſi cette
équation dans l'état où elle eſt propoſée, eſt une différentielle complete, & la maniere de s'en aſſurer ſera de véri-
fier autant d'équations $\frac{dA}{dy} = \frac{dB}{dx}$, $\frac{dA}{dz} = \frac{dC}{dx}$ &c. qu'il y
a de façons poſſibles de combiner deux à deux les lettres
A, B, C, D, E, &c. Si l'équation propoſée n'eſt pas
une différentielle complete, il faut examiner ſi elle peut
le devenir. Pour faire cet examen je prends à volonté trois
termes de la propoſée, & les égalant à zéro, je vois s'ils
forment une équation poſſible, en obſervant toutefois
d'y regarder comme conſtantes toutes les lettres, excepté

les trois dont les différentielles se trouvent dans ces trois termes. Donc en pratiquant ce qui a été dit (Art. XXXIV.) pour les équations à trois variables, on voit aisément qu'on aura autant d'équations à vérifier comme $\frac{B\,d\,C}{d\,x} - \frac{C\,d\,B}{d\,x} + \frac{A\,d\,B}{d\,z} - \frac{B\,d\,A}{d\,z} - \frac{A\,d\,C}{d\,y} + \frac{C\,d\,A}{d\,y} = 0$, qu'il aura de manieres de combiner trois à trois les fonctions A, B, C, D, E, &c. Lorsque toutes les équations de la même nature que la précédente, venues par la combinaison des termes $A\,d\,x + B\,d\,y + C\,d\,z + D\,d\,u +$ &c. pris trois à trois, auront en même temps lieu, on pourra rendre l'équation proposée une différentielle complete.

XLIII.

REMARQUE. On peut cependant abreger le nombre de ces équations à vérifier, parce que quelques-unes suivent nécessairement des autres. Pour le prouver je prends l'équation à quatre variables $A\,d\,x + B\,d\,y + C\,d\,z + D\,d\,u = 0$. Cette équation par la combinaison des quatre lettres A, B, C, D prises trois à trois me donnent les quatre équations suivantes :

$$1^{\circ}. \quad A\,d\,x + B\,d\,y + C\,d\,z = 0$$
$$2^{\circ}. \quad A\,d\,x + B\,d\,y + D\,d\,u = 0$$
$$3^{\circ}. \quad A\,d\,x + C\,d\,z + D\,d\,u = 0$$
$$4^{\circ}. \quad B\,d\,y + C\,d\,z + D\,d\,u = 0$$

De la premiere équation on tire en suivant le calcul de l'Article XXXIV. $\frac{B\,d\,C}{d\,x} - \frac{C\,d\,B}{d\,x} + \frac{A\,d\,B}{d\,z} - \frac{B\,d\,A}{d\,z} - \frac{A\,d\,C}{d\,y} + \frac{C\,d\,A}{d\,y} = 0$; la seconde nous donne en suivant le même

Ce nombre peut quelque-
fois se dimi-
nuer.

Preuve sur
une équation
à quatre va-
riables.

calcul $\dfrac{B\,dD}{dx} - \dfrac{D\,dB}{dx} + \dfrac{A\,dB}{du} - \dfrac{B\,dA}{du} - \dfrac{A\,dD}{dy} + \dfrac{D\,dA}{dy} = 0$;
la troisieme nous donne $\dfrac{C\,dD}{dy} - \dfrac{D\,dC}{dy} + \dfrac{A\,dC}{du} - \dfrac{C\,dA}{du} -$
$\dfrac{A\,dD}{dz} + \dfrac{D\,dA}{dz} = 0$; & enfin on tire de la quatrieme,
$\dfrac{C\,dD}{dy} - \dfrac{D\,dC}{dy} + \dfrac{B\,dC}{du} - \dfrac{C\,dB}{du} - \dfrac{B\,dD}{dz} + \dfrac{D\,dB}{dz} = 0$.

Or on voit aifément que fi on prend trois de ces équations à volonté , la quatrieme s'enfuit néceffairement ;
donc pour s'affurer fi une équation à quatre variables peut
devenir complete, il fuffira de vérifier trois des équations
de condition qu'elle donne.

XLIV.

CorOLLAIRE. En faifant le même raifonnement fur
les équations à cinq variables , on verra que des dix équations de condition que donne la combinaifon des fonctions
A , B , C , D , E , prifes trois à trois , fix fuffiront pour
déterminer fi l'intégration ou la conftruction eft poffible.
De même fi la propofée avoit fix variables , telles que la
fuivante $A\,dx + B\,dy + C\,dz + D\,du + E\,ds + F\,dr = 0$,
des vingt équations de condition que donne la combinaifon
des fix lettres A , B , C , D , E , F , prifes trois à trois ,
il fuffira d'en vérifier dix.

Donc en général le nombre des variables contenues
dans une équation différentielle étant m , le nombre d'é-
quations néceffaires à vérifier pour favoir fi la propofée peut
devenir complete , fera ce que le nombre $m - 1$ peut
donner de combinaifons deux à deux ; c'eft-à-dire
$\dfrac{(m-1)\cdot(m-2)}{2}$.

XLV.

Lorfque par les procédés que nous venons d'indiquer on aura reconnu que les équations à trois, quatre, cinq, &c. variables peuvent être rendues completes, il faudra chercher le facteur qui doit pour cela multiplier tous les termes de l'équation. Nous ne détaillerons pas ici la méthode de trouver ce facteur; le lecteur qui fera curieux de la connoître la trouvera dans le mémoire que nous avons déja cité dans ce Chapitre.

XLVI.

Maintenant on eft en état de s'affurer fi une quantité ou une équation différentielle eft intégrable ou non; & l'on voit que cette connoiffance doit épargner beaucoup de peines fouvent inutiles. Avant que de commencer le détail des méthodes particulieres, il eft bon d'obferver qu'il y a des équations différentielles qui ont une intégrale algébrique, d'autres qu'on ne peut intégrer algébriquement, mais dont on parvient à féparer les indéterminées. Nous allons d'abord examiner comment on conftruit les équations dans lefquelles les indéterminées font féparées; enfuite nous traiterons des différentielles qui s'intégrent en les multipliant ou les divifant par des fonctions de leurs indéterminées, ou en opérant fur elles par les transformations enfeignées dans le fecond Chapitre de la premiere Partie. De là nous détaillerons les méthodes différentes de féparer les indéterminées dans les équations différentielles.

CHAPITRE III.

De la construction des équations différentielles dans lesquelles les indéterminées sont séparées.

XLVII.

Ce qu'il faut faire avant que de construire l'équation.

LEMME. Dans une équation différentielle qu'on veut construire, il faut d'abord mettre d'un côté les dx & de l'autre les dy ; alors l'équation sera de cette forme $Xdx = Ydy$ (X exprimant une fonction quelconque de x, & Y une fonction quelconque de y). Quand les deux membres de cette équation ne sont pas intégrables, alors on la construit par les quadratures : nous allons donner la méthode qu'il faut suivre pour cela. Mais nous observerons auparavant de quelle maniere on trouve le nombre des dimensions d'une quantité quelconque X, formée de x & de constantes. Par exemple, ax^3 est de quatre dimensions, de même que $ax^3 + b^2x^2$; $\sqrt{(x^4 + c^3x)}$ est de deux ; $\dfrac{ax^3 + b^2x^2 + g^2\sqrt{(x^4 + c^3x)}}{\sqrt{(ex + ff)}}$ est de trois, parce que le numérateur est de quatre & le dénominateur de une ; & ainsi de suite.

XLVIII.

Procédé pour faire la construction.

PROBLEME. Construire une équation différentielle dans laquelle les indéterminées sont séparées.

SOLUTION. Je prends le nombre des dimensions de

X & de Y, nombre qui doit être le même. Si tous les termes n'avoient pas en apparence la même dimenfion, ils doivent être cenfés l'avoir, parce que ceux qui ont la plus petite dimenfion, doivent être cenfés multipliés par une puiffance convenable d'une ligne conftante, qu'on prend pour l'unité.

Soit le nombre des dimenfions repréfenté par n, je divife mon équation par a^n (a eft une conftante quelconque.) J'ai donc $\frac{Y\,dy}{a^n} = \frac{X\,dx}{a^n}$. Pour conftruire cette équation, foient AP, AQ perpendiculaires l'une à l'autre, foit une courbe EK telle que . . . . . $AP = x$

Figure 44

$$PK = \frac{X}{a^{n-1}},$$

l'aire de la courbe . . . . $APKE = \int \frac{X\,dx}{a^{n-1}}$

Soit encore la courbe TD, telle qu'on ait $AQ = y$

$$QT = \frac{Y}{a^{n-1}},$$

l'aire de la courbe . . . . $AQTD = \int \frac{Y\,dy}{a^{n-1}}$

Maintenant fuppofons qu'on ait . . . $au = \int \frac{X\,dx}{a^{n-1}}$

on en tirera . . . . $u = \int \frac{X\,dx}{a^n}$

enfuite on tracera une courbe GN telle que $PN = u$;

fuppofons de même que . . . . . $at = \int \frac{Y\,dy}{a^{n-1}}$

on aura . . . . $t = \int \frac{Y\,dy}{a^n}$

& foit la courbe SO telle que . . . $SQ = t$.

Il faut donc que $t = u$.

Ayant pris $AH = QS$, on menera AI fous un angle

de $45°$; puis tirant HI parallele à AQ, du point I on menera IN parallele à AP qui déterminera le point N, tel que $PN(u) = QS(t)$, & par conséquent $\int \frac{X\,dx}{a^n} = \int \frac{Y\,dy}{a^n}$. Donc si on prolonge SQ & PN jusqu'à ce qu'elles se rencontrent en M, le point M sera à la courbe qu'exprime l'équation proposée.

XLIX.

Remarque 1. Quelquefois il est nécessaire d'ajouter une constante ; c'est la nature du Problême qui doit servir à la déterminer : on n'ajoutera cette constante que d'un seul côté ; car il seroit inutile d'en ajouter des deux côtés à la fois, puisque l'on pourroit regarder ces deux constantes comme n'en faisant qu'une.

L.

Remarque 2. Si l'un des deux membres de l'équation différentielle proposée étoit intégrable, alors ce membre dépendroit d'une courbe quarrable, & l'autre membre se construiroit de la maniere que nous venons d'exposer. Par exemple, si l'on avoit l'équation $dx\sqrt{px} = Y\,dy$ (Y exprimant une fonction de y, telle que le second membre ne soit pas intégrable algébriquement) l'intégration de cette équation donne $\frac{2x\sqrt{px}}{3} = \int Y\,dy$. On auroit le premier membre en traçant une parabole dont l'équation seroit $yy = px$, & l'autre membre se construiroit comme dans le Problême.

CHAPITRE

CHAPITRE IV.

De la séparation des indéterminées dans les équations différentielles par les regles ordinaires de l'Algebre, ou par de simples transformations.

L I.

IL est aisé de sentir qu'en séparant les indéterminées dans une équation différentielle, on la réduit aux cas de la premiere Partie ; puisqu'alors on peut regarder chaque membre de l'équation, comme une différentielle particuliere qui ne contient qu'une variable. C'est cette opération que nous allons maintenant pratiquer ; d'abord pour des équations différentielles assez simples ; nous passerons ensuite aux plus composées.

L I I.

1°. Si on avoit des équations de la forme suivante $aa\,x\,dx + yy\,x\,dx = y\,dy\,\sqrt{(xx+ff)}$, qui équivaut à la suivante $(aa+yy)\,.\,x\,dx = y\,dy\,\sqrt{(xx+ff)}$; on verroit au premier coup d'œil que les indéterminées s'y séparent par une simple division : car on a $\dfrac{x\,dx}{\sqrt{(xx+ff)}} = \dfrac{y\,dy}{aa+yy}$; dont l'intégrale est, comme on le sait, $(xx+ff)^{\frac{1}{2}} = J(aa+yy)^{\frac{1}{2}} + C$.

Exemples de cette séparation par les regles ordinaires de l'Algebre.

Premier exemple.

LIII.

Second exemple.

De même l'équation $\dfrac{x\,dx}{\sqrt[5]{(a^5 + y^5)}} = \dfrac{y\,dy}{\sqrt[4]{(b^4 - x^4)}}$ devient par la seule multiplication $x\,dx \cdot (b^4 - x^4)^{\frac{1}{4}} = y\,dy \cdot (a^5 + y^5)^{\frac{1}{5}}$; équation dans laquelle les indéterminées sont séparées, & que l'on construira par la méthode enseignée plus haut.

LIV.

Troisieme exemple.

Que j'aie $x\,x\,dx^2 + x\,y\,dx\,dy = a\,a\,dy^2$; je remarque que le premier membre de cette équation seroit un quarré, s'il y avoit de plus $\frac{yy\,dy^2}{4}$. J'ajoute donc de part & d'autre cette quantité, & l'équation devient $x\,x\,dx^2 + x\,y\,dx\,dy + \frac{yy\,dy^2}{4} = a\,a\,dy^2 + \frac{yy\,dy^2}{4}$. Je prends la racine quarrée, ce qui me donne $x\,dx + \frac{y\,dy}{2} = \pm\, dy \times \left\{ \frac{yy}{4} + a\,a \right\}^{\frac{1}{2}}$; équation dans laquelle les indéterminées sont séparées. L'intégrale de cette équation est $\frac{x\,x}{2} + \frac{yy}{4} \mp \int \left\{ dy \sqrt{\left(\frac{yy}{4} + a\,a \right)} \right\} + C = 0$, dont la partie qui est sous le signe $\int$ dépend de la quadrature d'une hyperbole équilatere par rapport à son second axe, l'origine des coordonnées étant au centre de la courbe.

Il en est ainsi d'un grand nombre d'autres équations différentielles qu'il est inutile de détailler ici.

L V.

Exemples de cette même séparation par

2°. Pour séparer les indéterminées dans l'équation sui‑ vante $a\,dx = y\,dy - x\,dy$; on fera $y - x = z$, ou $y =$

$z + x$; $dy = dz + dx$. Après les substitutions, l'équa-des transfor-
mations.
tion proposée deviendra $a\,dx = z\,dz + z\,dx$; ou $a\,dx -$ Premier
exemple.
$z\,dx = z\,dz$. Donc en divisant par $a - z$, on a $dx = $
$\frac{z\,dz}{a-z}$; équation dans laquelle les indéterminées sont séparées; & qui a pour intégrale $x = a - z + l\,(a - z)^{-a} + C$.
Remettant pour z sa valeur $y - x$, on aura $x = a - y$
$+ x + l\,\frac{1}{(a - y + x)^a} + C$ pour l'intégrale cherchée. On
verra d'ailleurs plus bas une méthode pour intégrer cette
équation sans transformation. **Voyez le Chap. VII.**

L V I.

Soit l'équation $a\,a\,dx = x^2\,dy + 2\,x\,y\,dy + y\,y\,dy$; Second
exemple.
je fais $x + y = z$: j'en tire $dx + dy = dz$. La propo-
sée devient donc $a\,a\,dz - a\,a\,dy = z^2\,dy$; c'est-à-dire
$\frac{a\,a\,dz}{z\,z + a\,a} = dy$: j'integre maintenant, & j'ai $y = \int \frac{a\,a\,dz}{z\,z + a\,a}$;
le second membre dépendant (Art. cvii. de la Iʳᵉ Partie,)
de la quadrature du cercle.

L V I I.

Si la proposée étoit $(x\,dy + y\,dx) \times (a^4 - x\,x\,y\,y)^{\frac{1}{2}} =$ Troisieme
exemple.
$\frac{x\,dx + y\,dy}{(x\,x + y\,y)^{\frac{1}{2}}}$, je remarque que dans le premier membre de
cette équation $x\,dy + y\,dx$ est la différentielle de $x\,y$ &
que le quarré de cette intégrale se trouve dans la quantité
sous le signe. Je fais donc $x\,y = z$, & j'ai pour premier
membre de ma transformée $dz\,.\,(a^4 - z\,z)^{\frac{1}{2}}$ qui est tel
que je le demande. Je vois de plus que dans le second

membre de l'équation le numérateur est la moitié de la différentielle de $xx + yy$, quantité qui se trouve sous le signe au dénominateur : je suppose donc $\frac{xx + yy}{2} = t$; & ma transformée entiere est $dz \cdot (a^4 - zz)^{\frac{1}{2}} = \frac{dt}{\sqrt{2t}}$ dans laquelle les indéterminées sont séparées. L'intégrale du premier membre dépend (Art. xciv. premiere Partie) de la quadrature du cercle ; & celle du second est $\sqrt{2t}$, comme on le fait.

LVIII.

Quatrieme exemple.

Soit encore à intégrer l'équation $\frac{2x\,dy - 2y\,dx}{(x-y)^2} = dX$ (X est une fonction quelconque de x ou de y). Je fais $\frac{y}{x} = \frac{u}{a}$, ce qui me donne la transformée suivante $\frac{2xx\,du}{a \cdot (x-y)^2} = dX$. Je divise le numérateur & le dénominateur du premier membre par xx ; j'ai $\frac{2a\,du}{aa - 2au + uu} = dX$, équation dans laquelle les indéterminées sont séparées. Pour l'intégrer je suppose $a - u = t$; la transformée que donne cette substitution est $-\frac{2a\,dt}{tt} = dX$ dont l'intégrale est $\frac{2a}{t} = X$; & en remettant pour t & u leurs valeurs, l'intégrale cherchée est $\frac{2x}{x-y} - X + C = 0$.

LIX.

Si au lieu de supposer $\frac{y}{x} = \frac{u}{a}$, on suppose $\frac{x}{y} = \frac{u}{a}$, on aura, après les substitutions différentes, $\frac{-2a\,du}{uu - 2au + aa} = dX$. Pour intégrer cette équation, soit $u - a = t$; on aura pour transformée $-\frac{2a\,dt}{tt} = dX$, laquelle a pour intégrale $\frac{2a}{t} + C - X = 0$; & remettant pour t sa valeur en u, & pour u fa valeur $\frac{y}{x}$, on a $\frac{2y}{x-y} - X + C = 0$, intégrale différente de la précédente.

L X.

On trouveroit encore en faifant $\frac{x+y}{x-y} = z$, que $\frac{2xdy - 2ydx}{(x-y)^2} = dX$ a pour intégrale $\frac{x+y}{x-y} - X + C = 0$: on en trouveroit même, en faifant d'autres transformations, une infinité d'autres ; ce qui ne doit faire aucune difficulté. Car l'intégrale généralé étant $\frac{2x}{x-y} - X + C = 0$, ou $\frac{2x + Cx - Cy}{x-y} - X = 0$, on trouvera autant d'intégrales particulieres qu'on donnera de valeurs différentes à C. Par exemple, fi $C = 0$, on aura $\frac{2x}{x-y} - X = 0$, qui eft celle que nous avons trouvée d'abord : fi $C = -2$, on aura $\frac{2y}{x-y} - X = 0$, & c'eft la feconde que nous avons eue : fi $C = -1$, on aura $\frac{x+y}{x-y} - X = 0$, & ainfi du refte. Nous fommes entrés dans ce détail fur cet exemple, afin que le lecteur ne foit point embarraffé dans les cas pareils.

L X.I.

Soit encore propofé d'intégrer l'équation fuivante $Y = \frac{y^2 dx - xy dy}{(y^2 dx^2 - 2xy dy dx + y^2 dy^2)^{\frac{1}{2}}}$, Cinquieme exemple. dans laquelle Y repréfente une fonction quelconque de y & de conftantes : j'aurai $\frac{Y}{y} = \frac{ydx - xdy}{(y^2 dx^2 - 2xy dy dx + y^2 dy^2)^{\frac{1}{2}}}$; & en retournant l'équation $\frac{y}{Y} = \frac{(y^2 dx^2 - 2xy dy dx + y^2 dy^2)^{\frac{1}{2}}}{ydx - xdy}$. Donc en quarrant les deux membres, j'aurai $\frac{y^2}{Y^2} = \frac{y^2 dx^2 - 2xy dy dx + y^2 dy^2}{y^2 dx^2 - 2xy dy dx + x^2 dy^2}$

$$= 1 + \frac{y^2 dy^2 - x^2 dy^2}{y^2 dx^2 - 2xy\, dy\, dx + x^2 dy^2}.$$ Donc $\left(\frac{y^2}{Y^2} - 1\right)^{\frac{1}{2}} = \frac{dy\sqrt{(y^2 - x^2)}}{y\, dx - x\, dy}$; ou bien $\frac{Y}{(y^2 - Y^2)^{\frac{1}{2}}} = \frac{y\, dx - x\, dy}{dy\sqrt{(y^2 - x^2)}}$. Soit maintenant $\frac{x}{y} = z$, on aura $y\, dx - x\, dy = yy\, dz$; & après les substitutions la transformée sera $\frac{Y}{(y^2 - Y^2)^{\frac{1}{2}}} = \frac{y\, dz}{dy\sqrt{(1 - zz)}}$. Donc enfin $\frac{Y\, dy}{y\sqrt{(y^2 - Y^2)}} = \frac{dz}{\sqrt{(1 - zz)}}$.

Passons maintenant à des cas plus généraux dans lesquels les indéterminées se séparent encore par de simples transformations.

L X I I.

PROBLEME 1. Séparer les indéterminées dans la formule générale $\frac{a\, y^{n-1}\, dy}{b + (cy^n + p)^a} = gq\, dx$, p & q étant des fonctions de x telles que $q = \frac{dp}{dx}$.

SOLUTION. Soit $(cy^n + p)^a = z$; on en tire $cy^n + p = z^{\frac{1}{a}}$, & en différentiant & mettant pour dp sa valeur $q\, dx$, on aura $y^{n-1}\, dy = \frac{1}{\alpha} z^{\frac{1}{\alpha} - 1}\, dz - q\, dx$.

Donc $\frac{a\, y^{n-1}\, dy}{b + (cy^n + p)^a} = \frac{\frac{a}{\alpha} z^{\frac{1}{\alpha} - 1}\, dz - aq\, dx \cdot cn}{cn.(b + z)} = gq\, dx$.

Donc enfin $\frac{a\, z^{\frac{1}{\alpha} - 1}\, dz}{abcgn + acgnz + aa} = q\, dx$, équation dans laquelle les indéterminées sont séparées.

L X I I I.

Soit dans la formule précédente . . . . $b = 2g$
$a = f^3$

$$n = 1$$
$$p = bx$$
$$q = b$$
$$\alpha = \tfrac{1}{2},$$

l'équation sera $\dfrac{f^2\,dy}{2g+(cy+bx)^{\frac{1}{2}}} = bg\,dx$. Je ferai donc $(cy+bx)^{\frac{1}{2}} = z$; j'aurai $y = \dfrac{zz-bx}{c}$; $dy = \dfrac{2z\,dz-b\,dx}{c}$; & pour transformée, l'équation suivante $\dfrac{2f^2\,z\,dz - bf^2\,dx}{c.(2g+z)} = bg\,dx$; ou $2f^2\,z\,dz - bf^2\,dx = 2bcg^2\,dx + bcg\,z\,dx$. Donc $\dfrac{2f^2\,z\,dz}{2cg^2 + f^2 + cgz} = b\,dx$; équation réduite en fraction rationelle.

LXIV.

Probleme 2. Trouver les cas d'intégrabilité de l'équation $\dfrac{y^{\alpha}\,dx}{(bx^s + ay^n x^r)^m} = cx^q\,dy$; a, b, c, étant des constantes. Seconde formule plus générale.

Solution. Soit $(bx^s + ay^n x^r)^m = zx^{ms}$; on aura la transformée suivante

$$\frac{(z^{\frac{1}{m}} x^{s-r} - bx^{s-r})^{\frac{\alpha}{n}}\,dx}{a^{\frac{\alpha}{n}} z x^{ms}} =$$

$$\frac{cx^q}{na^{\frac{1}{n}}} \times (z^{\frac{1}{m}} x^{s-r} - bx^{s-r})^{\frac{1}{n}-1} \times \left\{ \frac{1}{m} x^{s-r} z^{\frac{1}{m}-1}\,dz + (s-r) z^{\frac{1}{m}} x^{s-r-1}\,dx - (s-r) bx^{s-r-1}\,dx \right\},$$

ou bien, en divisant par $(z^{\frac{1}{m}} x^{s-r} - bx^{s-r})^{\frac{1}{n}-1}$,

$$a^{\frac{1}{n}} mn x^{\frac{\alpha s}{n} - \frac{\alpha r}{n} + s-r-\frac{s}{n}+\frac{r}{n}}.(z^{\frac{1}{m}}-b)^{\frac{\alpha}{n}+1-\frac{1}{n}}\,dx =$$

$$a^{\frac{\alpha}{n}} cx^{q+ms+s-r-1+s} z^{\frac{1}{m}}\,dz + (s-r) \times$$

$$a^{\frac{\alpha}{n}} m z^{\frac{1}{m}+1} x^{q+mt+t-r-1} dx - (t-r) a^{\frac{\alpha}{n}} bmzx^{q+mt+t-r-1} dx.$$

Or il est évident que si dans cette équation $\frac{\alpha t}{n} - \frac{\alpha r}{n} - \frac{t}{n} + \frac{r}{n} = q + mt - 1$, les indéterminées se sépareront ;

car alors on aura $\dfrac{mdx}{x} = \dfrac{a^{\frac{\alpha}{n}} c z^{\frac{1}{m}} dz}{a^{\frac{1}{n}} n.(z^{\frac{1}{m}}-b)^{\frac{k}{n}-1} - (t-r) a^{\frac{\alpha}{n}} z^{\frac{1}{m}+1} + (t-r) a^{\frac{\alpha}{n}} bz}$;

donc les indéterminées se sépareront dans la proposée toutes les fois qu'on aura $\alpha = \dfrac{nq+nmt-n+t-r}{t-r}$; ou bien $q = \dfrac{\alpha t - \alpha r - mnt + n - t + r}{n}$.

L X V.

Soit dans la formule . . . . $\alpha = 2$

$$t = 2$$
$$n = 1$$
$$r = 1$$
$$m = \tfrac{1}{2}$$

on aura l'équation suivante $\dfrac{h y^2 dx}{(bbxx+gxy)^{\frac{1}{2}}} = x dy$. Je fais $(bbxx+gxy)^{\frac{1}{2}} = xz$; ce qui me donne la transformée suivante $\dfrac{hdx}{g^2} \cdot \dfrac{(z^2 x - bbx)^2}{zx} = \dfrac{x}{g} \times (2xzdz - bbdx + z^2 dx)$, & après la réduction on aura $hdx \times (z^4 - 2b^2 z^2 + b^4) = 2gxz^2 dz - bg^2 z dx + gz^3 dx$. Donc $\dfrac{dx}{x} = \dfrac{2gz^2 dz}{hz^4 - 2kb^2 z^2 + hb^4 - gz^3 + b^2 gz}$.

Il en sera de même pour beaucoup d'autres équations particulieres. Je passe maintenant à plusieurs cas généraux dans lesquels les indéterminées se séparent par des méthodes qui leur sont propres.

CHAPITRE

CHAPITRE V.

De la séparation des indéterminées dans les équations homogenes.

LXVI.

Définition. ON appelle *équations homogenes* celles dans lesquelles la somme des dimensions des x & des y, ou séparées, ou prises ensemble, est la même dans tous les termes de l'équation. Telles sont les suivantes, $xx\,dy + gyy\,dx = fz^2\,du + au^2\,dz$, ou bien $xy\,dx + byy\,dx = {}'gx^2\,dy + hxy\,dy$. Telle est encore la suivante $dx\,(x\sqrt{x^4 + y^4} + gy^2\sqrt{xy^2 + x^3}) = dy\,\{ax^3 + by^2x + gy^3\sqrt{(xx + yy)}\}$ &c. Cela posé.

LXVII.

PROBLEME. Séparer les indéterminées dans les équations homogenes, à deux variables.

SOLUTION. Soit mise l'équation sous cette forme $\frac{dx}{dy} = \frac{p}{q}$, p exprimant le numérateur du second membre & q le dénominateur. Il est évident 1°. qu'en faisant $x = yz$, on aura $\frac{dx}{dy} = \frac{y\,dz}{dy} + z$. 2°. Qu'en substituant pour x sa valeur yz dans p & dans q, y se trouvera à la même dimension dans tous les termes de p & dans ceux de q; par exemple, si $\frac{p}{q} = \frac{gx^2 + hxy}{xy + byy}$; mettant pour x

II. Partie.   G

fa valeur yz on aura $\frac{gy^2z^2+hzy^2}{zy^2+by^2}$, fraction dans laquelle y a la même dimension dans tous les termes du numérateur & du dénominateur. Donc on pourra faire disparoître de l'un & de l'autre, y; & $\frac{p}{q}$ se réduira à une quantité Z qui ne contiendra que z & des constantes. Donc on aura $\frac{ydz}{dy}+z=Z$, ou bien $\frac{dy}{y}=\frac{dz}{Z-z}$, équation dans laquelle tout est séparé.

LXVIII.

Application à un exemple. Soit à intégrer l'équation homogene $xdx\sqrt{(x^4+y^4)}+gy^2dx\sqrt{(xy^2+x^3)}=ax^3dy+by^2xdy+qy^2dy\sqrt{x^2+y^2}$; je la mets sous la forme suivante, $\frac{dx}{dy}=\frac{ax^3+by^2x+qy^3\sqrt{x^2+y^2}}{x\sqrt{(x^4+y^4)}+gy^3\sqrt{xy^2+x^3}}$, je fais $x=yz$; j'aurai par conséquent en substituant dans cette équation pour x & dx leurs valeurs $\frac{ydz}{dy}+z=\frac{az^3+bz+q\sqrt{z^2+1}}{z\sqrt{z^4+1}+g\sqrt{z+z^3}}$, ou bien $\frac{dy}{y}=\frac{dz}{\frac{az^3+bz+q\sqrt{z^2+1}}{z\sqrt{(z^4+1)}+g\sqrt{(z+z^3)}}-z}$, équation dans laquelle les indéterminées sont séparées.

LXIX.

Cette regle s'étend à toutes les équations homogenes, à quelque puissance qu'y soient élevées les dx & les dy. REMARQUE I. Si dans l'équation homogene les dx & les dy étoient élevées à une puissance au-dessus du premier dégré, on suivroit la même regle pour séparer les indéterminées.

Soit, par exemple, $xxdy^2+xydx^2=yydx^2$; on

donnera à cette équation la forme suivante, $dy^2 = dx^2 \left(\frac{y^2}{x^2} - \frac{y}{x} \right)$; donc $dy = \pm dx \sqrt{\frac{y^2}{x^2} - \frac{y}{x}}$. Soit donc $\frac{y}{x} = \frac{z}{a}$, on en tire $ady = xdz + zdx$; & aussi $ady = dx \sqrt{(zz - az)}$. Donc $xdz + zdx = dx \sqrt{(zz - az)}$. Donc enfin $\frac{dx}{x} = \frac{-dz}{z - \sqrt{(zz - az)}}$.

LXX.

Que l'équation proposée soit $x^2 dy^2 + xy dx dy = x^2 dx^2$, on remarquera que le premier membre seroit un quarré, s'il contenoit de plus $\frac{yy dx^2}{4}$. J'ajoute donc ce terme de part & d'autre, & après avoir extrait la racine quarrée, la proposée devient $xdy + \frac{1}{2} ydx = \pm dx \sqrt{(xx + \frac{yy}{4})}$, équation qui est dans le cas de notre Problême, & qui devient par conséquent intégrable ou constructible par la méthode précédente.

LXXI.

Cette derniere méthode n'est applicable qu'aux équations dans lesquelles dy^2 ou dx^2 ne montent qu'au second degré, & dans lesquelles par conséquent on peut trouver la valeur de $\frac{dy}{dx}$. On trouvera plus bas (Art. CLIV.) une méthode pour les cas plus composés.

LXXII.

REMARQUE 2. La méthode que nous venons d'ex- poser pour les équations homogenes à deux changeantes

Elle s'étend aussi aux é- quations ho- mogenes qui

contiennent plus de deux variables, en y faifant toutesfois quelque changement.

s'étendra auffi en y faifant quelques additions aux équations homogenes à trois ou à tant de variables qu'on voudra, pourvu que ces équations ne renferment point de conftantes.

LXXIII.

Exemple général.

PROBLEME. Intégrer l'équation générale $Xdx + Ydy + Zdz = 0$, X, Y, Z repréfentent des fonctions homogenes & fans conftantes de x, y, z. La méthode feroit la même fi l'on avoit 4, 5 ou un plus grand nombre de variables.

SOLUTION. Je fais $y = xu$, & $z = xt$. On voit clairement qu'en fubftituant pour y & pour z leurs valeurs, X qui contient des x, des y & des z fans conftantes, fe changera en une nouvelle fonction compofée de x élevée à une puiffance du degré de la fonction X, & multipliée par une fonction de u & de t. De même la fonction Y fera changée en une nouvelle compofée de x élevée encore à la même puiffance, & multipliée par une autre fonction de u & de t; & ainfi de Z. Suppofant donc que m repréfente le degré des fonctions X, Y, Z, & que F, G, H foient des fonctions différentes de u & de t, fubftituons pour X, $x^m F$, pour Y, $x^m G$, & pour Z, $x^m H$; mettons auffi pour dy fa valeur $xdu + udx$, & pour dz fa valeur $xdt + tdx$, il eft évident qu'on aura la transformée fuivante $x^m dx . (F + Gu + Ht) + x^{m+1} Gdu + x^{m+1} Hdt = 0$, ou en divifant tous les termes par $x^{m+1} . (F + Gu + Ht)$, on a $\frac{dx}{x} + \frac{Gdu + Hdt}{F + Gu + Ht} = 0$.

Or dans l'équation mife fous cette forme les x font féparées des u & des t ; car les fonctions F, G, H ne contiennent point de x. Il ne s'agit donc que de favoir (Chap. II.) fi $\frac{G\,du + H\,dt}{F + Gu + Ht}$ eft une différentielle complete, & de l'intégrer enfuite.

LXXIV.

Soit dans la formule précédente . . . . $X = x\,y^2 z^3$

Exemple particulier.

$$Y = z\,x^3 y^3$$
$$Z = y^2 x^2 z^2$$

on aura . . . . $m = 6$ & l'équation à intégrer fera $y^2 z^3 x\,dx + z\,x^3 y^3 dy + y^2 x^2 z^2 dz = 0$. Je fais $y = xu$ & $z = xt$, on aura $x^6 t^3 u^2 dx + x^6 t u^3 dy + x^6 t^2 u^2 dz = 0$, dans laquelle x eft, comme on voit, élevée dans chaque terme au même degré que les fonctions X, Y, Z. Maintenant fubftituons pour dy & dz leurs valeurs, on aura la transformée fuivante $(2u^2 t^3 + u^4 t).dx + x\,t u^3 du + x u^2 t^2 dt = 0$, ou enfin $\frac{dx}{x} + \frac{u\,du + t\,dt}{uu + 2tt} = 0$.

LXXV.

Après avoir expofé cette méthode de féparer les indéterminées dans les équations homogenes, nous allons détailler plufieurs moyens de rendre homogenes des équations qui ne l'étoient pas.

CHAPITRE VI.

Méthodes pour rendre homogenes des équations qui ne le font pas.

LXXVI.

Elles font au nombre de deux.

NOus allons ici expofer deux méthodes qui fervent à rendre homogenes des équations qui ne le font pas. La premiere confifte à fe fervir de fubftitutions convenables, & on ne peut lui donner aucune forme générale ; ce ne fera que par des exemples qu'on en montrera les ufages. La feconde confifte à changer les expofants de la propofée, de telle forte qu'on puiffe déterminer dans quels cas & avec quelles fubftitutions on la rendra homogene. Ces deux méthodes rendront une infinité de différentielles fufceptibles de la féparation des indéterminées.

LXXVII.

Exemples de la premiere méthode.

Premier exemple.

Soit propofée l'équation $dx\sqrt{(aaxx + az^3)} = zzdz$ qu'on voit bien n'être pas homogene. Je fais $z^3 = ayy$, ce qui me donne la transformée fuivante, $dx\sqrt{(aaxx + aayy)} = \frac{2\,aydy}{3}$ qui eft homogene.

LXXVIII.

On auroit encore pu rendre cette équation homogene

d'une autre maniere, en supposant $\sqrt{(aaxx + az^3)} = ay$, car alors on a tout de suite $aydx = \frac{2aydy}{3} - \frac{2axdx}{3}$, équation qui est homogene.

LXXIX.

Soit maintenant à intégrer l'équation suivante $z^3dz + \frac{z^3dx}{\sqrt{(a+x)}} = dx$: je ferai $\sqrt{(a+x)} = t$; donc $a+x = tt$, & $z^3dz + 2zzdt = 2tdt$. Soit maintenant $zz = yy$, j'aurai en substituant $\frac{ydy}{2} + 2ydt = 2tdt$, équation qui est homogene.

Second exemple.

LXXX.

S'il s'agissoit de rendre homogenes les équations suivantes, $(a + bxy + cx^2y^2 + ex^3y^3 + \&c.)\,dx + (lx^3 + mx^3y + nx^4y^2 + \&c.)\,dy = 0$, ou bien $(ay + bxy^2 + ex^2y^3 + \&c.)\,dx + (lx + mx^2y + nx^3y^2 + \&c.)\,dy = 0$, équations dans lesquelles la somme des exposans est en progression arithmétique, la substitution qu'il faudroit faire seroit celle-ci, $y = \frac{1}{z}$. Car il nous vient après l'avoir faite, $\left(a + \frac{bx}{z} + \frac{cx^2}{zz} + \frac{ex^3}{z^3} + \&c.\right)dx - \left(lx^3 + \frac{mx^3}{z} + \frac{nx^4}{zz} + \&c.\right)\frac{dz}{zz} = 0$, & $\left(\frac{a}{z} + \frac{bx}{zz} + \frac{cx^2}{z^3} + \&c.\right)dx - \left(lx + \frac{mx^2}{z} + \frac{nx^3}{zz} + \&c.\right).\frac{dz}{zz} = 0$, équations qu'on voit bien être homogenes.

Troisième exemple.

LXXXI.

Et en général si on avoit à intégrer l'équation suivante, $(ax^\pi + bz^\tau x^{\pi-1} + \&c.)\,dx + (mx^\pi z^{\tau-1} + nx^{\pi-1}z^{2\tau-1}$

$+ p x^{n-2} z^{3\tau-1} +$ &c.$) dz = 0$, on rendroit cette équation homogene en faisant $z = y^{\frac{1}{\tau}}$.

LXXXII.

Je paſſe à la ſeconde méthode.

Expoſition de la ſeconde méthode.

Soit l'équation générale compoſée de trois termes $a y^n x^m dx + b y^q x^p dx + c x^r y^s dy = 0$, qui peut ſervir de formule, & dans laquelle les expoſans peuvent être poſitifs ou négatifs, entiers ou fractionaires. Si $n + m$ étoit $= q + p = r + s$, l'équation alors ſeroit homogene.

Premiere formule pour les équations à trois termes.

Ainſi nous devons ſuppoſer qu'on n'a pas les égalités précédentes. Soit dans cette hypotheſe $y = z^t$, on a $dy = t z^{t-1} dz$, $y^s = z^{st}$ &c. & après les ſubſtitutions on aura la transformée $a z^{nt} x^m dx + b z^{qt} x^p dx + c t x^r z^{st+t-1} dz = 0$. Mais pour que cette équation fût homogene, on devroit avoir $nt + m = qt + p = r + st + t - 1$. De la premiere égalité on tire $t = \frac{p-m}{n-q}$, laquelle valeur ſubſtituée dans l'équation $qt + p = r + st + t - 1$, ou $(s - q + 1) t = p - r + 1$, l'a fait devenir $(s - q + 1) . (p - m) = (p - r + 1) . (n - q)$. Cette derniere égalité exprime les conditions que doivent avoir entre eux les expoſants de la propoſée, pour qu'on la puiſſe rendre homogene. La ſubſtitution qu'il faudra faire dans ce cas eſt $y = z^{\frac{p-m}{n-q}}$.

Si au lieu de ſuppoſer $y = z^t$, on eût ſuppoſé $x = z^t$, on auroit trouvé le même réſultat pour la condition entre

les

les expofants : la feule différence, c'eft qu'alors on auroit $t = \frac{n-q}{p-m}$, ce qui rendroit la fubftitution à faire $x = z^{\frac{n-q}{p-m}}$.

LXXXIII.

Il peut arriver que la fubftitution de $y = z^{\frac{p-m}{n-q}}$ foit impoffible ; ce qui arrive dans le cas où $p = m$, ou $n = q$: mais alors on pourra féparer les indéterminées dans la propofée fans avoir recours à aucune préparation : car dans le cas où $p = m$, elle devient $x^{m-r} dx = -\frac{cy^s dy}{ay^n + by^q}$, ou $x^{p-r} dx = -\frac{cy^s dy}{ay^n + by^q}$; & dans celui de $n = q$, on a $ax^{m-r} dx + bx^{p-r} dx = -cy^{s-n} dy$, ou $-cy^{s-q} dy$.

LXXXIV.

Si dans la formule $ay^n x^m dx + by^q x^p dx + cx^r y^s dy = 0$, outre la fuppofition de $y = z^t$ on fuppofe encore $x = u^\alpha$; après les fubftitutions ordinaires, on trouvera $a\alpha z^{nt} u^{\alpha m + \alpha - 1} du + b\alpha z^{qt} u^{\alpha p + \alpha - 1} du + ctu^{\alpha r} z^{st + t - 1} dz = 0$; comparant enfemble les expofans du premier & du fecond terme, on a $nt + \alpha m + \alpha - 1 = qt + \alpha p + \alpha - 1$, d'où l'on tire $t = \alpha . \left\{ \frac{p-m}{n-q} \right\}$. L'équation entre les expofans du fecond & du troifieme terme nous donne $t . (s - q + 1) = \alpha (p - r + 1)$, & mettant pour t fa valeur tirée de la premiere équation entre les expofants, on a $\alpha . (p - m) . (s - q + 1) = \alpha . (n - q) . (p - r + 1)$, équation qui exprime, comme ci-deffus, la condition que doivent avoir les expofants de la formule pour l'homogénéité : mais dans cette équation la lettre a se détruit dans tous les termes ; donc la seconde supposition de $x = u^\alpha$ étoit inutile.

LXXXV.

Soit proposée l'équation $ay^3\, x\, dx + byy\, x^{\frac{1}{2}} - c\, x\, dy = 0$, je compare cette équation avec la formule précédente : cette comparaison me donne . . . . . . $n = 3$

$$m = 1$$
$$q = 2$$
$$p = \tfrac{1}{2}$$
$$r = 1$$
$$s = 0$$

Dans ce cas l'équation de condition $(s - q + 1)\cdot(p - m) = (p - r + 1)\cdot(n - q)$ devient $- 1 \times - \tfrac{1}{2} = \tfrac{1}{2} \times 1$, ce qui est constant ; donc la proposée peut être rendue homogene. Je fais donc . . . . $y = z^{\frac{p-m}{n-q}} = z^{-\frac{1}{4}}$

$$dy = - \tfrac{1}{4} z^{-\frac{5}{4}} dz$$
$$y^3 = z^{-\frac{3}{4}}$$
$$yy = z^{-\frac{1}{2}}$$

& après la transformation je trouve $\dfrac{a\,x\,dx}{2\sqrt{z}} + \dfrac{b\,dx\sqrt{x}}{2} + \dfrac{c\,x\,dz}{2\,2\sqrt{z}} = 0$, équation qui est homogene, comme on le voit au premier coup d'œil.

LXXXVI.

Si le nombre des termes de l'équation est plus grand que trois, les conditions que doivent avoir les exposants des indéterminées augmentent à proportion. Soit, par exemple, l'équation suivante de quatre termes qui peut servir de formule $ax^m y^n \, dx + b x^q y^p \, dx + c x^r y^s \, dy + f x^s y^u \, dy = 0$, je fais $y = z^t$, d'où je tire $dy = t z^{t-1} \, dz$

$$y^n = z^{nt}$$
$$y^p = z^{pt}$$
$$y^s = z^{st}$$
$$y^u = z^{tu}$$

Subſtituant ces valeurs on a $a x^m z^{nt} \, dx + b x^q z^{pt} \, dx + t c x^r z^{st+t-1} \, dz + f t x^s z^{tu+t-1} \, dz = 0$. On doit donc avoir, 1°. $nt + m = pt + q$, d'où l'on tire $t = \frac{q-m}{n-p}$. On doit avoir 2°. $r + st + t - 1 = pt + q$, ou $st - pt + t = q - r + 1$, & mettant pour t ſa valeur, on aura $(s - p + 1).(q - m) = (q - r + 1).(n - p)$; premiere condition que doivent avoir les expoſants de la propoſée. La comparaiſon du ſecond & du quatrieme terme donne $s + tu + t - 1 = pt + q$, ou $tu - pt + t = q - s + 1$, & mettant pour t ſa valeur trouvée précédemment, on a $(u - p + 1).(q - m) = (q - s + 1).(n - p)$, équation qui donne une ſeconde condition que doivent encore avoir entre eux les expoſants de la formule. S'ils ont ces deux conditions, alors elle pourra devenir homogene, & la ſubſtitution à faire eſt $y = z^{\frac{q-m}{n-p}}$.

Si les équations propoſées ont cinq termes, alors leurs expoſants devront avoir entre eux trois conditions, & ainſi de ſuite.

LXXXVII.

Si on propofe de rendre homogene l'équation $dx\sqrt{x}$ $+ dx\sqrt[3]{y^4} + y\,dy\sqrt[4]{x^3} - y^3\,dy = 0$; pour voir fi elle eft fufceptible de l'homogénéité, je la compare avec la formule, & j'ai . . . . $m = \frac{1}{2}$

$$n = 0$$
$$q = 0$$
$$p = \tfrac{4}{3}$$
$$r = \tfrac{1}{4}$$
$$s = 1$$
$$\varrho = 0$$
$$u = 3.$$

Donc l'équation $(s - q + 1) . (q - m) = (q - r + 1) . (n - p)$ qui eft la premiere qui doit fe trouver entre les expofants eft ici $(1 - \frac{4}{3} + 1) . - \frac{1}{2} = (- \frac{1}{4} + 1) . - \frac{4}{3}$, ou $- \frac{1}{3} = - \frac{1}{3}$, ce qui montre que les expofants de notre équation ont déja la premiere condition requife. La feconde équation qui doit fe trouver eft celle-ci $(u - p + 1) . (q - m) = (q - \varrho + 1) . (n - p)$: elle devient ici $(3 - \frac{4}{3} + 1) \times - \frac{1}{2} = 1 \times - \frac{4}{3}$; ou $- \frac{4}{3} = - \frac{4}{3}$; donc les expofants de la propofée ont les conditions requifes pour qu'elle puiffe être rendue homogene. Je fais donc . . . . $y = z^{\frac{1-m}{n-p}} = z^{\frac{3}{8}}$

$$dy = \tfrac{3}{8} z^{-\frac{5}{8}} dz$$
$$y^{\frac{4}{3}} = z^{\frac{1}{2}}$$
$$y^3 = z^{\frac{9}{8}},$$

& après les subſtitutions on a la transformée $dx\sqrt{x} + dx\sqrt{z} + \frac{3\,dz\sqrt[4]{x^3}}{8\sqrt[4]{z}} = \frac{3\,dz\sqrt{z}}{8}$; équation qu'on voit tout de ſuite être homogene.

LXXXVIII.

Soit encore l'équation $ayyxx\,dx + bdx + cyx\,dx + fx^4yy\,dy = 0$; cherchons ſi elle peut devenir homogene en lui appliquant tout de ſuite la méthode qui nous a fait découvrir les cas d'homogénéité de la formule. Soit $y = z^t$, $dy = tz^{t-1}\,dz$, on trouve pour transformée $az^{2t}xx\,dx + bdx + cz^t x\,dx + tfx^4 z^{2t+t-1}\,dz = 0$. Mais on doit avoir $2t + 2 = 1 + t$, ce qui donne $t = -1$; cette valeur de t étant miſe à ſa place dans la transformée, elle devient $\frac{axx\,dx}{zz} + bdx + \frac{cx\,dx}{z} - \frac{fx^4\,dz}{z^4} = 0$, qui eſt homogene. Donc la ſubſtitution qu'il faut faire ici eſt $y = \frac{1}{z}$.

LXXXIX.

Telles ſont les méthodes les plus générales pour rendre homogenes les équations qui ne le ſont pas ; il y a encore un cas qui, quoique particulier, ne laiſſe pas d'être aſſez étendu, & qu'on peut ramener à l'homogénéité ; c'eſt celui dans lequel les indéterminées & leurs différences ne paſſent pas la premiere dimenſion. Nous allons l'examiner dans le Problême ſuivant.

X C.

Cas particulier assez étendu qui se ramene à l'homogénéité.

Ce cas est représenté par l'équation $(ax+by+c).dx+(gx+fy+h)dy$.

PROBLEME. Rendre homogene l'équation $axdx + bydx + cdx + gxdy + fydy + hdy = 0$.

SOLUTION. Soit cette équation mise sous la forme suivante $(ax+by+c)dx+(gx+fy+h)dy=0$, je remarque d'abord que si b étoit $=g$, b & g étant de même signe, l'équation s'intégreroit tout de suite, puisqu'alors elle deviendroit $\pm b.(ydx+xdy)=-axdx-fydy-cdx-hdy$, dont l'intégrale est $\pm bxy + \frac{axx}{2} + \frac{fyy}{2} + cx + hy + C = 0$: mais nous supposons que b n'est pas égal à g. Cela posé, je fais $x=mz+nu+r$

   & . . . . $y=pz+ku+s$

substituant, il me vient

$$\left.\begin{cases} amz + anu + ar \\ + bpz + bku + bs \\ \qquad + c \end{cases}\right\} . (mdz + ndu) \mp$$

$$\left.\begin{cases} gmz + gnu + gr \\ + fpz + fku + fs \\ \qquad + k \end{cases}\right\} . (pdz + kdu) \qquad = 0$$

équation qui me fait voir que j'aurois pu faire une substitution plus simple. Effectivement, je suppose $x=z+r$

$$y=u+s$$

(z & u sont deux nouvelles indéterminées, s & r sont deux constantes), j'ai . . . . . $dx=dz$

   & . . . . $dy=du$

substituant ces valeurs dans l'équation, elle se change en

$$\left\{ \begin{matrix} az & + & ar \\ + bu & + & bs \\ + c & & \end{matrix} \right\} dz + \left\{ \begin{matrix} gz & + & gr \\ + fu & + & fs \\ + h & & \end{matrix} \right\} du = 0.$$

Or je remarque que cette équation feroit homogene, fi les termes $ar + bs + c$ & $gr + fs + h$ étoient égaux à zéro ; cette fuppofition réduifant la transformée à l'équation fuivante $(az + bu) dz + (gz + fu) \cdot du = 0$. Il ne s'agit plus que de tirer les valeurs de r & de s relatives à cette fuppofition. Or ces valeurs font $s = \frac{ah - cg}{gb - af}$ & . . . . $r = \frac{cf - bh}{gb - af}$. Donc les fubftitutions qu'il faut faire dans le cas préfent font . . . . $x = z + \frac{cf - bh}{gb - af}$ & . . . . $y = u + \frac{ah - cg}{gb - af}$. C. Q. F. T.

XCI.

REMARQUE 1. S'il fe trouvoit que cf fût $= bh$, ou $ah = cg$, l'une ou l'autre des deux conftantes r ou s s'évanouiroit, ce qui marqueroit que dans ce cas on n'a befoin que d'une fubftitution pour x, fi $s = 0$; pour y, fi $r = 0$. Soit, par exemple, $cf = bh$ laiffant x & fa différence, je me contenterai de fuppofer $y = x + s$, & je ferai le refte de l'opération comme dans l'article précédent.

Obfervations importantes fur l'équation précédente.

XCII.

REMARQUE 2. Si l'on avoit en même temps $cf = bh$ & $ah = cg$, alors les deux conftantes r & s s'évanouiroient auquel cas la méthode pour parvenir à l'homogénéité feroit différente. Voici comment il faudroit s'y prendre dans ce cas. Puifque $cf = bh$, & $ah = cg$, on a $g = \frac{ah}{c}$ & $f = \frac{bh}{c}$: donc l'équation propofée $(ax + by + c)\,dx + (gx + fy + h)\,dy = 0$, devient $(ax + by + c)\,dx + \left(\frac{ahx}{c} + \frac{bhy}{c} + h\right)dy = 0$, ou bien $(ax + by + c)\,dx + (ax + by + c).\frac{hdy}{c} = 0$, ou enfin $(ax + by + c) \times \left(dx + \frac{hdy}{c}\right) = 0$; ce qui donne $ax + by + c = 0$ ou . . . . $x + \frac{hy}{c} + A = 0$ (A eft une conftante) : or ces deux équations, ou féparément, ou prifes enfemble, fatisfont au Problême, puifque ce font deux lieux géométriques, qui fe conftruifent par le moyen de deux lignes droites.

XCIII.

R e m a r q u e 3. Si l'on avoit $bg = af$, alors le dénominateur des équations . . . $x = z + \frac{cf - bh}{bg - af}$ & . . . . $y = u + \frac{ah - cg}{bg - af}$ deviendroit égal à zéro ; donc ces termes feroient infinis, & par conféquent la méthode ne feroit rien connoître. Mais alors ce cas feroit plus fimple. Pour le prouver je remarque que la fuppofition préfente de $bg = af$ donne $f = \frac{bg}{a}$. Mettant donc pour f cette valeur dans la propofée, elle devient $(ax + by + c)\,dx + (gx + \frac{gby}{a} + h)\,dy = 0$. Je lui donne cette autre forme $(ax + by)\,dx + (ax + by)\frac{gdy}{a} + cdx + hdy = 0$, & je fuppofe enfuite $ax + by = z$: je veux faire difparoître y & dy,

j'ai

J'ai donc $y = \frac{z - ax}{b}$: $dy = \frac{dz - adx}{b}$; subftituant ces valeurs dans l'équation précédente, il me vient $z \cdot \left\{ dx + \frac{g\,dz}{ab} - \frac{g\,dx}{b} \right\} + c\,dx + \frac{h\,dz}{b} - \frac{ah\,dx}{b} = 0$, ou bien $dx \left\{ z - \frac{gz}{b} + c - \frac{ah}{b} \right\} + dz \times \left\{ \frac{gz}{ab} + \frac{h}{b} \right\} = 0$: ou enfin

$$dx = \frac{dz \cdot \left\{ \frac{h}{b} + \frac{gz}{ab} \right\}}{\frac{gz}{b} - z + \frac{ah}{b} - c},$$

équation dans laquelle les indéterminées font féparées ; ce qui prouve, comme nous l'avons dit, que ce cas eft plus fimple.

XCIV.

S c h o l i e. Nous venons de détailler dans les Chapitres précédents la méthode de conftruire les équations différentielles dont les indéterminées font féparées ; enfuite celle de féparer les indéterminées dans les équations lorfqu'elles font homogenes ; & enfin celle de rendre homogenes beaucoup d'équations qui ne le font pas. Paffons à un cas très-général dans lequel les indéterminées fe féparent tout de fuite par une méthode fort ingénieufe. Ce cas eft celui de l'équation $AXy^n\,dy + By^{n+1}X'\,dx + y^q X''\,dx = 0$, n & q étant des nombres quelconques, X, X', X'', des fonctions quelconques de x, & A, B, C, des conftantes à volonté, & il peut fervir de formule pour ces fortes d'équations, qui ne doivent par conféquent pas avoir plus de trois termes.

CHAPITRE VII.

Sur la construction de l'équation
$$A X y^n\, dy + B y^{n+1} X'\, dx + C y^q X'\, dx = 0.$$

XCV.

Procédé de la Méthode. PROBLEME. SÉparer les indéterminées dans la formule *
$$A X y^n\, dy + B X' y^{n+1}\, dx + C y^q X'\, dx = 0.$$

SOLUTION. 1°. Je commence par diviser l'équation par y^q, elle devient $A X y^{n-q}\, dy + B X' y^{n+1-q}\, dx + C X'\, dx = 0$. Cette premiere opération me donne un terme $C X'\, dx$ qui ne contient que dx & des fonctions de x.

2°. Je divise par $A X$, & j'ai $y^{n-q}\, dy + \dfrac{B X' y^{n+1-q}\, dx}{A X} + \dfrac{C X''\, dx}{A X} = 0$. Ce second procédé nous donne, comme on le voit, un terme tout en y, un tout en x, & un autre qui est mêlé.

3°. J'observe maintenant que si je pouvois multiplier les deux premiers termes de l'équation ainsi réduite par une fonction de x, telle que ces deux premiers termes fussent une différentielle exacte, j'aurois l'intégrale cherchée, le troisieme terme s'intégrant de lui-même. Soit donc sup-

---

* *Nota.* Voyez dans les Mémoires de l'Académie Royale des Sciences, Ann. 1731. page 103. un Mémoire de M. de Maupertuis, où se trouve la construction de l'équation $dx = a x^m y^n\, dy + b y^{n+1} x^p\, dx$, par une méthode qui differe un peu de celle que nous donnons ici.

posé ξ la fonction de x qui rend ces deux termes une différentielle complete, & qui par conséquent n'empêchera pas le troisieme d'être intégrable; je multiplie l'équation par ξ; & j'ai, laissant à part le troisieme terme & n'opérant que sur les deux premiers, $\xi y^{n-q} dy + \dfrac{B \xi y^{n-q+1} X' dx}{A X}$ qui est une différentielle complete. J'ai donc (Théor. fondamental) $d \dfrac{(\xi y^{n-q})}{dx} = d \dfrac{(B X \xi y^{n-q+1})}{A X dy}$; c'est-à-dire,

$\dfrac{y^{n-q} d\xi}{dx} = \dfrac{(n-q+1) B \xi X' y^{n-q}}{A X}$; ou bien $\dfrac{d\xi}{\xi} = \dfrac{(n-q+1) B X' dx}{A X}$.

Donc $l\xi = \int \dfrac{(n-q+1.) B X' dx}{A X}$. Donc enfin en passant des logarithmes aux nombres, & prenant e pour le nombre dont le logarithme $= 1$, on a $\xi = e^{\int \frac{(n-q+1) B X' dx}{A X}}$. Voilà donc la valeur de ξ trouvée.

4°. Mettant cette valeur de ξ dans l'équation intégrée $\dfrac{\xi y^{n-q+1}}{n-q+1} + \int \dfrac{C \xi X'' dx}{A X} \pm Q = 0$, il nous vient $\dfrac{y^{n-q+1}}{n-q+1} \times e^{\int \frac{(n-q+1) B X' dx}{A X}} + \int \dfrac{C X'' dx}{A X} \times e^{\int \frac{(n-q+1) B X' dx}{A X}} = \mp Q$;

d'où l'on tire $y^{n-q+1} = (n-q+1) \cdot \times \left(\mp Q - \int \dfrac{C X'' dx}{A X} \cdot e^{\int (n-q+1) \frac{B X' dx}{A X}} \right) \times e^{\int -n+q-1 \cdot \frac{B X' dx}{A X}}$; ou enfin

$y = \left\{ \overline{n-q+1} \cdot \times \left(\mp Q - \int \dfrac{C X'' dx}{A X} \times e^{\int \overline{n-q+1} \cdot \frac{B X' dx}{A X}} \right) \times e^{\int \overline{-n+q-1} \cdot \frac{B X' dx}{A X}} \right\}^{\frac{1}{n-q+1}}$. De là il suit que quel que soit le rapport de A, B, C, n, q, dans l'équation, les indéterminées feront toujours séparées par cette méthode.

XCVI.

Observations
sur la Métho-
de précéden-
te.

REMARQUE 1. Si l'on avoit $n - q + 1 = 0$, alors il y auroit des termes infinis; la méthode, par conséquent, paroîtroit ne rien donner. Mais il faut remarquer qu'alors $n - q = -1$, & qu'ainsi la proposée devient $\frac{A\,dy}{y} + \frac{B X' d x}{X} + \frac{C X'' d x}{X} = 0$, équation qui s'integre tout de suite, sans qu'il soit besoin d'avoir recours à notre méthode.

XCVII.

REMARQUE 2. Si l'on avoit $X' = x^n$, & $X = x^{n+1}$; alors la valeur logarithmique de $\mathfrak{z}$, $e^{\int \overline{n-q+1} \cdot \frac{B X' d x}{A x}}$ seroit $e^{\int \overline{n-q+1} \cdot \frac{B d x}{A x}}$, & en faisant $\overline{n - q + 1} \cdot \frac{B}{A} = K$, elle deviendroit $e^{\int \frac{K d x}{x}} = e^{K l \cdot x}$: à cause que e est supposé un nombre dont le logarithme $= 1$, $e^{K l x} = x^K$; car soit $e^{K l x} = z$; on aura $l e^{K l x} = l z$; ou bien $K l x l e = l z$; or $l e = 1$, donc $K l x = l z$; donc enfin (Art. XXIX. Introd. Iere. Part.) & $x^K = z$; or $z = e^{K l x}$; donc $e^{K l x} = x^K$. Donc en mettant pour $\mathfrak{z}$ sa valeur x^K dans l'équation $\mathfrak{z} y^{n-q} dy + \frac{y^{n-q+1}}{n-q+1} \times \overline{n-q+1} \cdot \frac{B \mathfrak{z} X' d x}{A X} + \frac{C X'' \mathfrak{z} d x}{A X} = 0$, on trouve $y^{n-q} dy\, x^K + K x^{K-1} dx \times \frac{y^{n-q+1}}{n-q+1} + \frac{C X'' x^{K-n-1} d x}{A} = 0$; ce qui nous montre que dans ce cas l'équation est intégrable beaucoup plus simplement.

XCVIII.

COROLLAIRE 1. La formule que nous venons de traiter d'une maniere générale eſt des plus étendues : elle renferme une infinité de cas. Mlle Agneſi a traité la même formule dans ſes Inſtitutions Analytiques ; mais cette illuſtre Géometre employe pour la réſoudre une méthode différente de la nôtre. Celle dont elle ſe ſert, & qui eſt de M. Bernoulli, conſiſte à ſuppoſer y égale à deux nouvelles indéterminées ; & en faiſant les ſubſtitutions ordinaires, on parvient à la ſéparation des indéterminées par le moyen des quantités logarithmiques & exponentielles. Notre formule comprend auſſi toutes celles dont M. Craig a donné la ſéparation dans ſon Livre *de Calculo Fluentium.* C'eſt ce que nous développerons bien-tôt dans le Chapitre ſuivant , où nous donnerons les différentielles plus générales qui s'integrent par notre méthode.

Quelle eſt la généralité de la formule précédente.

Tom. 2. page 904, juſqu'à 914.

Tome 1. page 175.

Lib. de Calculo Fluent. p. 40. & ſeq.

XCIX.

COROLLAIRE. 2. Nous ſuppoſons dans notre formule A, B, C des coefficiens quelconques, dont les ſignes ſont poſitifs ou négatifs. Ainſi ſi on avoit $dx - ax^m y^n dy - by^{n+1} x^p dx = 0$, qui eſt l'équation que M. de Maupertuis traite dans le Mémoire que nous avons cité, ce cas n'auroit point de difficulté. Car comparant cette équation différentielle avec notre formule , on trouve

$$A = -a$$
$$B = -b$$
$$q = 0$$
$$X = x^m$$
$$X' = x^p$$

Donc fubftituant ces valeurs dans $\xi = e^{\int \overline{n-q+1} \cdot \frac{B X' dx}{A X}}$,

on a $\xi = e^{\int \overline{n+1} \cdot \frac{-b x^p dx}{-a x^m}} = e^{\int \overline{n+1} \cdot \frac{b x^{p-m} dx}{a}}$, ou enfin

$\xi = e^{\frac{\overline{n+1} \cdot b}{(p-m+1)a} x^{p-m+1}}$. Si l'on avoit $dx - a y^n x^m dy$

$+ b y^{n+1} x^p dx = 0$, où le fecond terme eft feul négatif, le cas ne feroit pas plus embarraffant : on auroit

alors $\xi = e^{\frac{(n+1) \cdot b}{(p-m+1) \cdot -a} x^{p-m+1}}$; & ainfi des autres.

CHAPITRE VIII.

Des différentielles qui peuvent fe ramener par des transformations à la formule du Chapitre précédent.

C.

Lorfque nous avons cherché les cas d'intégration des équations différentielles , en déterminant ceux où ces équations peuvent être rendues homogenes , les conditions d'intégrabilité ne tomboient que fur les expofants. On en peut auffi trouver qui tombent fur les coefficiens

en examinant les cas où la réduite fera de la forme fuivante, $A X y^n dy + B X' y^{n+1} dx + C y^q X' dx = 0$
que maintenant nous favons intégrer. Nous allons faire
cette recherche, en fuppofant même que dans ces équations il fe trouve des fonctions de x & de y. Nous mar-
cherons des équations les plus fimples aux plus compofées,
afin d'accoutumer les commençans à généralifer les méthodes.

C I.

PROBLEME I. Séparer les indéterminées dans l'équa-
tion $(x^n dx + a y^n dy) \cdot p = \left\{ \frac{x dy - y dx}{xx} \right\} \cdot q$, dans laquelle p & q font des fonctions algébriques de x & de y,
telle que la fomme de leurs expofants eft la même dans
chaque terme de p, & eft auffi la même dans chaque
terme de q, quoique toutefois elle puiffe être différente
dans p & dans q.

Premiere formule de ces différen-tielles.

SOLUTION. Je mets d'abord l'équation fous la forme
fuivante $x^n dx + a y^n dy - (x dy - y dx) \times \frac{q}{pxx} = 0$.
Je fais $x = yz$, ce qui me donne $x^n = y^n z^n$

$$dx = y dz + z dy.$$

Donc en faifant ces fubftitutions j'ai $y^{n+1} z^n dz +$
$z^{n+1} y^n dy + a y^n dy - (z y dy - y^2 dz - z y dy) \times$
$\frac{q}{pxx} = 0$. Or q fera (hyp.) $= y^m \varphi z$; & $p xx = y' T z$:
donc $\frac{q}{pxx} = y^k \Delta z$; donc la propofée eft $y^{n+1} z^n dz +$
$z^{n+1} y^n dy + a y^n dy + y^{k+2} \Delta z \cdot dz = 0$, ou $(z^{n+1}$
$+ a) \times y^n dy + y^{n+1} z^n dz + y^{k+2} \Delta z \cdot dz = 0$,

c'eſt-à-dire , $Z y^n dy + y^{n+1} z^n dz + y \triangle z . dz = 0$, équation qui , comme on le voit , eſt dans le cas de notre formule générale.

C I I.

Application à quelques e-xemples par-ticuliers.

Suppoſons que dans la formule $n = 2$

$$p = f x y^2 + g y x^2$$
$$q = m x^2 y^2 + n y x^3 ,$$

Premier exemple.

l'équation dont il faut ſéparer les indéterminées eſt $(x^2 dx + a y^2 dy) \times (f x y^3 + g y x^2) = \left\{ \frac{x dy - y dx}{x x} \right\} \times (m x^2 y^2 + n y x^3)$; ou $x^2 dx + a y^2 dy - (x dy - y dx) \times \frac{m x^4 y^3 + n y x^5}{f x^3 y^2 + g y x^4} = 0$. Soit $x = y z$. La transformée ſera $y^3 z^2 dz + z^3 y^2 dy + a y^2 dy - (z y dy - y^2 dz - z y dy) \times \frac{m y^4 z^2 + n y^4 z^3}{f y^5 z^3 + g y^5 z^4} = 0$; & en réduiſant $(z^3 + a)$. $y^2 dy + y^3 z^2 dz + \left\{ \frac{m + n z}{f z + g z z} \right\} y dz = 0$, qui s'inte-gre par le Chapitre précédent , en mettant l'indétermi-née z au lieu de x.

C I I I.

Seconde formule.

PROBLEME 2. Séparer les indéterminées dans la for-mule $(x^n dx \pm a y^{\frac{-n-1-c}{c}} dy) \times p = (x dy + c y dx) \times q$: p & q ſont des fonctions algébriques de x & de y, telles que l'excès de l'expoſant de l'une de ces deux indé-terminées multiplié par c ſur l'expoſant de l'autre indéter-minée ſoit le même dans chaque terme de p ; & que cette même condition ſe trouve auſſi dans chaque terme de q, ſans qu'il ſoit pour cela néceſſaire que p & q ſoient des

fonctions

fonctions homogenes de x & de y.

Solution. Je mets l'équation fous la forme fuivante.

$$x^n \, dx \pm a y^{\frac{-n-c-1}{c}} \, dy \, (-x \, dy - c y \, dx) . \frac{q}{p} = 0.$$ Je remarque maintenant que par les conditions du Problême, chaque terme de p étant, par exemple $y^s x^r$, on doit avoir $s \times c - r = M$ (une conftante) ; donc $r = s \times c - M$, donc $y^s x^r$ devient $y^s x^{s \times c - M} = \dfrac{y^s x^{s \times c}}{x^M}$. De même chaque terme de q fera de la forme fuivante $\dfrac{y^k x^{k \times c}}{x^N}$.

Ce calcul me montre que la transformation que je dois faire eft $y x^c = z$; donc $x^c \, dy + c y x^{c-1} \, dx = dz$

ou . . . . $(x \, dy + c y \, dx) x^{c-1} = dz$

on a auffi . . . . $y = \dfrac{z}{x^c}$

$$y^{\frac{-n-1-c}{c}} = x^{n+1+c} z^{\frac{-n-1-c}{c}}.$$

$$dy = \frac{x^c \, dz - c z x^{c-1} \, dx}{x^{2c}}.$$

Donc en fubftituant dans la propofée pour y & dy leurs valeurs , on aura la transformée

$$x^n \, dx \pm \frac{a x^{n+1+2c} z^{\frac{-n-1-c}{c}} \, dz \mp a c z^{\frac{-n-1}{c}} x^{n+2c} \, dx}{c^{2c}}$$

$(-x^{-c+1} \, dz) \dfrac{q}{p} = 0$: or il eft évident par ce que nous venons de dire que $\dfrac{q}{p} = x^s \varphi z$; donc on aura

$$x^{n+2c} \, dx \pm a x^{n+2c+1} z^{\frac{-n-1-c}{c}} \, dz \mp a c z^{\frac{-n-1}{c}} x^{n+2c} \, dx$$

$$- x^{s+c+1} \, dz \, \varphi z = 0 \text{ ou } \left(1 \mp a c z^{\frac{-n-1}{c}}\right) x^{n+2c} \, dx$$

$$\pm\, a\,x^{n+2c+1}\, z^{\frac{-n-c-1}{c}}\, dz - x^{t+c+1}\, dz\,\varphi z = 0\,;$$

équation réduite au cas général du Chapitre précédent, & dont par conséquent nous savons séparer les indéterminées.

CIV.

Application à un exemple.

Soit dans la formule : :
$$n = -10$$
$$c = 3$$
$$p = b y^2 x^4 + f y^9 x^{25}$$
$$q = g y^{\frac{1}{2}} x^3 - h y^{10} x^{\frac{61}{2}}.$$

La proposée sera $x^{-10}\, dx + a y^2\, dy - (x\,dy + 3 y\,dx) \times \dfrac{g y^{\frac{1}{2}} x^3 - h y^{10} x^{\frac{61}{2}}}{b y^2 x^4 + f y^9 x^{25}} = 0$. La transformation qu'il faudra faire est donc $y x^3 = z$; après les différentes substitutions, on aura la transformée suivante $x^{-10}\, dx + \dfrac{a x^{-3} z^2\, dz - 3 a z^3 x^{-4}\, dx}{x^6}$

$- x^{-2}\, dz \times \left\{ \dfrac{g z^{\frac{1}{2}} x^{\frac{1}{2}} - h z^{10} x^{\frac{1}{3}}}{b z^3 x^{-3} + f z^9 x^{-3}} \right\} = 0$. Donc $x^{-4}\, dx$

$+ a x^{-3} z^2\, dz - 3 a z^3 x^{-4}\, dx - x^4\, dz \times x^{\frac{7}{2}} \times$

$\left\{ \dfrac{g - h z^{\frac{19}{3}}}{b z^{\frac{1}{2}} + f z^{\frac{17}{2}}} \right\} = 0$. Donc enfin $(1 - 3 a z^3)\, x^{-4}\, dx$

$+ a x^{-3} z^2\, dz - x^{4 + \frac{7}{2}}\, dz \times \left\{ \dfrac{g - h z^{\frac{19}{2}}}{b z^{\frac{1}{2}} + f z^{\frac{17}{2}}} \right\} = 0$, équation réduite à notre cas général.

C V.

Troisieme formule qui comprend les deux précédentes.

PROBLEME 3. Séparer les indéterminées dans la formule $\left(x^n\, dx \pm a y^{\frac{-fn-c-f}{c}}\, dy \right) p = (f x\,dy + c y\,dx)\, q$;
Les formules des deux Problêmes précédents ne sont que

des cas particuliers de celle-ci ; celle du Problême 2 , lorfque $f = 1$, & celle du Problême premier, quand $f = 1$ & $c = -1$; p & q font des fonctions de x & y telles que celles du Problême précédent, excepté qu'au lieu de multiplier par c l'expofant de l'une des deux indéterminées dans que terme de p & de q, il le faut multiplier par $\frac{c}{f}$. Il faut de plus que p & q foient telles qu'après y avoir fubftitué pour y fa valeur en x & en z, ou pour x fa valeur en y & en z, on trouve des quantités compofées de deux facteurs, dont l'un contienne x fans z, & l'autre z fans x dans le premier cas ; ou dont l'un contienne y fans z, & l'autre z fans y dans le fecond.

Solution. La propofée eft $x^n\, dx \pm a y^{\frac{-fn-c-f}{c}}\, dy$ $- (f x\, dy + c y\, dx) \frac{q}{p} = 0$. Pour trouver la transformation qui réuffira, je raifonne comme dans le Problême précédent , & je vois qu'il faut fuppofer $y x^{\frac{c}{f}} = z$: cette fuppofition me donne $x^{\frac{c}{f}}\, dy + \frac{c}{f} y x^{\frac{c}{f}-1}\, dx = dz$

ou . . . . $f x\, dy + c y\, dx = \dfrac{f\, dz}{x^{\frac{c}{f}-1}}$.

Je fubftitue pour y & dy leurs valeurs $y = \dfrac{z}{x^{\frac{c}{f}}}$,

$$dy = \frac{x^{\frac{c}{f}}\, dz - \frac{c}{f} z x^{\frac{c}{f}-1}\, dx}{x^{\frac{2c}{f}}} ;$$

j'ai donc la transformée fuivante $\left(1 \mp \dfrac{a c z^{\frac{-fn-f}{c}}}{f} \right)$

$$x^{\frac{fn+2c}{f}}\, dx \pm a x^{\frac{fn+2c}{f}+1} z^{\frac{-fn-c-f}{c}}\, dz - f x^{n+\frac{c}{f}+1}$$

$dz \varphi z = 0$, équation réduite à notre cas général.

C V I.

Suppofons que dans la formule précédente

$$f = -3$$
$$n = 2$$
$$c = 1$$
$$p = y$$
$$q = ax:$$

L'équation à intégrer fera $(x^2 dx + ay^2 dy) y = (- 3 x dy + y dx) ax$, ou bien $x^2 dx + ay^2 dy - (- 3 x dy + y dx) \frac{ax}{y} = 0$. Donc la fuppofition qu'il faut faire ici eft $y x^{-\frac{1}{3}} = z$. Faifant les fubftitutions convenables pour y & dy, nous aurons la transformée fuivante $x^2 dx + a x^3 z^8 dz + \frac{ax^3}{3} z^9 x^2 dx + \frac{3 a x^2 dz}{z} = 0$; ou bien $(1 + \frac{a}{3} z^9) x^2 dx + a x^3 z^8 dz + \frac{3 a x^2 dz}{z} = 0$, équation réduite au cas général.

C V I I.

PROBLEME 4. Séparer les indéterminées dans la formule $ax^n dx + by^n dy + (xdy - ydx) \times \left\{ \frac{p}{q} + \frac{\pi}{\omega} \right\} = 0$.

Celle-ci eft encore plus générale que les précédentes, p & q étant des fonctions homogenes de x & de y, mais de différentes dimenfions, fi l'on veut, dont la différence foit k ; & π, ω étant auffi des fonctions de x & de y homogenes chacunes telles que l'excès du nombre des dimenfions de π fur celles de ω foit $n - 1$.

Solution. Soit $x = yz$, on aura $ay^{n+1}z^n dz + ay^n z^{n+1} dy + by^n dy + (zydy - yydz - zydy) \times (y^k \Delta z + y^{n-1} \varphi z) = 0$, c'eſt-à-dire,

$$az^{n+1}y^n dy \left.\begin{array}{l} + ay^{n+1}z^n dz. \\ + by^n dy \end{array}\right\} - y^{n+1} dz \varphi z - y^{k+2} dz \Delta z = 0,$$

équation qui eſt, comme l'on voit, dans notre cas général, & de laquelle par conféquent on féparera les indétermi-nées fans aucune difficulté.

C V I I I.

Suppoſons que dans la formule . . . . $n = 7$

$$\frac{p}{q} = \frac{x^1 y + y^1 x}{yx}$$

$$\frac{\pi}{\omega} = \frac{x^1 y + y^2 x}{x^1 + y^1} \;;$$

Application à un exem-ple.

l'équation à intégrer ſera $ax^7 dx + by^7 dy + (xdy - ydx) \times \left\{ \frac{x^1 y + y^1 x}{xy} + \frac{x^8 y + y^8 x}{x^1 + y^1} \right\} = 0$. Soit dans cette équation $x = yz$, & ſubſtituons pour x & dx leurs valeurs, nous aurons la transformée ſuivante $ay^8 z^7 dz + az^8 y^7 dy + by^7 dy + (zydy - y^2 dz - zydy) \times \left\{ y^8 \times (z^8 + 1) + y^6 \times \left(\frac{z^8 + z}{z^1 + 1} \right) \right\} = 0$; qui devient après la réduction $az^8 y^7 dy + ay^8 z^7 dz - y^4 . (z^2 + 1) dz + by^7 dy - y^8 . \left\{ \frac{z^8 + z}{z^1 + 1} \right\} dz = 0$, équation telle que nous la de-mandons.

C I X.

Probleme 5. Trouver les cas dans leſquels on par-vient à féparer les indéterminées dans la formule $hx^q dx + by^n dy + (xdy + gydx) \times \left\{ \frac{p}{q} + \frac{\pi}{\omega} \right\} = 0$.

Formule précédente généraliſée.

Je ne mets point de coefficient à $x\,dy$, parce qu'il eſt toujours aiſé de débarraſſer de ſon coefficient un des deux termes; p, q, π, ω, étant des fonctions de x & de y, telles que a étant l'expoſant de x dans un terme quelconque de p, & r l'expoſant de y; a' l'expoſant de x dans q, & r' celui de y; α l'expoſant de x dans π, & ρ celui de y; α' l'expoſant de x dans ω, & ρ' celui de y; on ait dans chaque terme de p, $-\frac{a}{g}+r=A$, dans chaque terme de q, $-\frac{a'}{g}+r'=A'$, & de même dans chaque terme de π & de ω, $-\frac{\alpha}{g}+\rho=B$ & $-\frac{\alpha'}{g}+\rho'=B'$; A, A', B, B' ſont des conſtantes différentes. Il faut de plus que dans π & ω $-\frac{'\alpha}{g}+\rho+\frac{a'}{g}-\rho'=n+\frac{1}{g}$.

SOLUTION. Pour trouver quelle eſt la transformation qui réuſſira le mieux, j'obſerve qu'en faiſant $x=zy^{-\frac{1}{g}}$, j'aurai $x\,dy+gy\,dx=gy^{-\frac{1}{g}+1}\,dz$; ce qui me détermine à faire cette ſuppoſition. La transformée qu'elle me donne eſt $hy^{-\frac{q}{g}-\frac{1}{g}}z^{q}\,dz-\frac{h}{g}z^{q+1}y^{-\frac{1}{g}-\frac{1}{g}-1}\,dy+by^{n}\,dy+gy^{-\frac{1}{g}+1}\,dz\times(y^{k}\Delta z+y^{f}\varphi z)=0$. Or il eſt évident que cette équation ſe ramenera au cas général que nous traitons toutes les fois qu'on aura

$$\hspace{1cm}=-\frac{q}{g}-\frac{1}{g}-1$$

$$\&\ k\ \text{ou}\ f=-\frac{q}{g}-1=n+\frac{1}{g},$$

car alors l'équation précédente devient $\left(b-\frac{h}{g}z^{q+1}\right)y^{-\frac{a}{g}-\frac{1}{g}-1}\,dy+(hz^{q}+g\varphi z)y^{-\frac{a}{g}-\frac{1}{g}}\,dz+gy^{k-\frac{1}{g}+1}$ $dz\,\Delta z=0$; qui eſt telle qu'on la demande.

C X.

Soit l'équation à intégrer $x^{-21} dx + by^3 dy + (x dy$

Application
de la formule
à un exemple.

$$+ 5ydx) \times \left\{ \frac{xy^{3-\frac{1}{5}} + x^2 y^3}{x^2 y - x^3 y^{1+\frac{1}{5}}} + \frac{a x^2 y^{\frac{1}{5}+6} + b y^{\frac{2}{5}+6}}{x^2 y^{\frac{1}{5}+3} + x^3 y^{\frac{19}{5}}} \right\}$$

$= 0$; je ferai . . . . . . $x = zy^{-\frac{1}{5}}$

ce qui me donne. . . . $dx = y^{-\frac{1}{5}} dz - \frac{1}{5} z y^{-\frac{1}{5}-1} dy$

$$x dy + 5 y dx = 5 y^{-\frac{1}{5}+1} dz.$$

Donc en subftituant pour x & pour dx leurs valeurs, on aura la transformée $y^4 z^{-21} dz - \frac{1}{5} z^{-20} y^3 dy + by^3 dy + 5 y^{-\frac{1}{5}+1} dz \times \left\{ y^2 . \left(\frac{1+z}{z-z^3} \right) + y^{\frac{1}{5}+3} . \left(\frac{az^2+b}{z^2+z^3} \right) \right\}$

$= 0$, laquelle devient en réduifant $(b - \frac{1}{5} z^{-20}) y^3 dy$

$+ \left\{ z^{-21} + \left(\frac{5az^2+5b}{z^2+z^3} \right) \right\} y^4 dz + 5 y^{2+\frac{1}{5}} dz \times \left(\frac{1+z}{z-z^3} \right) = 0$, équation qui a les conditions cherchées.

C X I.

COROLLAIRE. Si dans la formule du Problême précédent on avoit $A - A' = B - B'$, alors la formule fe réduiroit à un cas plus fimple. Car en multipliant p par ω & π par q, & ω & q l'un par l'autre, on verroit que les deux fonctions $\frac{p}{q}$ & $\frac{\pi}{\omega}$ fe réduiroient à une feule $\frac{K}{L}$, telle qu'en fuppofant m l'expofant de x, & μ l'expofant de y dans K, m' l'expofant de x & μ' l'expofant de y dans L, on aura encore dans chacun des termes de K $- \frac{m}{g} + \mu = C$ & dans chaque terme de L, $- \frac{m'}{g} + \mu' = C'$, C & C' étant des conftantes différentes. Ce feroit la même chofe fi l'on avoit $\frac{p}{q} + \frac{\pi}{\omega} + \frac{p'}{q'} + \frac{\pi'}{\omega'}$ + &c. un nombre quelconque de fonctions avec la condition requife par le Corollaire ; elles fe réduiroient toutes à une feule.

CXII.

PROBLEME 6. Trouver les cas d'intégrabilité de l'équation

$$dx + \frac{fx\,dy}{y} = \frac{y^k x^r dy\,\Delta\,\frac{x}{y^n} + y^t x^s dx\,Z\,\frac{x}{y^n}}{y^m x^p \varphi\,\frac{x}{y^n} + y^q x^h \Gamma\,\frac{x}{y^n}}$$

dans laquelle on fuppofe $n = -f$.

SOLUTION. Soit . . . . $\frac{x}{y^n} = u$

on aura . . . . . . $y^{-n} dx - nxy^{-n-1} dy = du$

(& comme $-f = n$ hyp.) $y^f dx + fxy^{f-1} dy = du$

ou . . . . $dx + \frac{fx\,dy}{y} = y^{-f} du$.

En faifant pour x & dx les fubftitutions convenables, on aura la transformée fuivante $y^{-f} du =$

$$\frac{y^{k-fr} dy\,\Delta u \times u^r + y^{t-fs-f} du\,Z u \times u^s - fu^{s+1} Z u \cdot y^{t-fs-f-1} dy}{y^{m-fp} u^p \varphi u + y^{q-fh} u^h \Gamma u}$$

ou bien $y^{m-fp-f} u^p \varphi u \cdot du + y^{q-fh-f} u^h \Gamma u \cdot du - u^r \Delta u \cdot y^{k-fr} dy - y^{t-fs-f} u^s Z u \cdot du + fu^{s+1} Z u \cdot y^{t-fs-f-1} dy = 0$, équation qui fe ramene à la formule $V y^\lambda dy + V' y^{\lambda+1} du + V'' y^\mu du = 0$ (V, V', V'' étant des fonctions de u) toutes les fois qu'on a $k - fr = t - fs - f - 1$ & . . . . $q - fh$

$$\text{ou} \quad = t - fs$$

$$m - fp$$

c'eft-à-dire,

c'eſt-à-dire, toutes les fois qu'on aura $k = t - f - 1$

$$\& \ldots\ldots\ldots\ldots \begin{array}{l} s = r \\ q = t \\ h = s \end{array} \ \text{ou} \ \begin{array}{l} m = t \\ p = s \end{array}$$

CXIII.

COROLLAIRE. Donc on ſéparera les indéterminées dans l'équation $d x - \dfrac{x \, d y}{y} = \dfrac{d y \, \triangle \frac{x}{y}}{\varphi \frac{x}{y} + y^p \, \Gamma \frac{x}{y}}$ en faiſant $\frac{x}{y} = u$. Car on aura l'équation ſuivante $- \triangle u \, . \, d y + \varphi u \, . \, y \, d u + y^{p+1} \, \Gamma u \, . \, d u = 0$ qui a les conditions reꞏquiſes.

CXIV.

Application
de la formule
à un exem-
ple.

$$\text{Soit dans la formule} \ldots\ldots \begin{array}{rcl} k &=& 3 \\ f &=& 1 \\ q = t &=& 5 \\ h' = r = s &=& 2 \\ n &=& -1 \\ m &=& -2 \\ p &=& -3 \end{array}$$

la propoſée ſera $d x + \dfrac{x \, d y}{y} = \dfrac{a y^4 x^1 d y + b y^7 x^4 d x}{c y + g y^6 x^1}$. Je ſuppoſe $x y = u$; ce qui me donne $d x + \dfrac{x \, d y}{y} = y^{-1} \, d u$ & pour transformée l'équation $y^{-1} \, d u = \dfrac{a u^3 y \, d y + b y^2 u^4 d u - b u^5 y \, d y}{c y + g u^3 y^1}$, ou bien $c \, d u + g y^2 u^3 d u - a u^3 y \, d y - b y^2 u^4 d u + b u^5 y \, d y = 0$, d'où l'on tire $(+ u^5 - a u^3) \, y \, d y + (g u^3 - b u^4) \, y^2 \, d u + c \, d u = 0$, qui eſt réduite à l'état demandé.

II. Partie.   L

C X V.

REMARQUE. On voit par les applications que nous venons de faire de la méthode du Chapitre VII. combien cette méthode est générale. Nous rencontrerons encore dans la suite de cet Ouvrage plusieurs équations différentielles qui s'integrent par son moyen. Les Problêmes que nous venons de traiter renferment les cas les plus généraux qui peuvent s'y rapporter.

CHAPITRE IX.

Examen général de tous les cas particuliers d'intégration des équations à trois termes.

C X V I.

Formule des équations à trois termes.

Toutes les équations différentielles à trois termes peuvent être comprises sous la forme suivante (A) $a x^m u^p d x + b u^k x^n d x = d u$, ou en faisant $x^{n+1} = z$, sous cette autre (B) $a z^m u^p d z + b u^k d z = d u$. Si on divise l'équation (B) par u^p, & que l'on suppose $u^{-p+1} = y$, alors l'équation (B) aura cette forme (C) $a x^m d x + b y^q d x = d y$.

Comparée avec celle du Chapitre VI.

$1°$. Comparant cette équation avec la formule des équations à trois termes que nous avons déja examinée (Chap. VI. Art. LXXXII.) & qui est $a y^n x^m d x + b y^q x^p d x$

$+ c y^s x^r dy = 0$, on a . . . . $n = 0$

$$p = 0$$
$$s = 0$$
$$r = 0.$$

La formule $(s - q + 1) \times (p - m) = (p - r + 1) \times (n - q)$, qui exprime la condition que doit avoir l'équation précédente pour devenir homogene, eſt donc ici $q = \frac{m}{m+1}$. Donc toutes les fois qu'on aura dans (C) $q = \frac{m}{m+1}$, en faiſant $x = u^{\frac{1}{m+1}}$, on aura $a u^{\frac{m}{m+1}} du - (m+1) . u^{\frac{m}{m+1}} dy + c y^{\frac{m}{m+1}} du = 0$, équation homogene, & par conſéquent intégrable, ou au moins conſtructible.

2°. Si $q = 1$, la propoſée (C) devient $a x^m dx + c y dx = dy$, équation intégrable (Chap. VII.).

CXVII.

3°. Si dans l'équation $a x^m dx + c y^q x^n dx = dy$, on a $q = 2$, cette équation devient $a x^m dx + c yy x^n dx = dy$, qui eſt la fameuſe équation que tous les Géometres connoiſſent ſous le nom de l'équation de Ricati. Dans cette équation on n'a pu juſques ici ſéparer en général les indéterminées ; mais il y a une infinité de valeurs de m dans leſquelles on parvient à cette ſéparation. Voici la méthode dont je me ſers pour déterminer tous ces différents cas.

L ij

CXVIII.

Méthode pour trouver les cas dans lesquels on integre l'équation Ricati.

PROBLEME. Trouver les cas d'intégration de l'équation $ax^m\,dx + cy^2 x^n\,dx = dy$.

SOLUTION. Je fais $y = Ax^p + x^r t$. (Le coefficient A, & les exposants p & r sont des constantes arbitraires que nous déterminerons dans la suite de l'opération, t est une nouvelle indéterminée). J'aurai donc $dy = pAx^{p-1}\,dx + rx^{r-1}t\,dx + x^r\,dt$, & $yy = AAx^{2p} + 2Ax^{p+r}t + x^{2r}tt$: mettant pour y, yy, dy leurs valeurs dans l'équation proposée , elle devient $ax^m\,dx + cAAx^{2p+n}\,dx + 2cAtx^{p+r+n}\,dx + cttx^{2r+n}\,dx = pAx^{p-1}\,dx + rtx^{r-1}\,dx + x^r\,dt$. Supposons à présent . . . . $cAA = pA$

$$2p+n = p-1$$
$$r = 2cA$$

c'est-à-dire . . . . $p = -n-1,$
$$A = \frac{-n-1}{c}$$
$$r = -2n-2.$$

Par le moyen de ces égalités, les $2, 3, 5, 6^e$ termes de la transformée se détruisent, & elle devient $ax^m\,dx + cttx^{-3n-4}\,dx = x^{-2n-2}\,dt$, c'est-à-dire , divisant par x^{-2n-2}, $ax^{m+2n+2}\,dx + cttx^{-n-2}\,dx = dt$, ou $(D)\ ax^K\,dx + cttx^k\,dx = dt$, en supposant $m+2n+2 = K$ & . . . . $-n-2 = k$.

Je reprends à présent la proposée $ax^m\,dx + cyyx^n\,dx = dy$, laquelle en faisant $y = \frac{1}{z}$ devient $ax^m\,dx$

$+ \dfrac{c x^{m} dx}{zz} = - \dfrac{dz}{zz}$, ou $a x^{m} zz\, dx + c x^{n} dx = - dz$, dans laquelle je fuppofe, comme plus haut, $z = B x^{q} + x^{\alpha} u$ (B, q, α, font de même des conftantes indéterminées, u eft une nouvelle variable) : on a donc $dz = q B x^{q-1} dx + \alpha u x^{\alpha-1} dx + x^{\alpha} du$, $zz = B B x^{2q} + 2 B x^{q+\alpha} u + u u x^{2\alpha}$, & fubftituant ces valeurs, nous avons $a B B x^{2q+m} dx + 2 a B x^{q+\alpha+m} u dx + a u u x^{2\alpha+m} dx + c x^{n} dx = - q B x^{q-1} dx - \alpha x^{\alpha-1} u dx - x^{\alpha} du$; fuppofons à préfent $a B B = - B q$, $2q + m = q - 1$, $- \alpha = 2 a B$, c'eft-à-dire $\dots$ $q + m = - 1$

$$B = \frac{m+1}{a}$$

$$\alpha = - 2 m - 2$$

par ces fuppofitions les 1er, 2, 5 & 6e termes de la derniere équation fe détruifent, & elle devient $a u u x^{-3m-4} dx + c x^{n} dx = - x^{-2m-2} du$, c'eft-à-dire en divifant par x^{-2m-2}, $c x^{2m+n+2} dx + a u u x^{-m-1} dx = - du$, ou enfin (G) $c x^{B} dx + a u u x^{\delta} dx = - du$ en fuppofant

$$B = 2m + n + 2$$

& $\dots \dots \dots$ $\delta = - m - 2.$

CXIX.

Il eft évident que dans l'équation $a x^{m} dx + c y y x^{n} dx = dy$, on fépareroit tout de fuite les indéterminées, fi l'on avoit $m = n$; donc dans les formules (D) & (G), on parviendra à cette féparation toutes les fois qu'on aura

$$m + 2n + 2 = - n - 2$$

& $\dots \dots \dots$ $2m + n + 2 = - m - 2$

équations d'où l'on tire deux valeurs de m , favoir

$$m = -3n - 4$$

& . . . . $m = \dfrac{-n-4}{3} ,$

lefquelles étant fuppofées, les indéterminées fe féparent.

Puifque dans la propofée on fépare les indéterminées , lorfque $m = \dfrac{-n-4}{3}$, on les féparera dans les formules $(G) , (D)$, lorfque $K = \dfrac{-k-4}{3}$, & $B = \dfrac{-\delta-4}{3}$, équations defquelles on tire deux autres valeurs de m , favoir

$$m = \frac{-5n-8}{3}$$

$$m = \frac{-3n-8}{5} .$$

On trouvera, en continuant ainfi , une infinité d'autres valeurs de m , comme . . . . $m = \dfrac{-7n-12}{5}$

$$m = \frac{-5n-12}{7}$$

$$m = \frac{-9n-16}{7}$$

$$m = \frac{-7n-16}{9} \quad \&c.$$

c'eft-à-dire en général . . . . $m = \dfrac{(2h+1)\times -n - 4h}{2h+1} ,$
h repréfente un nombre quelconque entier , pofitif en commençant par l'unité.

CXX.

R E M A R Q U E 1. Il faut ajouter qu'on féparera les indéterminées dans la formule précédente , toutes les fois qu'on la pourra rendre homogene par la feconde méthode du Chap. VI.

CXXI.

R E M A R Q U E 2.   Si dans l'équation $a x^m d x +$

$byyx^n dx = dy$, on suppose $n = 0$, elle devient $ax^m dx + byydx = dy$, & la formule trouvée dans le Problême pour la valeur de m, sera $m = \frac{(2h+1)x - n - 4h}{2h+1}$ devient $m = \frac{-4h}{2h+1}$; dans ce cas voici la méthode qu'il faut suivre pour trouver l'équation algébrique qui répond à l'équation $- ax^{\frac{-4h}{2h+1}} dx + byydx = dy$. Prenons cette autre équation (A) $- ads + bttds = dt$, qui donne (α) $- ds = \frac{dt}{a - btt}$, différentielle dont l'intégrale est (par les méthodes des fractions rationelles) en ajoutant une constante C, $C - s = \frac{1}{2\sqrt{ab}} \times (l \overline{\sqrt{a} + t\sqrt{b}} - l \overline{\sqrt{a} - t\sqrt{b}})$, & en prenant k pour le nombre dont le logarithme est l'unité, on a (B) $k^{\overline{C - s \cdot 2\sqrt{ab}}} = \frac{\sqrt{a} + t\sqrt{b}}{\sqrt{a} - t\sqrt{b}}$. L'équation (B) est donc identique avec l'équation (α), je fais dans l'une & dans l'autre $s = - x^{-1}$ & $\dots\dots\dots\dots\dots t = \frac{1}{b} x + xxy$, les équations qui résulteront de ces substitutions seront encore identiques; on a $ds = \frac{dx}{xx}$ $dt = \frac{dx + 2byxdx + bxxdy}{b}$ $tt = \frac{xx + 2bx^3 y + bby^2 x^4}{bb}$. Substituant ces valeurs dans l'équation (α), on a $\frac{-dx}{xx} = \frac{dx + 2byxdx + bxxdy}{ab - xx - 2bx^3 y - b^2 y^2 x^4}$, ou $- abdx + xxdx + 2bx^3 ydx + b^2 y^2 x^4 dx = xxdx + 2bx^3 ydx + bx^4 dy$, ou en effaçant ce qui se détruit $- adx + by^2 x^4 dx = x^4 dy$, & enfin en divisant par x^4, $- ax^{-4} dx + byydx = dy$ premiere équation réduite.

Maintenant l'équation exponentielle (B) devient après des réductions fort simples (D) $k^{(Cx+1) \cdot 2\frac{\sqrt{ab}}{x}} = \frac{x + bxxy + \sqrt{ab}}{-x - bxxy + \sqrt{ab}}$. Mais C est une quantité arbitraire.

Méthode pour trouver l'équation algébrique qui répond à l'équation proposée dans la supposition de $n = 0$.

1°. Je la fuppofe une quantité infinie pofitive, le premier membre de l'équation exponentielle fera infini : il faudra donc néceffairement que l'autre le foit auffi. Or c'eft ce qui arrive, lorfque fon dénominateur eft $= 0$, on aura donc $- x - bxxy + \sqrt{ab} = 0$, ce qui donne $y = \frac{- x + \sqrt{ab}}{bxx}$, ou $y = - \frac{1}{bx} + \frac{1}{xx} \sqrt{\frac{a}{b}}$, équation comprife dans l'intégrale de $- ax^{-4} dx + byy dx = dy$.

2°. Si on fuppofe C une quantité infinie négative, le premier membre de l'équation (D) fera $= 0$, donc le numérateur du fecond membre fera auffi $= 0$; c'eft-à-dire qu'on aura $x + bxxy + \sqrt{ab} = 0$: ce qui donne $y = - \frac{1}{bx} - \frac{1}{xx} \sqrt{\frac{a}{b}}$; & combinant l'une & l'autre valeur de y, on a $y = - \frac{1}{bx} \pm \frac{1}{xx} \sqrt{\frac{a}{b}}$ pour l'intégrale cherchée de l'équation $- ax^{\frac{-4h}{ah-1}} dx + byy dx = dy$ dans laquelle on fuppofe $h = 1$.

On voit par là comment il faudra s'y prendre pour trouver l'intégrale de cette même équation, en donnant fucceffivement à h différentes valeurs.

CHAPITRE

CHAPITRE X.

Recherche générale de l'intégration des équations
à quatre termes.

CXXII.

Toutes les équations à quatre termes peuvent se réduire à l'une de ces deux formes,

$$x^m\, dx + by^p\, x^n\, dx + cy^s\, dx + a\, dy = 0$$
ou $\quad x^m\, dx + by^p\, dx + cy^s\, x^r\, dy + a\, dy = 0.$

1°. Si l'on cherche, comme on a fait pour les équations à trois termes, les cas où ces sortes d'équations peuvent être intégrées, on trouvera dans le premier cas $p = \dfrac{m-n}{m+1}$
& . . . . $s = \dfrac{m}{m+1}$.
Car soit $x^m\, dx + by^p\, x^n\, dx + cy^s\, dx + a\, dy = 0$, &
faisons $x = u^{\frac{1}{m+1}}$, en mettant dans la transformée pour p & s leurs valeurs, on aura l'équation suivante $\dfrac{d\,u}{m+1} +$
$$\frac{by^{\frac{m-n}{m+1}}\, u^{\frac{n-m}{m+1}}\, d\,u}{m+1} + \frac{cy^{\frac{m}{m+1}}\, u^{\frac{-m}{m+1}}\, d\,u}{m+1} + a\,dy = 0 \text{, la-}$$
quelle est homogene. Donc, &c.

2. Dans le second cas nous avons déja vu (Chap. VI. Art. LXXXVI.) que l'équation à quatre termes $ax^m y^n\, dx + by^p\, x^q\, dx + cx^r\, y^s\, dy + fx^e\, y^u\, dy = 0$, qui est plus générale que la précédente, devenoit homogene, 1°. si l'on avoit $(s-p+1)\cdot(q-m) = (q-r+1)\cdot(n-p)$;

Ces équations sont toutes comprises dans deux formules.

Premiere maniere de chercher les cas d'intégration de ces formules.

En examinant ceux dans lesquels elles peuvent devenir homogenes.

$2^\circ.\ (u - p + 1) . (q - m) = (q - e + 1) . (n - p).$

Comparant cette équation avec la proposée, on a $n = 0$

$$q = 0$$
$$e = 0$$
$$u = 0$$

ce qui nous avertit qu'on doit avoir $\dfrac{s + 1}{m + 1 - r} = \dfrac{p}{m}$, &

$p = \dfrac{m}{m + 1}$, c'est-à-dire $p = \dfrac{m}{m + 1}$ & $s = \dfrac{-r}{m + 1}$. Ensuite

on fera $x = u^{\frac{1}{m+1}}$, ce qui donne, en substituant ces

différentes valeurs, la transformée $\dfrac{d u}{m + 1} + \dfrac{b y^{\frac{m}{m+1}} u^{\frac{-m}{m+1}} d u}{m + 1}$

$+\ c u^{\frac{r}{m+1}} y^{\frac{-r}{m+1}} d y + a d y = 0$, homogene comme dans le cas précédent.

CXXIII.

Mais il y a d'autres méthodes pour découvrir encore de nouveaux cas d'intégration dans les formules précédentes : nous allons les examiner, 1°. pour la formule $x^m d x + b y^p x^n d x + c y^s d x + a d y = 0$.

Il est visible que si dans cette équation on fait $y = g u^q x^h$, elle se changera en une équation de cinq termes, dont on pourra supposer que deux se détruisent dans certains cas particuliers, ce qui réduira la transformée à trois termes. L'équation de cinq termes est $x^m d x + b g^p u^{p q} x^{n + p h} d x + c g^s u^{q s} x^{h s} d x + a g q u^{q - 1} x^h d u + a g h x^{h - 1} u^q d x = 0$, équation dans laquelle on voit d'abord que si on suppose $1^\circ.\ b g^p u^{q p} x^{n + p h} d x +$

$cg'u^{q'}x^{h'}dx = 0$, on aura . . . . $s = p$
$$n = 0$$
$$b = -c$$

& la proposée sera par conséquent $x^m dx + a dy = 0$, qui n'a que deux termes. Donc on ne peut faire cette premiere supposition.

2°. On ne peut supposer non plus $cg'u^{q'}x^{h'}dx + aghx^{h-1}u^q dx = 0$, comme il est aisé de le voir; car alors on auroit $s = 1$ & $h = h - 1$; ce qui est absurde.

3°. La seule supposition qu'on puisse faire sans que la proposée se réduise à n'avoir que deux termes, est celle de $bg^p u^{qp}x^{n+ph}dx + aghx^{h-1}u^q dx = 0$, qui nous donne . . . . $p = 1$
$$n = -1$$
$$h = -\frac{b}{a}$$

Donc en faisant $y = gu^q x^{-\frac{b}{a}}$, ou simplement $y = u x^{-\frac{b}{a}}$, l'équation $x^m dx + byx^{-1}dx + cy'dx + a dy = 0$ se réduit à celle-ci de trois termes $x^m dx + cu'x^{-\frac{b'}{a}}dx + agx^{-\frac{b}{a}}du = 0$. Or il est évident 1°. que cette équation est intégrable ou au moins constru- ctible, si $m = -\frac{b'}{a}$: car alors on a $\dfrac{dx}{x^{\frac{b'}{a}}} + \dfrac{cu'dx}{x^{\frac{b'}{a}}} + \dfrac{a d'u}{x^{\frac{b}{a}}} = 0$, & multipliant toute l'équation par $x^{\frac{b'}{a}}$, on a $dx + cu'dx + ax^{\frac{-b+b'}{a}}du = 0$; ou enfin $\dfrac{dx}{x^{\frac{-b+b'}{a}}} =$

$\dfrac{-a\,du}{1+cu^s}$; équation dans laquelle les indéterminées sont séparées. Donc l'équation $x^m\,dx + by\,x^{-1}\,dx + cy^s\,dx - \dfrac{bs}{m}\,dy = 0$ est intégrable.

2°. Si on réduit l'équation $x^m\,dx + cu^s x^{-\frac{bs}{a}}\,dx + ax^{-\frac{b}{a}}\,du = 0$ à la forme $x^m\,dx + a\,dy + by^p\,dx = 0$, en la mettant sous celle-ci $x^{m+\frac{b}{a}}\,dx + cu^s x^{-\frac{bs}{a}+\frac{b}{a}}\,dx + a\,du = 0$, & qu'on fasse $x^{-\frac{bs}{a}+\frac{b}{a}+1} = z$; ce qui donne $x = z^{\frac{a}{-bs+b+a}}$ &c. on aura après les substitutions ordinaires $z^{\frac{am+bs}{-bs+b+a}}\,dz + q\,du + ku^s\,dz = 0$: d'où l'on conclura que si $s = \dfrac{m}{m+1}$, on peut intégrer, puisqu'alors l'équation est $z^m\,dz + q\,du + ku^{\frac{m}{m+1}}\,dz = 0$, qui devient homogene en faisant $z = y^{\frac{1}{m+1}}$. En effet, cette transformation nous donne $Ay^{\frac{m}{m+1}}\,dy + qy^{\frac{m}{m+1}}\,du + Bu^{\frac{m}{m+1}}\,dy = 0$.

Si $s = 1$, alors l'équation devient $q\,du + ku\,dz + z^{\frac{am+b}{a}}\,dz = 0$, dans laquelle les indéterminées se séparent par la méthode du Chapitre VII.

De même si $s = 2$, l'intégration sera possible toutes les fois que $\dfrac{am+2b}{a-b} = \dfrac{-4n}{2n\pm1}$, n exprimant un nombre entier positif, puisqu'alors c'est le cas de l'équation de Ricati.

CXXIV.

En appliquant cette méthode à la seconde formule des équations à quatre termes $x^m\,dx + by^p\,dx + cy'\,x'\,dy + a\,dy = 0$ mise fous cette autre forme plus commode & auffi générale $dx + by^p\,x'\,dx + cy'\,x''\,dy + a\,dy = 0$, on trouve outre les cas dont l'intégration fe préfente d'elle-même, ou qui fe rapportent à ceux dans lefquels $p = \frac{m}{m+1}$ & $s = \frac{-r}{m+1}$, on trouve, dis-je, qu'en fuppofant . . . . $c = -b$

$$s = p - 1$$
$$n = r + 1$$

l'équation $dx + by^p\,x'\,dx - by^{p-1}\,x^{r+1}\,dy + a\,dy = 0$ fera toujours intégrable en faifant $y = ux$. En effet la transformée devient alors $(1 + au)\,dx + ax\,du - bu^{p-1}\,x^{r+p+1}\,du = 0$, qui eft intégrable par la méthode générale du Chapitre VII.

Application de cette même méthode à la feconde formule.

C X X V.

S C H O L I E. Après avoir examiné les cas dans lefquels on peut intégrer chacune des deux formules des équations à quatre termes, il ne fera pas inutile de chercher auffi les cas d'intégration de l'équation $x^m\,dx + a\,dy + by\,x''\,dx + cyy\,dx = 0$, qui ne diffère de celle de Ricati que par le terme $by\,x''\,dx$. C'eft ce que nous allons faire dans le Chapitre fuivant.

CHAPITRE XI.

Examen des cas d'intégration de l'équation
$$x^m\,dx + a\,dy + b\,y\,x^n\,dx + c\,y\,y\,dx = 0.$$

CXXVI.

PROBLEME. Trouver les cas d'intégrabilité de l'équation
$$x^m\,dx + a\,dy + b\,y\,x^n\,dx + c\,y\,y\,dx = 0.$$

Transformation nécessaire dans le cas présent.

SOLUTION. Soit $y = p\,x^r + f\,x^s\,z^t$; on voit bien que p, r, s, t, f étant des indéterminées que nous prenons à volonté, nous serons les maîtres de leur donner dans la suite telle valeur que nous voudrons. Après les

Equation transformée.

substitutions on aura la transformée suivante (A) $x^m\,dx + a\,p\,r\,x^{r-1}\,dx + a\,f\,s\,z^t\,x^{s-1}\,dx + a\,f\,t\,x^s\,z^{t-1}\,dz + b\,p\,x^{r+n}\,dx + b\,f\,x^{s+n}\,z^t\,dx + c\,p\,p\,x^{2r}\,dx + 2\,c\,p\,f\,x^{r+s}\,z^t\,dx + c\,f\,f\,x^{2s}\,z^{2t}\,dx = 0$; pour abreger, on laissera dans la solution suivante p au lieu de sa valeur $\dfrac{-1}{b + am + a}$.

CXXVII.

Premiere supposition pour cette équation.

Soit d'abord $a\,f\,s\,z^t\,x^{s-1}\,dx + b\,f\,x^{s+n}\,z^t\,dx = 0$;
on aura . . . . $n = -1$
$$s = -\frac{b}{a}.$$
Soit encore . . . . $m = r - 1$
& . . . . $bp + apr + 1 = 0$
$$t = 1$$
$$f = 1 ;$$

la transformée (A) sera $(1 + apr + bp) \cdot x^{r-1} dx - b z x^{-\frac{b}{a}-1} dx + a x^{-\frac{b}{a}} dz + b z x^{-\frac{b}{a}-1} dx + cppx^{2r} dx + 2pczx^{r-\frac{b}{a}} dx + cz^2 x^{-\frac{2b}{a}} dx = 0$: & en réduifant cette équation fuivant les fuppofitions précédentes, elle devient (B) $cppx^{2r} dx + a x^{-\frac{b}{a}} dz + 2cpx^{r-\frac{b}{a}} z dx + c x^{-\frac{2b}{a}} zz dx = 0$, d'où l'on tire ce premier Théorême.

THÉOREME 1. Si l'équation $x^{m} dx + ady + byx^{-1} dx + cyydx = 0$ eft intégrable, l'équation $cppx^{2m+2+\frac{b}{a}} dx + adz + 2cpx^{m+1} z dx + c x^{-\frac{b}{a}} z^2 dx = 0$ eft auffi intégrable. Nous fournit trois Théorémes.

DÉMONSTRATION. A caufe de $r = m+1$
$$f \ \& \ t = 1$$
$$s = -\frac{b}{a}$$
la fuppofition de $y = px^{r} + fx'z'$ devient ici $y = px^{m+1} + x^{-\frac{b}{a}} z$; ce qui donne la transformée fuivante $(bp + amp + ap + 1) \cdot x^{m} dx - b z x^{-\frac{b}{a}-1} dx + a x^{-\frac{b}{a}} dz + b z x^{-\frac{b}{a}-1} dx + cppx^{2m+2} dx + 2cpzx^{m+1-\frac{b}{a}} dx + czzx^{-\frac{2b}{a}} dx = 0$; mais à caufe de $r = m+1$, la fuppofition précédente de $bp + apr + 1 = 0$, fe change en $bp + amp + ap + 1 = 0$; multipliant de plus toute l'équation par $x^{\frac{b}{a}}$, & effaçant

ce qui fe détruit, on a $cppx^{2m+2+\frac{b}{a}}dx + adz +$

$2cpzx^{m+1}dx + czzx^{-\frac{b}{a}}dx = 0$. Donc, &c. C'eft
ce qu'on trouveroit de même en mettant dans l'équation
(B) pour r fa valeur $m+1$.

En fuppofant toujours . . . . $s = -\frac{b}{a}$
$$n = -1$$
$$f = 1$$
$$t = 1$$

Soit encore . . . . $r = -1$
$$cp + b - a = 0$$

la transformée générale (A) devient l'équation fuivante
$x^{m}dx + cppx^{-2}dx + bpx^{-2}dx - apx^{-2}dx -$
$bzx^{-\frac{b}{a}-1}dx + ax^{-\frac{b}{a}}dz + bzx^{-\frac{b}{a}-1}dx +$
$2cpx^{-\frac{b}{a}-1}zdx + cx^{-\frac{2b}{a}}zzdx = 0$, qui devient à
caufe de l'hypothefe de $cp + b - a = 0$, & en effaçant
ce qui fe détruit, $x^{m}dx + ax^{-\frac{b}{a}}dz + 2cpx^{-\frac{b}{a}-1}zdx$
$+ cx^{-\frac{2b}{a}}z^{2}dx = 0$, d'où l'on tire ce fecond Théorême.

THÉOREME 2. Si l'équation $x^{m}dx + ady + bx^{-1}ydx$
$+ cyydx = 0$ eft intégrable, l'équation $x^{m}dx + ax^{-\frac{b}{a}}dz$
$+ 2cpx^{-\frac{b}{a}-1}zdx + cx^{-\frac{2b}{a}}z^{2}dx = 0$ l'eft auffi.

Enfin en laiffant toujours la fuppofition de $s = -\frac{b}{a}$
$$n = -1$$
$$f = 1$$
$$t = 1$$

faifant

faifant de plus . . . . $r = \dfrac{m}{2}$

$$p = V - \dfrac{1}{c},$$

on trouvera de la même façon que ci-deffus le Théorême fuivant.

THÉOREME 3. Si l'équation $x^m dx + a\,dy + byx^{-1} dx + cyy\,dx = 0$ eft intégrable, l'équation $(apr + bp)$.

$$x^{\frac{m}{2}-1} dx + ax^{-\frac{b}{a}} dz + 2cpzx^{\frac{m}{2}-\frac{b}{a}} dx + czzx^{-2\frac{b}{a}} dx = 0,$$

qui eft fa transformée en fuppofant $y = px^{\frac{m}{2}} + x^{-\frac{b}{a}} z$, l'eft auffi.

CXXVIII.

SCHOLIE 1. Les trois Théorêmes précédents nous donnent trois équations dont l'intégration dépend de celle de $x^m dx + a\,dy + byx^{-1} dx + cyy\,dx = 0$; mais nous prouverons dans le Théorême 7 fuivant que cette équation, lorfque $b = 2a$, eft intégrable dans les mêmes cas que celle de Ricati. Donc les trois équations

$$cppx^{2m+4} dx + adz + 2cpzx^{m+1} dx + cx^{-2}z^2 dx = 0,$$
$$x^m dx + ax^{-2} dz + 2cpzx^{-3} dx + cz^2 x^{-4} dx = 0,$$
$$\&\ (apr + 2ap)\,.\,x^{\frac{m}{2}-1} dx + ax^{-2} dz + 2cpzx^{\frac{m}{2}-2} dx + cz^2 x^{-4} dx = 0,$$

font auffi intégrables dans les mêmes cas que l'équation de Ricati.

CXXIX.

Soit maintenant $afsx^{s-1} z' dx + 2cpfx^{r+1} z' dx = 0,$

Seconde fuppo-
fition qui
donne auffi
trois Théorê-
mes.

ce qui donne . . . . $r = -1$

$$s = -\frac{2cp}{a}$$

Soit aussi . . . . $cp = a,$

ce qui donne . . . . $s = -2$

& soit encore . . . . $n = m+1;$

$$p = -\frac{1}{b}$$

$$f \ \& \ t = 1,$$

on trouvera le Théorême suivant.

THÉOREME 4. En général toutes les équations $x^m\,dx + a\,dy + by\,x^{m+1}\,dx - ab\,y^2\,dx = 0$ sont intégrables.

DÉMONSTRATION. La substitution qu'il faut faire dans le cas présent est celle-ci, $y = px^{-1} + x^{-2}z$; mettant les valeurs qu'elle fournit pour y & dy dans l'équation précédente, elle devient $x^m\,dx - apx^{-2}\,dx - 2cpzx^{-3}\,dx + ax^{-2}\,dz + bpx^m\,dx + bzx^{m+1}\,dx - abp^2x^{-2}\,dx - 2abpzx^{-3}\,dx - abx^{-4}z^2\,dx = 0$. Substituant dans cette équation pour p sa valeur $-\frac{1}{b}$, suivant l'hypothefe de $cp = a$, & effaçant ce qui se détruit, on aura pour transformée l'équation suivante, $a\,dz + bzx^{m+1}\,dx - abz^2x^{-2}\,dx = 0$, qui s'integre par la méthode générale du Chapitre VII.

Suppofant encore . . . . $r = -1$

$$cp = a$$

$$s = -2$$

$$n = m+1$$

$$f \ \& \ t = 1,$$

on découvre la proposition suivante.

Théoreme 5. Si l'équation $x^m\,dx + a\,dy + by\,x^{m+1}\,dx + cyy\,dx = 0$ est intégrable, la suivante, $(bp+1)\,.\,x^m\,dx + ax^{-2}\,dz + bx^{m-1}\,z\,dx + cx^{-4}\,z^2\,dx = 0$, qui est sa transformée, en supposant $y = px^{-1} + x^{-2}\,z$, l'est aussi. Or nous venons de voir (Théorême 4.) qu'on séparoit les indéterminées dans l'équation $x^m\,dx + a\,dy + by\,x^{m+1}\,dx + cyy\,dx = 0$, lorsque $c = -ab$; donc on les séparera de même dans l'équation $(bp+1)\,.\,x^m\,dx + ax^{-2}\,dz + bx^{m-1}\,z\,dx + czz\,x^{-4}\,dx$; ce qui est évident, puisque la supposition de $c = -ab$, donne $abp + a = 0$, & par conséquent $bp+1 = 0$. Donc on aura $ax^{-2}\,dz + bx^{m-1}\,z\,dx + czz\,x^{-4}\,dx = 0$, équation intégrable par la méthode du Chapitre VII.

Supposant toujours . . . . $r = -1$

$$s = -\frac{2cp}{a}$$

$$f \,\&\, t = 1$$

& faisant . . . . $m = -2$

$$cpp - ap + 1 = 0$$

on trouvera le Théorême suivant.

Théoreme 6. Si l'équation $x^{-2}\,dx + a\,dy + by\,x^n\,dx + cyy\,dx = 0$ est intégrable; l'équation $bp\,x^{n-1}\,dx + ax^{-\frac{2cp}{a}}\,dz + bx^{n-\frac{2cp}{a}}\,z\,dx + cx^{-\frac{4cp}{a}}\,zz\,dx = 0$ l'est aussi. On démontrera cette proposition à peu près de la même façon que les précédentes.

CXXX.

Troisieme suppofition.

Soit enfin cette autre fuppofition, $bfx^{t+n}z^t dx + 2cpfx^{r+s}z^t dx = 0$, on en tire . . $r = n$

$$p = -\frac{b}{2c} ;$$

Soit auffi . . . . $n = {'} - 1$

$$s = 1$$

$$t = 1$$

& . . . . $cpp + bp - ap = 0,$

ce qui donne . . . . $b = 2a,$

on trouvera la propofition fuivante.

Fournit trois nouveaux Théorêmes.

Théoreme 7. $x^m dx + ady + bax^{-1}ydx + cyydx = 0$ eft intégrable dans les mêmes cas que l'équation de Ricati.

Demonstration. Mettant dans la transformée générale (A) pour r, pour n & pour s leurs valeurs, & fuivant la condition de $cpp + bp - ap = 0$; elle devient $x^m dx + azdx + bzdx + axdz + 2cpzdx + cz^2 x^s dx = 0.$ Mais à caufe de $p = -\frac{b}{2c}$, cette équation fe change en la fuivante $x^m dx + azdx + axdz + cz^2 x^s dx = 0$; & enfin en faifant $xz = u$, on a $x^m dx + adu + cuudx = 0$ qui eft l'équation même de Ricati.

En fuppofant toujours . . . . . . $r = n$

$$p = \frac{-b}{2c},$$

& fuppofant de plus . . . . . $n - 1 = m$

$$apr + 1 = 0,$$

on tire des fuppofitions précédentes . . $c = \frac{-b}{2p}$

$$\& \ldots \ldots \ldots \ldots \quad p = -\frac{1}{ar} = \frac{-1}{am+a}.$$

Donc $c = \frac{abm+ab}{-2}$. Ces conditions nous donnent le Théorême fuivant.

THÉOREME 8. L'équation $x^m dx + ady + byx^{m+1} dx + \left\{ \frac{abm+ab}{2} \right\} . yy dx = 0$ s'integre dans les mêmes cas que ceux dans lefquels on peut intégrer l'équation de Ricati.

DÉMONST. Subftituant dans la transformée générale (A) pour r, s, n leurs valeurs, & effaçant ce qui fe détruit, elle fe change dans l'équation fuivante, $az dx + ax dz - \frac{bb}{4c} x^{2m+2} dx + cz^2 x^2 dx = 0$; & en faifant $xz = u$, $\frac{-bb}{4c} = B$, on aura $Bx^{2m+1} dx + adu + cu^2 dx = 0$, qui eft l'équation de Ricati.

THÉOREME 9. Si on ne fuppofe pas $apr+1 = 0$, on trouvera qu'en général fi $x^m dx + ady + byx^{m+1} dx + cyy dx = 0$ eft intégrable, alors $(cpp + bp) . x^{2m+1} dx + (apr+1) . x^m dx + adu + cu^2 dx = 0$ l'eft auffi. C'eft ce qui eft évident par l'infpection feule de la transformée générale (A), en y mettant feulement pour r, s, & n leurs valeurs, & en y faifant $xz = u$.

CXXXI.

SCHOLIE 2. En fuppofant $x^m dx + ady = fdz$,
ce qui donne $\ldots \ldots \frac{x^{m+1}}{m+1} + ay = fz$

$$\& \ldots \ldots \ldots \ldots \ldots \quad y = \frac{fz - \frac{x^{m+1}}{m+1}}{a},$$

Autre transformation dont on peut encore fe fervir.

l'équation $x^m\,dx + a\,dy + by\,x^n\,dx + cyy\,dx = 0$

Equation transformée.

devient $(X)\ f\,dz + bfz\,x^n\,dx - \dfrac{\dfrac{b\,x^{m+1+n}\,dx}{m+1}}{a} +$

$$cf^2z^2\,dx - \dfrac{\dfrac{2cfz\,x^{m+1}\,dx}{m+1}}{aa} + \dfrac{c\,x^{2m+2}\,dx}{(m+1)^2} = 0.$$

CXXXII.

Premiere supposition pour cette équation.

Supposant 1°. dans la transformée $(X)\ -\dfrac{b\,x^{m+1+n}\,dx}{a\,.\,(m+1)}$ $+\dfrac{c\,x^{2m+2}\,dx}{aa\,.\,(m+1)^2} = 0$, ou bien $c\,x^{2m+2}\,dx = (m+1)\,.$ $ab\,x^{m+1+n}\,dx$, on en tire $\ldots\ c = (m+1)\,.\,ab$

$$m = 1$$
$$n = 2\,;$$

ce qui donne le Théorême suivant.

Nous donne un Théorême.

THÉORÊME 10. $x^m\,dx + a\,dy + by\,x^{m+1}\,dx +$ $(m+1)\,.\,aby^2\,dx = 0$ est intégrable. Car par les suppositions précédentes la transformée générale (X) devient $a^2f\,dz - (m+1)\,.\,abz\,x^{m+1}\,dx + (m+1)\,.\,fcz^2\,dx$ $= 0$, équation dans laquelle les indéterminées se séparent par la méthode du Chapitre VII.

CXXXIII.

Seconde supposition qui donne aussi un Théorême.

2°. Supposant $\dfrac{bfz\,x^n\,dx}{a} - \dfrac{2cfz\,x^{m+1}\,dx}{aa\,.\,(m+1)} = 0$, on en tire $n = m+1\,;\ c = \left\{\dfrac{m+1}{2}\right\}\,.\,ab$, ce qui nous donne le Théorême suivant.

THÉORÊME 11. $x^m\,dx + a\,dy + by\,x^{m+1}\,dx +$

$\left\{\dfrac{m+1}{2}\right\} . a b y^2 d x = 0$ est intégrable dans les mêmes cas que $x^{2m+2} d x + a d z + c z^2 d x = 0$, comme on l'a trouvé déja ci-deffus dans le Théorême 8. C'eft ce qui eft évident en obfervant dans la transformée (X) les conditions que donne la fuppofition précédente.

CXXXIV.

Scholie 3. Si l'on fait dans l'équation $x^m d x + a d y + b y x^n d x + c y y d x = 0, \ldots \ldots n = 0$

$$s \ \& \ t = 1,$$

la transformée générale (A) devient (F) $x^m d x + a p r x^{r-1} d x + a f z d x + a f x d z + b p x^r d x + b f x z d x + c p p x^{2r} d x + 2 c p f x^{r+1} z d x + c f f x^2 z^2 d x = 0.$

Dernier cas
d'intégration
de la formule.

CXXXV.

Soit maintenant dans cette derniere équation $b f x z d x + 2 c p f x^{r+1} z d x = 0$, on en tire $\ldots r = 0$

$$p = -\frac{b}{2c}.$$

Soit auffi $\ldots \ldots \ldots \ldots f = 1.$

En effaçant ce qui eft multiplié par zéro & ce qui fe détruit dans l'équation (F), on a $x^m d x + a z d x + a x d z - \frac{bb}{4c} d x + c x^2 z^2 d x = 0$; & enfin en faifant $x z = u$, on a $x^m d x + a d u - \frac{bb}{4c} d x + c u^2 d x = 0$; ce qui nous donne le Théorême fuivant.

Théoreme 12. Si $x^m d x + a d y + b y d x + c y y d x = 0$ eft intégrable, (B) $x^m d x - \frac{bb}{4c} d x + a d u + $

$c u^2 d x = 0$ l'eſt auſſi. Donc réciproquement la premiere pourra être intégrée dans tous les cas où l'on integrera cette derniere.

On trouve, par exemple, que ſi $m = 2$ & $\frac{b^4}{16 c a a} = - 1$, cette derniere équation (B) eſt intégrable. Car ſoit dans cette équation, $u = \frac{z}{a} + \frac{b b x}{4 a c}$, on aura la transformée ſuivante $x^2 d x - \frac{b b}{4 c} d x + d z + \frac{b b d x}{4 c} + \frac{c z z d x}{a a} + \frac{b b z x d x}{2 a a} + \frac{b^4 x^2 d x}{16 a a c} = 0$. Or cette équation dans l'hypotheſe de $\frac{b^4}{16 c a a} = - 1$ ſe réduit à la ſuivante $2 a a d z + b b z x d x + 2 c z^2 d x = 0$, dans laquelle on ſépare les indéterminées. Donc (B) eſt intégrable dans le cas préſent. D'où il faut conclure que $x^2 d x + a d y + b y d x - \frac{b^4 y^2 d x}{16 a a} = 0$ l'eſt auſſi.

CXXXVI.

Recherche des cas d'inté-grabilité de deux nouvel-les équations à quatre ter-mes.

REMARQUE. Outre l'équation $x^m d x + a d y + b y x^n d x + c y y d x = 0$, nous pouvons auſſi chercher les cas d'intégrabilité des deux équations
$$x^m d x + b x^n d x + a d y + c y y d x = 0$$
$$\& \ . \ . \ x^m d x + a d y + b x^n d y + c y y d x = 0,$$
qui ne different non plus de l'équation de Ricati que par un ſeul terme.

CXXXVII.

Examen de la premiere.

Soit donc 1°. $x^m d x + b x^n d x + a d y + c y y d x = 0$, l'équation à intégrer : faiſons $y = p x^r + f x^s z^t$, nous aurons $d y = r p x^{r-1} d x + f t x^s z^{t-1} d z + f s z^t x^{s-1} d x$, & pour transformée l'équation ſuivante, (D) $x^m d x +$
$$b x^n d x$$

$$b x^n dx + a p r x^{r-1} dx + a f s x^{s-1} z^t dx + a f t z^{t-1} x^s dz$$
$$+ c p p x^{2r} dx + 2 c p f x^{r+s} z^t dx + c f f x^{2s} z^{2t} dx = 0.$$

Soit $a f s x^{s-1} z^t dx + 2 c f p x^{r+s} z^t dx = 0$, on en tire . . . . $r = -1$
$$s = -\frac{2 c p}{a}.$$

Soit . . . . $c p = a$
$$t = 1,$$

on trouvera . . . . $f = 1$.

THÉORÈME 13. Si l'équation $x^m dx + b x^n dx + a dy + c y y dx = 0$ eſt intégrable, la ſuivante $x^m dx + b x^n dx + a x^{-2} dz + c x^{-4} z^2 dx = 0$ l'eſt auſſi ; puiſque c'eſt ſa transformée en faiſant $y = \frac{a x^{-1}}{c} + x^{-2} z$.

THÉORÈME 14. Soit encore . . $r = -1$
$$s = -\frac{2 c p}{a},$$

& de plus ſoit . . . . $m = -2$
& . . . . $-a p + c p p + 1 = 0$;
on pourra intégrer l'équation $x^{-2} dx + b x^n dx + a dy + c y y dx = 0$ dans le cas où l'on peut intégrer la ſuivante $b x^n dx + a f x^s dz + c f f x^{2s} z^2 dx = 0$; ce qui eſt évident, puiſque c'eſt ſa transformée en faiſant $y = p x^{-1} + x^{-1} z$, & effaçant ce qui ſe détruit par la ſuppoſition de $c p p - a p + 1 = 0$.

THÉORÈME 15. Soit maintenant $x^m dx + a p r x^{r-1} dx = 0$, on en tire . . . . $r = m + 1$
$$a p r = -1.$$

Soit de plus . . . . $c p p + b = 0$
$$n = 2 m + 2$$

$$f = 1$$
$$t = 1$$
$$s = 1.$$

La transformée générale (D) devient ici $x^m dx + bx^{2m+2} dx + (m+1) \cdot apx^m dx + azdx + axdz + cppx^{2m+2} dx + 2cpx^{m+2} zdx + cz^2 x^2 dx = 0$, qui se réduit par les suppositions précédentes à $azdx + axdz + 2cpx^{m+2} zdx + cz^2 x^2 dx = 0$; qui est intégrable par la méthode du Chapitre VII.; ce qui est évident en mettant l'équation sous cette forme $axdz + (a + 2cpx^{m+2}) zdx + cz^2 x^2 dx = 0$. D'où il suit que l'équation $x^m dx + bx^{2m+2} dx + ady - (m+1)^2 aaby^2 dx = 0$ est intégrable.

CXXXVIII.

Examen de la seconde équation.

$2°$. Examinons maintenant la formule $x^m dx + bx^n dy + ady + cyydx = 0$: faisons $y = px^r + fx^s z^t$; on aura pour transformée l'équation suivante (Y) $x^m dx + bprx^{r+n-1} dx + bfsx^{n+s-1} z^t dx + bftx^{s+n} z^{t-1} dz + aprx^{r-1} dx + afsx^{s-1} z^t dx + aftz^{t-1} x^s dz + cppx^{2r} dx + 2cpfx^{r+s} z^t dx + cffx^{2s} z^{2t} dx = 0$.

Supposons maintenant $afsx^{s-1} z^t dx + 2cpfx^{r+s} z^t dx = 0$, on aura . . . . $r = -1$
$$s = -\frac{2cp}{a} \, \text{·}$$
Soit . . . . $cp = a$
$$n = m+2$$
$$bp - 1 = 0,$$

on en conclura,

Théoreme 16. que $x^m\,dx + bx^{m+2}\,dy + a\,dy + aby^2\,dx = 0$ est intégrable.

Demonst. Car par les conditions précédentes la transformée générale (Y) devient ici $x^m\,dx - bpx^m\,dx - 2bzx^{m-1}\,dx + bx^m\,dz - apx^{-2}\,dx - 2ax^{-3}z\,dx + ax^{-2}\,dz + abppx^{-2}\,dx + 2abpx^{-3}z\,dx + abx^{-4}z^2\,dx = 0$; laquelle, après les réductions que donne la supposition de $bp - 1 = 0$, devient étant multipliée par xx, $(a + bx^{m+2}).dz - 2bzx^{m+1}\,dx + cz^2x^2\,dx = 0$, qui, comme on le voit, est dans le cas de notre méthode générale du Chapitre VII.

Soit ensuite $bfsx^{n+s-1}z'\,dx + 2cpfx^{r+t}z'\,dx = 0$, on en tire . . . . $r = n - 1$
$$s = -\frac{2cp}{br}.$$
Soit à présent . . . . $cp + br = 0$
$$f \,\&\, t = 1$$
$$m = n - 2$$
$$apr + 1 = 0,\ \text{on aura } s = 2.$$
Ces suppositions nous donnent le Théorême suivant.

Théoreme 17. $x^m\,dx + bx^{m+2}\,dy + a\,dy + (m+1)^2.aby^2\,dx = 0$ est intégrable. Car substituant dans la transformée générale (Y) pour $r, n, s, f, t,$ leurs valeurs, faisant les réductions qu'amenent les suppositions de $cp + bm + b = 0$, & de $apm + ap + 1 = 0$, on aura l'équation suivante $(ax^2 + bx^{m+4}).dz + 2axz\,dx + (m+1)^2.abz^2x^4\,dx = 0$. Donc, &c.

CXXXIX.

REMARQUE. Il eft bon d'obferver ici qu'une équation $x^m dx + by^n x^p dx + cx^s y^r dy + ady = 0$, ou $x^m dx + ady + by^n x^p dx + cy^r dx = 0$, ne peut être changée par transformation en une autre de la même forme, & dont les coefficiens foient tous trois donnés. Il ne péut y avoir que deux de ces coefficiens de donnés. La raifon en eft qu'en faifant $x = fu$, $y = gz$, on formera trois équations différentes, quoiqu'on n'ait que deux inconnues f, g.

CHAPITRE XII.

Méthode pour conftruire les équations différentielles à deux variables, dans lefquelles l'une des deux indéterminées manquent.

CXL.

Procédé de la méthode.

Toute équation différentielle à deux variables, à quelque degré que les dx & les dy y foient élevées, fe conftruit toujours lorfque l'une des deux indéterminées finies y manque. La méthode qu'il faut fuivre dans ce cas,

Quelle eft la fubftitution qu'elle employe.

confifte à faire $dx = \frac{z\,dy}{a}$, fi c'eft x qui manque, ou $dy = \frac{z\,dx}{a}$ fi c'eft y qui manque. (z eft une nouvelle indéterminée, & a une conftante quelconque.) Car par cette substitution, en mettant, par exemple, $\frac{z\,dy}{a}$ au lieu de dx dans la proposée, il est évident qu'on aura une transformée toute divisible par une puissance de dy qui se trouvera la même par-tout, & par conséquent que la transformée sera toute composée de quantités finies. On aura aussi la valeur de z en y & en constantes, & la raison d'y à z, sera exprimée par une équation ou par une courbe algébrique. Mettant donc dans l'équation $dx = \frac{z\,dy}{a}$ pour dy sa valeur trouvée par le procédé précédent, les indéterminées seront séparées.

Pour faire mieux sentir l'esprit de cette méthode, appliquons-la à quelques exemples. Application de la méthode à quelques exemples.

CXLI.

Soit l'équation $y\,dy^3\,dx = a\,dx^4 + 2\,a\,dx^2\,dy^2 + a\,dy^4$, dans laquelle il ne se trouve aucune dimension finie de x. Suivant ce que nous venons de dire, je fais $dx = \frac{z\,dy}{a}$; $dx^2 = \frac{zz\,dy^2}{aa}$; $dx^4 = \frac{z^4\,dy^4}{a^4}$. Mettant ces valeurs de dx, dx^2, dx^4 dans la proposée, j'ai la transformée suivante $\frac{zy\,dy^4}{a} = \frac{z^4\,dy^4}{a^3} + \frac{2zz\,dy^4}{a} + a\,dy^4$, c'est-à-dire, en divisant par dy^4 qui est commun à tous les termes $\frac{zy}{a} = \frac{z^4}{a^3} + \frac{2zz}{a} + a$; de cette équation je tire aisément la valeur de $y = \frac{z^3}{aa} + 2z + \frac{aa}{z}$; & celle de $dy = \frac{3z^2\,dz}{aa} + 2\,dz - \frac{aa\,dz}{zz}$: donc $\frac{z\,dy}{a} = dx = \frac{3z^3\,dz}{a^3} + \frac{2z\,dz}{a} - \frac{a\,dz}{z}$. J'intègre cette équation. Son intégrale est $x - \frac{3z^4}{4a^3} - \frac{zz}{a} + al\,z + C = 0$. Premier exemple.

On a donc la valeur des deux coordonnées x & y de la proposée par le moyen de deux courbes qui ont une indéterminée commune z.

Figure 5. Ayant donc pris les abscisses z sur l'axe AB, je décris la courbe DEC de l'équation $y = \frac{z^2}{aa} + 2z + \frac{aa}{z}$, & la courbe NLM de l'équation $x - \frac{3z^4}{4a^3} - \frac{zz}{a} + alz +$
$C = 0, \ldots \ldots \ldots \ldots BC = y$
$$BM = x$$
seront les coordonnées de la courbe différentielle proposée.

Pour la construire je mene KO parallele à BM, je prolonge MO en Q, ensorte qu'on ait toujours $OQ = BC$, & QPR sera la courbe cherchée.

CXLII.

Soit encore l'équation $y^3 dx^5 + aay \, dy \, dx^4 = a^3 dy^5$. Je fais $dx = \frac{z \, dy}{a}$, & après les mêmes substitutions que dans l'exemple précédent, il me vient ici $\frac{y^3 z^5 dy^5}{a^5} + \frac{aaz^4 y dy^5}{a^4} = a^3 dy^5$, & en réduisant $y^3 z^5 + a^3 y z^4 = a^8$.

Figure 6. Pour avoir la courbe de l'équation différentielle proposée, sur l'axe DH, je construis la courbe EF de l'équation $z^5 y^3 + a^3 z^4 y = a^8$; CD étant $= y$, & $CF = z$. Sur FC prolongée je prends CA égal à l'espace $DCFE$ divisé par a: on aura donc $CA = \int \frac{z \, dy}{a} = x$, & le point A appartient à la courbe cherchée.

CXLIII.

SCHOLIE. Cette méthode est, comme on le voit,

affez étendue, d'autant plus qu'elle s'applique, comme nous le dirons dans la fuite, aux différentielles d'un ordre plus élevé que le premier degré. M. d'Alembert en donne une encore plus générale dans un Mémoire imprimé parmi ceux de l'Académie de Berlin, année 1748. Sa méthode a deux avantages. 1°. Elle ne fuppofe pas qu'une des deux indéterminées manque dans l'équation. 2°. Elle mene tout de fuite à l'intégration. Nous allons l'expliquer dans le Chapitre fuivant.

CHAPITRE XIII.

Méthode pour intégrer plufieurs équations différentielles dans lefquelles dx *&* dy *font élevées à différentes puiffances.*

CXLIV.

Demande. Nous fuppoferons toujours dans ce Chapitre $z = \frac{dx}{dy}$, & il ne faut pas oublier que $\frac{dx}{dy}$ eft une quantité finie, comme nous l'avons dit Article xxxiv.

CXLV.

Avertissement. La fuppofition qu'on fait ici de $\frac{dx}{dy} = z$, donne $dz = \frac{dy\,ddx - dx\,ddy}{dy^2}$; par conféquent, comme dans les deux méthodes pour lefquelles la préfente fuppofition a lieu, dz fe rencontre affez fouvent, il

sembleroit que ces méthodes appartiennent aux différentielles du second ordre. Cependant nous avons cru devoir
les traiter ici , parce que dz y eft fous une forme de
différentielle du premier degré.

CXLVI.

Conditions qu'exige cette méthode.

PROBLEME 1. Trouver l'intégrale d'une équation différentielle qui renferme telles fonctions qu'on voudra de dx
& de dy, & dans laquelle x & y fe trouvent, pourvu
qu'ils ne foient ni multipliés ni divifés l'un par l'autre, ni
élevés à aucune puiffance plus grande que l'unité.

Formule des équations auxquelles on la peut appliquer.

SOLUTION. Ces fortes d'équations peuvent fe repré-
fenter par la formule $x = y \varphi z + \Delta z$ (φz & Δz mar-
quant des fonctions quelconques de z, c'eft-à-dire de $\frac{dx}{dy}$).

Procédé de la méthode appliquée à cette formule.

Je commence par différentier cette formule, j'ai $dx =
dy \varphi z + y d (\varphi z) + d (\Delta z)$; ou mettant pour dx fa va-
leur $z dy$, on a $z dy = dy \varphi z + y d (\varphi z) + d (\Delta z)$;
ou $dy (\varphi z - z) + y d (\varphi z) + d (\Delta z) = 0$. Donc dy
$+ \frac{y d (\varphi z) + d (\Delta z)}{\varphi z - z} = 0$, équation qui eft dans le cas
de la méthode de M. Bernoulli que nous avons expliquée
dans le Chapitre VII., & de laquelle on tire aifément
la valeur de y en z; car en prenant c pour le nombre
dont le logarithme eft l'unité, on a $y c^{\int \frac{d (\varphi z)}{\varphi z - z}} + \int \frac{d (\Delta z)}{\varphi z - z}$
$\times c^{\int \frac{d (\varphi z)}{\varphi z - z}} = A$. (A eft une conftante quelconque
ajoutée pour rendre l'intégrale complete.) Par conféquent
on trouvera auffi la valeur de x, puifque $dx = z dy$,
& $x = \int z dy$.   CXLVII.

CXLVII.

Corollaire. Si $x = y \varphi z$, c'est le cas des équations homogenes que nous avons appris à intégrer dans le Chapitre V. Il est cependant pris ici dans un autre sens que celui des équations homogenes de M. Bernoulli. Car ici on a $\frac{x}{y} = \varphi z = \varphi \frac{dx}{dy}$, au lieu que dans le cas de M. Bernoulli on a $\frac{dx}{dy} = \varphi \frac{x}{y}$. Quoique ces deux cas rentrent l'un dans l'autre, cependant il seroit quelquefois fort difficile de ramener le premier au second ; c'est-à-dire, de tirer de $\frac{x}{y} = \varphi \frac{dx}{dy}$, l'équation $\frac{dx}{dy} = \varphi \frac{x}{y}$. C'est pourquoi il étoit fort utile d'avoir une méthode particuliere pour chacun de ces deux cas. Celle que nous expliquons ici apprend en général à intégrer toute équation $x = y \varphi z$, φz étant une fonction quelconque de z, même avec des signes $\int$.

CXLVIII.

Néanmoins cette méthode suppose qu'on ait la valeur de $\frac{x}{y}$ en z ; mais on peut par un autre moyen résoudre encore plus généralement le cas présent. Soit , comme dans tout ce Chapitre, $z = \frac{dx}{dy}$, & $x = yk$, (z & k étant deux nouvelles changeantes) la proposée devient une équation algébrique quelconque entre z & k. Je construis la courbe qui est le lieu de cette équation , & j'ai pour chaque z la correspondante k, & *vice versâ*. Or de ce que $x = yk$, & $dx = zdy$, il s'ensuit qu'on aura $zdy = ydk + kdy$, & $\frac{dy}{y} = \frac{dk}{z-k}$; donc nous parviendrons à trouver la valeur de y en conftruifant & en quarrant la courbe dont les abfciffes font k, & dont les ordonnées font $\frac{1}{z-k}$.

CXLIX.

COROLLAIRE 2. L'équation $g x d x + h y d x + f d x = a x d y + b y d y + c d y$, pour laquelle nous avons donné une méthode particuliere, eft auffi un cas particulier du Problême précédent. En effet, cette équation eft la même que la fuivante $d x = \left\{ \frac{a x + b y + c}{g x + h y + f} \right\} d y$, ou $\frac{d x}{d y} = \frac{a x + b y + c}{g x + h y + f}$. Donc on a $z = \frac{a x + b y + c}{g x + h y + f}$: ou $z g x + z h y + z f = a x + b y + c$; donc $z g x - a x = - z h y - f z + b y + c$; donc $x = y \left\{ - \frac{z h + b}{z g - a} \right\} + \frac{c - f z}{z g - a}$; donc enfin $x = y \varphi z + \Delta z$ qui eft la formule du Problême. Donc la propofée s'integrera par la même méthode que cette formule.

Auffi bien que l'équation du Chap. Chap. VI. Art. XC.

C L.

PROBLEME 2. Trouver les cas d'intégrabilité de l'équation $x^m y^n z^r = \varphi(x^q y^s z^t)$ dans laquelle $z = \frac{d x}{d y}$; m, n, r, q, s, t marquent des nombres quelconques.

SOLUTION. Je fais $x^q y^s z^t = u$,

donc . . . . $x = u^{\frac{1}{q}} y^{-\frac{s}{q}} z^{-\frac{t}{q}}$

$$x^m = u^{\frac{m}{q}} y^{-\frac{m s}{q}} z^{-\frac{m t}{q}} ;$$

mais nous avons $x^m y^n z^r = \varphi u$, donc $y^n z^r = \frac{\varphi u}{x^m}$;

Application à une seconde formule.

donc $y^n z^r = \dfrac{\varphi u}{u^{\frac{m}{q}} y^{-\frac{ms}{q}} z^{-\frac{mt}{q}}} = (\varphi u) . u^{-\frac{m}{q}} y^{\frac{ms}{q}} z^{\frac{mt}{q}}$.

Donc $y^n = (\varphi u) . u^{-\frac{m}{q}} y^{\frac{ms}{q}} z^{\frac{tm-rq}{q}}$, ou $y^{\frac{nq-ms}{q}} = (\varphi u) u^{-\frac{m}{q}} z^{\frac{tm-rq}{q}}$. Donc enfin $y = (\varphi u)^{\frac{q}{nq-ms}} \times u^{\frac{-m}{nq-ms}} z^{\frac{tm-rq}{nq-ms}}$. Donc $x = u^{\frac{1}{q}} z^{-\frac{t}{q}} y^{-\frac{s}{q}}$, (& en mettant pour $y^{-\frac{s}{q}}$ sa valeur,) $= (\varphi u)^{\frac{-s}{nq-ms}} \times u^{\frac{n}{nq-ms}} z^{\frac{rs-nt}{nq-ms}}$. Mais (Problême 1.) $dx = zdy$. Donc si on substitue les valeurs de dx & de dy dans cette derniere équation, on trouvera les conditions d'intégrabilité de la maniere suivante.

C L I.

Supposant $(\varphi u)^{\frac{q}{nq-ms}} . u^{-\frac{m}{nq-ms}} = V^t$, & $(\varphi u)^{\frac{-s}{nq-ms}}$ $u^{\frac{n}{nq-ms}} = V$ pour abréger le calcul. Nous aurons $x = V z^{\frac{rs-nt}{nq-ms}}$, & $y = V^t z^{\frac{tm-rq}{nq-ms}}$.

Donc à cause de l'équation $dx = zdy$, on a

$$d\left\{ V z^{\frac{rs-nt}{nq-ms}} \right\} = z d\left\{ V^t z^{\frac{tm-rq}{nq-ms}} \right\} ,$$ c'est-à-dire ,

$$z^{\frac{rs-nt}{nq-ms}} dV + \left\{ \frac{rs-nt}{nq-ms} \right\} V z^{\frac{rs-nt}{nq-ms}-1} dz = z^{\frac{nq-ms+tm-rq}{nq-ms}}$$

$$dV^t + \left\{ \frac{tm-rq}{nq-ms} \right\} V^t z^{\frac{tm-rq}{nq-ms}} dz ,$$ équation qui est intégrable dans tous les cas suivants.

CLII.

1°. Si $tm - rq = 0$. Car alors on a $z^{\frac{rs-nt}{nq-ms}} dV +$ $\left\{\frac{rs-nt}{nq-ms}\right\} V z^{\frac{rs-nt}{nq-ms}-1} dz = z \, dV'$, équation qui est dans le cas de la Méthode du Chapitre VII.

De l'équation $tm - rq = 0$ on tire $\frac{t}{r} = \frac{q}{m}$, donc la proposée devient $x^m z^r y^n = \varphi y^s x^{\frac{tm}{r}} z^{\frac{rq}{m}}$, & supposant $\frac{t}{r} = p$, on a $x^m z^r y^n = \varphi y^s x^{pm} z^{pr}$. Je fais $x^m z^r = k$, donc j'ai $k y^n = \varphi y^s k^p$, donc $k = \Delta y$; donc $x^m z^r = \Delta y$, équation facile à intégrer. La méthode que nous expliquons a l'avantage de fournir le moyen d'intégrer ces sortes d'équations différentielles sans chercher la valeur de $x^m z^r$ en y, ce qu'il seroit souvent impossible de trouver.

CLIII.

2. L'équation est intégrable dans le cas où $rs - nt = 0$. Car alors on a $V^{-1} dV = z^{\frac{tm-rq}{nq-ms}+1} V'^{-1} dV' +$ $\left\{\frac{tm-rq}{nq-ms}\right\} V'' z^{\frac{tm-rq}{nq-ms}} dz$, équation encore constructible par la même méthode de M. Bernoulli, Chapitre VII.

L'équation $rs - nt = 0$ change la proposée $x^m y^n z^s = \varphi x^q y^s z^s$, en la suivante $x^m y^n z^r = \varphi(x^q y^{\frac{nt}{r}} z^{\frac{rs}{n}})$, d'où l'on tirera $y^n z^r = Tx$, en suivant la même opération que ci-dessus.

CLIV.

3°. Si $nq - ms + tm - rq = rs - nt$, alors l'équation sera beaucoup plus simple que les précédentes. Car dans ce cas $\frac{tm-qr}{nq-ms} = \frac{nq-ms+tm-rq}{nq-ms} - 1 = \frac{rs-nt}{nq-ms} - 1$;

donc notre derniere équation devient $z^{\frac{rs-nt}{nq-ms}} V^{-1} dV +$

$$\left\{\frac{rs-nt}{nq-ms}\right\} V z^{\frac{rs-nt}{nq-ms}-1} dz = z^{\frac{rs-nt}{nq-ms}} V''^{-1} dV'' +$$

$$\left\{\frac{rs-nt}{nq-ms} - 1\right\} V'' z^{\frac{rs-nt}{nq-ms}-1} dz , \text{ c'est-à-dire,}$$

$$\frac{V^{-1} dV - V''^{-1} dV''}{\left\{\frac{rs-nt}{nq-ms} - 1\right\} V'' - \left\{\frac{rs-nt}{nq-ms}\right\} V} = \frac{z^{\frac{rs-nt}{nq-ms}-1} dz}{z^{\frac{rs-nt}{nq-ms}}} ,$$

équation qui est toute séparée.

Si dans le cas présent on fait $t = 0$, $r = 1$, au lieu de l'équation de condition $nq - ms + tm - rq = rs - nt$, on aura la suivante $nq - ms = q + s$. Dans ce cas la proposée $x^m y^n z^r = \varphi x^q y^s z^t$ devient $x^m y^n z = \varphi x^q y^s$. Donc en mettant pour z sa valeur $\frac{dx}{dy}$, on a $x^m y^n \frac{dx}{dy} = \varphi x^q y^s$, ou $dx = x^{-m} y^{-n} dy \varphi(x^q y^s)$; Donc en supposant . . . . $-m = p$,

$$-n = t$$

toute équation de cette forme $dx = x^p y^t dy \varphi(x^q y^s)$ sera intégrable si $-tq + ps = q + s$; ainsi l'équation $dx = \frac{ax}{y} dy \varphi(y^s x^q)$ est intégrable. Car on a en comparant terme à terme $p = 1$, $t = -1$: donc on a $-tq + ps = q + s$. De même dans l'équation $dx = dy \varphi(xy^s)$, $p = 0$, $t = 0$, $q = 1$; donc, &c.

C L V.

Le cas des équations homogenes de M. Bernoulli est renfermé dans l'équation génerale $-tq+ps = q+s$. Car ce cas peut se représenter, comme nous l'avons déja dit (Art. CXLVII.) par $\frac{dx}{dy} = \varphi\,\frac{x}{y}$, ou $dx = dy\,\varphi\,xy^{-1}$. Or comparant cette équation avec la formule de l'article précédent, on a . . . . . . $p = 0\,;\ t = 0$

$$q = 1\,;\ s = -1.$$

Donc $ps - tq = 0$, & $q+s = 0$; donc $-tq+ps = q+s$.

C L V I.

Par le même moyen on peut déterminer les conditions d'intégrabilité de l'équation $dx = a'x^m y^n\,dy + p x^e y^h\,dy + f x^g y^l\,dy + $ &c. Pour y parvenir, je fais $x^b y^a = u$ (a & b sont deux indéterminées.) J'ai donc $x = u^{\frac{1}{b}} y^{-\frac{a}{b}}$;

$$dx = \frac{1}{b} y^{-\frac{a}{b}} u^{\frac{1}{b}-1}\,du - \frac{a}{b} u^{\frac{1}{b}} y^{-\frac{a}{b}-1}\,dy\,;$$ donc j'ai

la transformée suivante $\frac{1}{b} y^{-\frac{a}{b}} u^{\frac{1}{b}-1}\,du = \frac{a}{b} u^{\frac{1}{b}} y^{-\frac{a}{b}-1}\,dy$

$$+\ a' u^{\frac{m}{b}} y^{-\frac{am}{b}+n}\,dy + p u^{\frac{e}{b}} y^{-\frac{ae}{b}+h}\,dy +$$

$$f u^{\frac{g}{b}} y^{-\frac{ag}{b}+l}\,dy +$$ &c. équation qu'on voit aisément être intégrable, toutes les fois que $-\frac{a}{b} - 1 = -\frac{am}{b} + n = -\frac{ae}{b} + h = -\frac{ag}{b} + l$. Or de l'équation $-\frac{a}{b} - 1 = -\frac{am}{b} + n$, je tire $-\frac{a}{b} + \frac{m\,a}{b} = n+1$, donc $+\frac{a}{b} = \frac{n+1}{m-1}$; de même de l'équation $+\frac{a}{b} - 1$

$= -\frac{ea}{b} + h$ on tire $-\frac{a}{b} + \frac{ea}{b} = h + 1$. Donc $\frac{a}{b} = \frac{h+1}{e-1}$ &c. Donc la proposée est intégrable, toutes les fois que $\frac{n+1}{m-1} = \frac{k+1}{e-1} = \frac{l+1}{g-1}$ &c.

CLVII.

4°. Enfin si $nq - ms = 0$, on a $x^m = u^{\frac{m}{q}} y^{-\frac{sm}{q}} z^{-\frac{tm}{q}}$. Donc la proposée $x^m y^n z^r = \varphi u$, devient $u^{\frac{m}{q}} y^{\frac{nq-ms}{q}} z^{\frac{rq-tm}{q}} = \varphi u$ ou $u^{\frac{m}{q}} z^{\frac{rq-tm}{q}} = \varphi u$, & l'équation proposée s'integre toutes les fois que $n = -m$, & $q = -s$, ce qui rentre dans le cas des équations homogenes.

Quatrieme & dernier cas d'intégration de la même formule.

CLVIII.

REMARQUE. On ne retrouvera que les mêmes équations de condition, soit qu'on tire de l'équation différentielle proposée les valeurs de y & de z, ou de x & de z.

CLIX.

PROBLEME 3. Trouver les conditions d'intégrabilité de l'équation $x = y^k z^r \varphi(y^p z^n) + \Delta(y^p z^n)$.

Recherche des cas d'intégration d'une troisieme formule.

1°. Je suppose $y^p z^n = u$, donc $z = u^{\frac{1}{n}} y^{-\frac{p}{n}}$; or $z = \frac{dx}{dy}$, donc $\frac{dx}{dy} = u^{\frac{1}{n}} y^{-\frac{p}{n}}$: donc $dx = u^{\frac{1}{n}} y^{-\frac{p}{n}} dy$. On a aussi $z^r = u^{\frac{r}{n}} y^{-\frac{pr}{n}}$, donc $y^k z^r = u^{\frac{r}{n}} y^{k-\frac{pr}{n}}$, donc on a la transformée $x = u^{\frac{r}{n}} y^{k-\frac{pr}{n}} \varphi u + \Delta u$.

Nommant $u^{\frac{r}{n}} \varphi u$, V, j'ai $u^{\frac{1}{n}} y^{-\frac{p}{n}} dy = d\left(V y^{k-\frac{pr}{n}} + \Delta u\right)$, par où il m'est facile de voir que l'équation se rapporte au cas général de M. Bernoulli expliqué (Ch. VII.) si $-\frac{p}{n} + 1 = k - \frac{pr}{n}$.

2°. Si on fait encore $y^p z^n = u$, & qu'on en tire $y = u^{\frac{1}{p}} z^{-\frac{n}{p}}$, $dy = \frac{1}{p} u^{\frac{1}{p}-1} z^{-\frac{n}{p}} du - \frac{n}{p} z^{-\frac{n}{p}-1} u^{\frac{1}{p}} dz$: on aura $dx = z dy = \frac{1}{p} z^{-\frac{n}{p}+1} u^{\frac{1}{p}-1} du - \frac{n}{p} u^{\frac{1}{p}} z^{-\frac{n}{p}} dz$. D'ailleurs $y^k z^r = u^{\frac{k}{p}} z^{-\frac{nk}{p}+r}$, donc $x = u^{\frac{k}{p}} z^{-\frac{nk}{p}+r} \varphi u + \Delta u$.

Je nomme $u^{\frac{k}{p}} \varphi u$, V' : j'ai donc dx, ou $\frac{1}{p} z^{-\frac{n}{p}+1} u^{\frac{1}{p}-1} du - \frac{n}{p} u^{\frac{1}{p}} z^{-\frac{n}{p}} dz = z^{-\frac{nk}{p}+r} dV' - \left\{\frac{nk}{p} - r\right\} V' z^{-\frac{nk}{p}+r-1} dz + d(\Delta u)$. Or si $-\frac{n}{p} + 1 = -\frac{nk}{p} + r$, on aura $-\frac{n}{p} = -\frac{nk}{p} + r - 1$; donc l'équation précédente devient $\frac{1}{p} z^{-\frac{n}{p}+1} u^{\frac{1}{p}-1} du - z^{-\frac{n}{p}+1} V'^{-1} dV' - d\Delta u = \frac{n}{p} z^{-\frac{n}{p}} u^{\frac{1}{p}} dz - \left\{\frac{n}{p} - 1\right\} V' z^{-\frac{n}{p}} dz$, ou bien $z^{-\frac{n}{p}} dz \times \frac{n}{p} u^{\frac{1}{p}} + \left\{1 - \frac{n}{p}\right\} V' + z^{-\frac{n}{p}+1} du \times \left\{V'^{-1} \frac{dV'}{du} - \frac{1}{p} u^{\frac{1}{p}-1}\right\} - d\Delta u = 0$. Or on voit bien que cette équation se rapporte au cas général de M. Bernoulli, de même que l'équation de l'article précédent.

CLX.

CLX.

Corollaire. Si la proposée étoit $x = y^k z^r \varphi(y^p z^n)$ $+ y^{k'} z^{r'} \Delta(y^p z^n) + y^{k''} z^{r''} \Gamma(y^p z^n) + $ &c. je ferois comme ci-dessus $y^p z^n = u$, donc $z = u^{\frac{1}{n}} y^{-\frac{p}{n}}$, donc $dx = z\,dy = u^{\frac{1}{n}} y^{-\frac{p}{n}} dy$. Donc $u^{\frac{1}{n}} y^{-\frac{p}{n}} dy = $ $d(u^{\frac{r}{n}} y^{-\frac{pr}{n}+k} \varphi u + u^{\frac{r'}{n}} y^{-\frac{pr'}{n}+k'} \Delta u + u^{\frac{r''}{n}} y^{-\frac{pr''}{n}+k''} \Gamma u$ $+ $ &c.) Donc la proposée sera intégrable, lorsqu'on aura $-\frac{p}{n} + 1 = -\frac{pr}{n} + k = -\frac{pr'}{n} + k' = -\frac{pr''}{n} + k''$, ou en faisant le même calcul que dans l'Article CLIX. lorsqu'on aura $\frac{p}{n} = \frac{k-1}{r-1} = \frac{k'-1}{r'-1} = \frac{k''-1}{r''-1}$ &c. ou bien lorsque k' & r', ou k'' & r'' &c. sont égaux à zéro.

CLXI.

Remarque. Toutes les méthodes que nous avons expliquées dans ce Chapitre pour les équations différentielles à deux variables du premier ordre, s'étendent aussi à celles d'un genre plus élevé. C'est ce que nous ferons voir dans la suite.

CLXII.

Scholie générale. La méthode dont nous avons donné un essai (Art. CXLVIII.) peut s'étendre à toutes les équations dans lesquelles faisant $y^p z^q = k$, on a une équation entre x & k. En effet on commencera par construire l'équation entre x & k, puis on observera que $y^{\frac{p}{q}} z = $

$k^{\frac{1}{q}}$, ou en mettant pour z fa valeur $\frac{dx}{dy}$, que $y^{\frac{p}{q}} dx =$ $k^{\frac{1}{q}} dy$, ou bien $k^{-\frac{1}{q}} dx = y^{-\frac{p}{q}} dy$. Or il eft évident que pour chaque x on a une valeur de k; donc on aura auffi pour chaque x une valeur de y correfpondante.

CHAPITRE XIV.

Autre Méthode pour découvrir quelques équations intégrables par le moyen de l'équation $z = \dfrac{dx}{dy}$.

CLXIII.

Procédé de cette Métho-de.

LA Méthode que nous allons expliquer ici confifte à préparer l'équation $dx = z\,dy$, ou $dx - z\,dy = 0$ de telle façon qu'on la puiffe divifer en deux parties, dont l'une foit intégrable, & dont l'autre foit ou puiffe devenir une différentielle exacte multipliée par une quantité quelconque. Enfuite on multipliera la premiere partie par une fonction de fon intégrale, & on fuppofera que le produit de cette fonction par la quantité qui multiplie la différentielle dans la feconde partie foit égal à une fonction de l'intégrale de la différentielle contenue dans cette feconde partie. On aura par ce moyen une équation de condition qui rend la propofée intégrable.

CLXIV.

Je mets l'équation $dx - zdy = 0$ fous la forme fui- Application de cette Mé-thode.
vante $dx - zdy - ydz + ydz = 0$: je multiplie cette
derniere équation par une fonction X de x, & j'y ajoute
$zydX - zydX$, ce qui ne la change pas ; j'aurai Xdx
$- Xzdy - Xydz - zydX + yXdz + zydX = 0$,
ou bien $Xdx - Xzdy - Xydz - zydX = - yXdz$
$- zydX$. Or le premier membre de cette équation eft
intégrable ; fon intégrale eft $\int Xdx - yzX$. Le fecond
membre eft la différentielle de $- zX$, multipliée par y.
En fuivant donc le procédé qu'indique notre méthode,
je multiplie le premier membre $Xdx - Xzdy - Xydz$
$- yzdX$ par une fonction de fon intégrale, & je fuppofe que le produit de cette fonction, par la quantité y
qui multiplie la différentielle dans le fecond membre,
eft égal à une fonction de zX. De cette hypothefe je
tire le Théorême fuivant.

CLXV.

THÉORÈME. L'équation propofée eft intégrable fi
$y \varphi (\int Xdx - Xyz) = \Gamma zX$.

Car en pratiquant les opérations indiquées ci-deffus, la
propofée devient $\left\{ Xdx - d(Xyz) \right\} \times \varphi (\int Xdx -$
$Xyz) = - d(Xz) \times y \varphi (\int Xdx - Xyz)$ qui fe change
par la fuppofition précédente en $\left\{ Xdx - d(Xyz) \right\} \times$
$\varphi (\int Xdx - Xyz) = - d(Xz) . \Gamma (Xz)$; équation
qu'on voit bien être intégrable.

CLXVI.

On peut encore exprimer ce Théorême de la façon suivante : l'équation $X\,dx - d(Xyz) = -y\,d(Xz)$ est intégrable, si $\int X\,dx - Xyz$ est égale à une fonction de $y\,\Delta(Xz)$.

Car de ce que $\int X\,dx - Xyz = \varphi\, y\,\Delta(Xz)$, il s'ensuit que $y\,\Delta(Xz) = \Gamma(\int X\,dx - Xyz)$: donc $\dfrac{1}{\Gamma(\int X\,dx - Xyz)} = \dfrac{1}{y\,\Delta(Xz)}$: donc en multipliant les deux membres de notre équation par ces deux quantités égales, on aura $\dfrac{X\,dx - d(Xyz)}{\Gamma(\int X\,dx - Xyz)} = \dfrac{-d(Xz)}{\Delta(Xz)}$, équation intégrable.

CLXVII.

Premier
exemple.

COROLLAIRE. Donc l'équation $\int X\,dx = py\,Xz + qy\,X''z'' + a$ est intégrable, p, q & a sont des constantes. En effet il est évident que cette équation peut se mettre sous la forme suivante $\int X\,dx - yzX = pyzX - yzX + qy\,X''z'' + a$, ou $\int X\,dx - yzX = y\cdot(pXz - Xz + qX''z'') + a = y\,\Delta(Xz) + a$.

Maintenant on voit que pour intégrer cette équation, il ne s'agit que de construire une courbe dont les coordonnées soient x & y. Soit . . . . . $Xz = r$

$$\int X\,dx - yr = k$$
$$k = u + a,$$

on aura . . . . $k - a = y\,\Delta r$,

& par conséquent . . . . $y\,\Delta r = u$.

La supposition de $k = u + a$ nous donne $dk = du$. Mais suivant le Théorême précédent on a dans ce cas-ci $X dx - d(Xyz) + yd(Xz) = 0$: donc on aura $dk + ydr = 0$, & $du + ydr = 0$: donc enfin en mettant pour y sa valeur $\frac{u}{\Delta r}$, il nous vient $\frac{du}{u} + \frac{dr}{\Delta r} = 0$, équation facile à construire & qui nous donne la valeur de y en u ou en r. y étant ainsi trouvée, cherchons x. Les suppositions précédentes nous donnent $\int X dx - yr = u + a$. Soit $u + yr + a = t$, on aura $\int X dx = t$. Je construis une courbe BM, dans laquelle $PM = X$

$$AP = x,$$

l'aire de cette courbe ou $ABMP$ sera $= \int X dx = t$. Je prends AB pour l'unité, & je suppose $PQ = \frac{P\,M\,B\,A}{A\,B} = \int \frac{X dx}{1} = t$, QR sera l'x cherchée.

Figure 7.

CLXVIII.

Soit proposée l'équation $x + Z + a = \frac{yyzdz}{2 dZ} + \frac{z dZ}{2 dz}$, a est une constante, & Z une fonction de z, c'est-à-dire de $\frac{dx}{dy}$.

Second exemple.

Je commence par donner à cette équation la forme suivante $x - yz + Z + a = \frac{z dz}{2 dZ} \times \left(y - \frac{dZ}{dz} \right)^2$ qu'on voit clairement être la même équation que la proposée. Donc en prenant la racine quarrée des deux membres, on aura $\sqrt{(x - yz + Z + a)} = \left\{ y - \frac{dZ}{dz} \right\} \sqrt{\frac{z dz}{2 dZ}}$. Mais par l'hypothese $z = \frac{dx}{dy}$, donc $dx - zdy = 0$, & par conséquent $dx - zdy - ydz + dZ + ydz -$

$dZ = 0$; donc $\dfrac{dx - zdy - ydz + dZ}{V(x - yz + Z + a)} = \dfrac{-ydz + dZ}{\left\{y - \frac{dZ}{dz}\right\} V \frac{zdz}{zdz}}$

$= \dfrac{-dz \cdot \left\{y - \frac{dZ}{dz}\right\}}{\left\{y - \frac{dZ}{dz}\right\} V \frac{zdz}{zdZ}}$; donc enfin $\dfrac{dx - zdy - ydz + dZ}{V(x - yz + Z + a)}$

$= \dfrac{-dz}{V\left\{\frac{zdz}{zdZ}\right\}}$. J'ai donc en intégrant $V(x - yz +$

$Z + a) = \frac{1}{2} \int \dfrac{-dz}{V \frac{zdz}{zdZ}}$. Si on combine cette équation

avec la propofée, on en tirera la valeur de x ou de y
en z, ce qui donne le Théorême fuivant.

CLXIX.

THÉOREME. Toutes les équations dans lefquelles $x - yz$
$+ Z + a = \varphi \left\{ (y - \frac{dZ}{dz}) \Gamma z \right\}$, font intégrables.

DÉMONSTRATION. Puifque $x - yz + Z + a =$
$\varphi \left\{ (y - \frac{dZ}{dz}) \cdot \Gamma z \right\}$, on aura $\varphi'(x - yz + Z + a) =$
$\left\{ y - \frac{dZ}{dz} \right\} \times \Gamma z$; & divifant par $\varphi'(x - yz + Z + a)$
l'équation $dx - zdy - ydz + dZ = -(ydz - dZ)$,
on aura $\dfrac{dx - zdy - ydz + dZ}{\varphi'(x - yz + Z + a)} = \dfrac{-(ydz - dZ)}{\varphi'(x - yz + Z + a)} =$

$\dfrac{-dz \cdot \left\{ y - \frac{dZ}{dz} \right\}}{\left\{ y - \frac{dZ}{dz} \right\} \cdot \Gamma z} = dz \Delta z$; équation dont on voit

aifément que chaque membre eft intégrable.

CLXX.

REMARQUE. On peut au lieu de $dx - zdy = 0$,
mettre $dy - \frac{dx}{z} = 0$: alors il faudra fubftituer y à x,

x à y, $\frac{1}{z}$ à z dans les équations de condition, ce qui en donnera de nouvelles.

CHAPITRE XV.

Méthode pour intégrer quelques équations différentielles par le moyen des coefficients indéterminés.

CLXXI.

CEtte Méthode est utile lorsqu'on a une, deux, trois, quatre, &c. équations à intégrer ensemble, ou lorsqu'on peut regarder une équation différentielle donnée, comme étant formée de plusieurs autres équations. En général on integre par son moyen un nombre quelconque p d'équations différentielles, qui contiennent un nombre $p+1$ de variables t, x, y, z, u, &c. dont la premiere ait sa différence dt constante, & dont les autres x, y, z, u, &c. & leurs différences ne sont ni mêlées entre elles ni avec x, & y, &c. ni élevées à aucune puissance autre que l'unité, mais sont seulement multipliées par des puissances convenables de dt. L'intégration n'auroit même aucune difficulté de plus, si dans chacune de ces équations il y avoit un terme quelconque composé comme on voudroit de t, de dt & de constantes.

Voici le procédé que nous fait suivre cette méthode.

*

CLXXII.

En quoi elle consiste.

On multiplie par un coefficient indéterminé la seconde des deux équations proposées, lorsqu'il n'y en a que deux; si on en a trois, on multiplie aussi la troisieme par une indéterminée différente de celle qui multiplie la seconde, & ainsi de suite. Après cette premiere opération, on ajoute ces équations les unes aux autres, on détermine les valeurs des coefficients indéterminés, & par leur moyen aussi celles de t, x, y, &c.

Avant d'appliquer cette méthode à des exemples, nous établirons une proposition qui nous est nécessaire pour la suite.

CLXXIII.

Lemme préparatoire.

LEMME. Si l'on a une fonction $\varphi(z+\zeta)$, telle que la variable z croisse ou décroisse d'une quantité très-petite ζ, je dis qu'on aura $\varphi(z+\zeta) = \varphi z + \zeta\Delta z + \frac{\zeta^2 \Gamma z}{2} + \frac{\zeta^3 \downarrow z}{2.3.} + $ &c. On suppose ici que $d(\varphi z) = dz\,\Delta z$, que $d(\Delta z) = dz\,\Gamma z$, que $d(\Gamma z) = dz\,\downarrow z$; & ainsi de suite.

DÉMONST. Soit $\varphi(z+\zeta) = \varphi z + u$: je différentie cette équation en traitant z comme constante, ζ & u comme variables; j'aurai $d\zeta\,\Delta(z+\zeta) = du$: donc $u = \int d\zeta\,\Delta(z+\zeta)$: donc $\varphi(z+\zeta) = \varphi z + \int d\zeta\,\Delta(z+\zeta)$. Soit maintenant $\Delta(z+\zeta) = \Delta z + y$, j'aurai en regardant z comme constante & ζ & y comme variables $y = \int d\zeta\,\Gamma(z+\zeta)$: donc $\varphi(z+\zeta) = \varphi z + \int d\zeta\,\Delta z + \int d\zeta\int d\zeta\,\Gamma(z+\zeta)$. Soit encore $\Gamma(z+\zeta) = \Gamma z + r$,

j'aurai

j'aurai en fuppofant toujours z conftante, ξ & t variables, $t = \int d\xi \downarrow (z + \xi)$; donc en fubftituant pour t cette valeur, on a $\Gamma(z + \xi) = \Gamma z + \int d\xi \downarrow (z + \xi)$, & par conféquent $\varphi(z + \xi) = \varphi z + \int d\xi \Delta z + \int d\xi \int d\xi \Gamma z + \int d\xi \int d\xi \int d\xi \downarrow z +$ &c. on trouveroit une fuite de termes à l'infini. Donc (Art. CCXVIII. 1ere Partie) $\varphi(z + \xi) = \varphi z + \xi \Delta z + \dfrac{\xi^2 \, 1 \, z}{2} + \dfrac{\xi^3 \downarrow z}{2 \cdot 3} +$ &c.

CLXXIV.

COROLLAIRE. On trouvera par la même méthode que $c^{fx + \alpha x} = c^{fx} + \alpha x c^{fx} + \dfrac{\alpha^2 x^2 c^{fx}}{2} + \dfrac{\alpha^3 x^3 c^{fx}}{2 \cdot 3} +$ &c. Car foit $c^{fx + \alpha x} = c^{fx} + t$, & foit x conftante, α & t variables, on aura $c^{fx + \alpha x} x \, d\alpha = dt$, donc $t = \int c^{fx + \alpha x} x \, d\alpha$ & $c^{fx + \alpha x} = c^{fx} + \int c^{fx + \alpha x} x \, d\alpha$. Donc on aura une fuite telle que $c^{fx + \alpha x} = c^{fx} + \int dx \, \alpha \, c^{fx} + \int x \, d\alpha \, c^{fx} \int x \, d\alpha \, c^{fx} + \int x \, d\alpha \, c^{fx} \int x \, d\alpha \, c^{fx} \int x \, d\alpha \, c^{fx} +$ &c. Donc en intégrant on a $c^{fx + \alpha x} = c^{fx} + \alpha x c^{fx} + \dfrac{\alpha^2 x x c^{fx}}{2} + \dfrac{\alpha^3 x^3 c^{fx}}{2 \cdot 3} +$ &c.

Paffons maintenant à l'application de notre méthode à des exemples.

CLXXV.

PROBLEME 1. Trouver l'intégrale des deux équations
$$dx + (Cx + Dy) \, dt = 0$$
$$dy + (Kx + Ly) \, dt = 0.$$
SOLUTION. Suivant ce que nous avons dit, je multiplie la feconde de ces deux équations par un coefficient

II. Partie.   R

Application de la méthode aux cas où l'on a deux équations.

indéterminé v, elle devient

$$v\,dy + (Kx + Ly)\,v\,dt = 0;$$

j'ajoute cette équation à la premiere, ce qui me donne l'équation fuivante

$$(A)\ dx + v\,dy + \left\{ (C + Kv)x + (D + Lv)y \right\} dt = 0;$$

à préfent je fais en forte que $(C + Kv)x + (D + Lv)y$ foit un multiple de $x + vy$. J'aurai donc

$$Cx + Kvx + Dy + Lvy = Rx + Rvy,$$

(R eft un coefficient conftant quelconque.) Donc en comparant terme à terme les deux membres de cette équation, j'ai $C + Kv = R$, & $D + Lv = Rv$, ou $\frac{D + Lv}{v} = R$. Donc $C + Kv = \frac{D + Lv}{v}$: donc $Cv + Kvv = D + Lv$, ou bien $Kvv + Cv - Lv = D$, ou $vv + \frac{Cv}{K} - \frac{Lv}{K} = \frac{D}{K}$: donc $vv + \frac{Cv - Lv}{K} + \frac{CC}{4KK} - \frac{CL}{2KK} + \frac{LL}{4KK} = \frac{D}{K} + \frac{CC}{4KK} - \frac{CL}{2KK} + \frac{LL}{4KK}$: donc en prenant la racine quarrée $v = \frac{-C + L}{2K} \pm \frac{\sqrt{(4DK + CC - 2CL + LL)}}{2K}$: donc enfin $(B)\ v = \frac{-C + L}{2K} \pm \frac{\sqrt{(L - C)^2 + 4DK}}{2K}$.

Je fuppofe à préfent . . . . $x + vy = u$

j'ai . . . . $dx + v\,dy = du$.

D'ailleurs l'équation $C + Kv = \frac{D + Lv}{v}$ donne $D + Lv = (C + Kv)\cdot v$. Donc $(C + Kv)x + (D + Lv)y = (C + Kv)x + (C + Kv)vy = (C + Kv)\cdot(x + vy) = (C + Kv)u$. Donc l'équation (A)

$$dx + v\,dy + \left\{ (C + Kv)x + (D + Lv)y \right\} dt = 0$$

devient, en faifant les fubftitutions précédentes,

$$du + (C + Kv)\,u\,dt = 0$$

ou . . . . $\dfrac{du}{u} = (C + Kv) \times - dt$

équation dont l'intégrale est, comme on le sait,

$$lu = (C + Kv) \times - t,$$

ou en prenant e pour le nombre dont le logarithme est l'unité, & g pour la constante, $lu = lg e^{-(C+Kv)t}$

ou bien . . . . $u = g e^{-(C+Kv)t}$

Soient maintenant p, p' les deux valeurs de v trouvées par l'équation (B), au lieu de l'équation $x + vy = u$, on aura ces deux-ci . . . . . . $(C)\ x + py = u$

$$(D)\ x + p'y = u';$$

& de même au lieu de l'équation $u = g e^{-(C+Kv)t}$

on aura les deux suivantes . . . . $u = g e^{-(C+Kp)t}$

$$u_{,} = g'e^{-(C+Kp')t}.$$

Des deux équations (C) & (D), je tire aisément les valeurs de x & de y. Car retranchant l'équation $x + p'y = u'$ de l'équation $x + py = u$, j'ai $py - p'y = u - u'$: Donc . . . . $y = \dfrac{u - u'}{p - p'}$.

Pour avoir maintenant la valeur de x, je multiplie par p' l'équation . . . . $x + py = u$,

& par p l'équation . . . . . $x + p'y = u'$,

ce qui me donne . . . $p'x + p'py = p'u$

& . . . . $px + pp'y = pu'$;

je retranche la seconde de la première, j'ai

$$p'x + p'py - px - pp'y = p'u - pu',$$

donc . . . . $p'x - px = p'u - pu'$.

Donc . . . . $x = \dfrac{p'u - pu'}{p' - p}$.

On mettra dans ces valeurs de x & de y pour u & pour u' leurs valeurs $g e^{-(C+Kp)t}$ & $g' e^{-(C+Kp')t}$; on déterminera les conftantes g & g' en fuppofant $t = 0$ ou une grandeur connue, & on aura l'intégrale cherchée.

CLXXVI.

REMARQUE 1. Si les valeurs de v font imaginaires, l'intégration fe fera toujours de même. Car nous avons démontré dans l'Introduction que les exponentielles imaginaires fe réduifent toujours à $A + B' \sqrt{-1}$, $A - B'$ $\sqrt{-1}$, A & B étant des quantités réelles. Si les valeurs de x & de y devoient être réelles, les imaginaires en difparoîtroient.

CLXXVII.

REMARQUE 2. Si v n'avoit pas deux valeurs, le Problême n'auroit pas plus de difficulté, au contraire il fe réfoudroit beaucoup plus aifément. Car v ne peut avoir moins de deux valeurs qu'en fuppofant $K = 0$, ou $D = 0$; l'inconnue v n'étant plus qu'à la premiere puiffance dans le premier cas, & dans le fecond l'équation entiere pouvant fe divifer exactement par v eft du premier degré. Or dans ces deux cas une des deux équations eft intégrable, & l'autre fe réduit à la formule de M. Bernoulli, traitée dans le Chapitre VII.

Suppofons $D = 0$, la premiere équation devient

$$dx + Cx\,dt = 0.$$

Donc . . . . $\dfrac{dx}{x} = -C\,dt$.

donc . . . . $lx = -Ct$,

ou en prenant e pour le nombre dont le logarithme eſt l'unité, & m pour la conſtante, on a $x = me^{-Ct}$.

La ſeconde équation eſt $dy + Ly\,dt + Kx\,dt = 0$: mettant dans cette équation pour x ſa valeur en t tirée de l'équation précédente, on voit clairement qu'elle eſt de la forme ſuivante $dy + Ay\,dt + T\,dt = 0$, équation dans laquelle A eſt une conſtante & T une fonction de t & de conſtantes. Donc elle s'intégre par la méthode de M. Bernoulli.

Ce ſera la même choſe, ſi on ſuppoſe $K = 0$, comme il eſt facile de s'en aſſurer.

CLXXVIII.

Remarque. Si les deux valeurs de v ſont égales, on prendra arbitrairement une de ces deux valeurs, & après avoir réſolu l'équation $du = -dt\,(C + Kv)\,u$, on tirera de l'équation $x + vy = u$, une valeur de x ou de y en u. Par exemple, je prends ici p pour la valeur de v. J'ai conſéquemment $u = ge^{-(C + Kp)t}$. Mettant cette valeur de u dans l'équation $x + vy = u$, elle devient $x = ge^{-(C + Kp)t} - py$. Je mets enſuite cette valeur de x dans l'équation $dy + (Kx + Ly)\,dt = 0$, j'ai $dy + Kge^{-(C + Kp)t}\,dt - Kpy\,dt + Ly\,dt = 0$, ou $dy + (L - Kp)\,y\,dt + Kge^{-(C + Kp)t}\,dt = 0$ équation qui s'integre aiſément, comme on le voit, par le moyen de la formule $dz + bz\,dt + T\,dt = 0$. Cette équation intégrée nous donnera la valeur de y en t. On aura donc les valeurs de x & de y en t.

CLXXIX.

REMARQUE 4. Nous venons de voir dans la Remarque précédente que le Problême fe réfout très-facilement, lorfque v n'a pas deux valeurs inégales : dans ce même cas on pourroit encore trouver les valeurs de x & de y par des méthodes différentes de celles que nous venons d'employer pour cela.

Soit 1°. $D = 0$ dans l'équation $v = \dfrac{-C+L}{2K} \pm \dfrac{\sqrt{(L-C)^2 + 4DK}}{2K}$ devient 1°. $v = \dfrac{-C+L+L-C}{2K}$, ou $\dfrac{L-C}{K}$; 2°. $v = \dfrac{0}{2K}$. Donc en fuppofant dans les formules précédentes $p' = 0$, on aura les valeurs de x & de y.

2°. Si $K = 0$, au lieu de le fuppofer abfolument nul, je le regarde comme infiniment petit, ce qui revient au même. Je reprends l'équation $v = \dfrac{-C+L}{2K} \pm \dfrac{\sqrt{(L-C)^2 + 4DK}}{2K}$, je la mets fous la forme fuivante $v = \dfrac{L-C}{2K} \pm \sqrt{\dfrac{LL - 2CL + CC}{4K^2} + \dfrac{D}{K}}$. Enfuite pour avoir les deux valeurs de v, je prends la racine quarrée de $\sqrt{\dfrac{LL - 2CL + CC}{4K^2} + \dfrac{D}{K}}$, & je trouve que cette racine eft $\dfrac{C-L}{2K} + \dfrac{D}{C-L} +$ un terme que je puis négliger parce qu'il eft infiniment petit par rapport aux autres. On a donc $v = \dfrac{-C+L}{2K} \pm \left\{ \dfrac{C-L}{2K} + \dfrac{D}{C-L} \right\}$. Prenant l'équation en $+$ j'ai $v = \dfrac{L-C}{2K} + \dfrac{C-L}{2K} + \dfrac{D}{C-L}$, c'eft-à-dire,

$v = \frac{D}{C-L}$. La prenant en moins je trouve $v = \frac{L-C}{2K} - \frac{C-L}{2K} - \frac{D}{C-L}$. Or les deux premiers termes de cette valeur étant infinis, je puis négliger le troisieme. J'aurai donc pour seconde valeur de v, $v = \frac{L-C}{K}$.

On aura donc $u = g e^{-Ct}$; $u' = g' e^{-Lt}$; $y = K \left\{ \frac{u-u'}{C-L} \right\}$; $x = u - \frac{p u'}{p'} = u + \frac{D K u'}{(C-L)^2}$.

3°. Si les valeurs de p & de p' sont égales, je supposerai $p = a + \alpha$, $p' = a - \alpha$ (α est une quantité infiniment petite.) J'ai donc $u = g e^{-(C + K\alpha + Ka)t}$. Or α étant une quantité infiniment petite peut être regardée comme une différentielle. Mais nous avons vu (Art. CLXXIV.) que si on avoit C^{x+dx}, on pouvoit lui donner la forme suivante $C^x + C^x dx$. Donc on aura par la même raison $u = g e^{-(C+Ka)t} - K g \alpha t e^{-(C+Ka)t}$. On trouvera de même $u' = g' e^{-(C+Ka)t} + K g \alpha t e^{-(C+Ka)t}$. On aura aussi $y = \frac{u-u'}{2\alpha}$; $x = \frac{au - \alpha u - au' - \alpha u'}{2\alpha}$. Donc en mettant pour u & u' leurs valeurs, & supposant $g = g'$, on a $y = -K g t e^{-(C+Ka)t}$, & $x = -K g t e^{-(C+Ka)t}$.

CLXXX.

COROLLAIRE. Le Problême s'étendra très-facilement à deux équations qui contiendront deux indéterminées x & y multipliées par des constantes & par une fonction quelconque de t, avec leurs différences aussi multipliées par des constantes & par une fonction de t, & de plus un terme $t dt$, $'dt$ qui ne renferme que des conftantes avec t. Car ces cas fe rameneront d'eux-mêmes à la formule $dz + bz\,dt + T\,dt = 0$.

CLXXXI.

PROBLEME 2. Intégrer les équations
$$dx + (ax + by + cz)\,dt = 0$$
$$dy + (ex + fy + gz)\,dt = 0$$
$$dz + (hx + my + nz)\,dt = 0.$$

SOLUTION. Suivant ce que nous avons dit (Art. CLXXII.) je multiplie la feconde de ces équations par un coefficient indéterminé v, & la troifieme par un autre coefficient indéterminé μ. Les trois équations précédentes deviennent alors,
$$dx + (ax + by + cz)\,dt = 0$$
$$v\,dy + (evx + fvy + gvz)\,dt = 0$$
$$\mu\,dz + (h\mu x + m\mu y + n\mu z)\,dt = 0.$$

Je les ajoute enfemble, ce qui me donne (A) $dx + v\,dy + \mu\,dz + \{(a + ev + h\mu)x + (b + fv + m\mu)y + (c + gv + n\mu)z\}\,dt = 0$. Je fais enforte à préfent que la quantité qui multiplie dt dans cette équation foit un facteur de $x + vy + \mu z$. J'aurai donc en fuppofant R un coefficient conftant, j'aurai $ax + evx + h\mu x + by + fvy + m\mu y + cz + gvz + n\mu z = Rx + Rvy + R\mu z$. Donc en comparant terme à terme les deux membres de cette équation, j'ai $a + ev + h\mu = R$, $b + fv + m\mu = Rv$, $c + gv + n\mu = R\mu$. Donc $a + ev + h\mu = \dfrac{b + fv + m\mu}{v} = \dfrac{c + gv + \mu n}{\mu}$. Donc $(a + ev + h\mu)v =$

$h\mu)v = b + fv + m\mu$ & $(a + ev + h\mu)\mu = c + gv + n\mu$. Donc l'équation (A) devient (F) $dx + vdy + \mu dz + dt \times (x + vy + \mu z) \times (a + ev + h\mu) = 0$. Soit à préfent $x + vy + \mu z = u$, donc $dx + vdy + \mu dz = du$, donc l'équation (F) fe change en la fuivante $du + (a + ev + h\mu)udt = 0$, ou $\frac{du}{u} = -(a + ev + h\mu)dt$, ou $lu = -(a + ev + h\mu)t$. Donc en prenant E pour le nombre dont le logarithme eft l'unité & g pour la conftante, on a $lu = lg E^{-(a + ev + h\mu)t}$; ou enfin $u = g E^{-(a + ev + h\mu)t}$.

A préfent l'équation $av + evv + h\mu v = b + fv + m\mu$ donne la valeur de μ en v; mettant cette valeur de μ dans l'équation $(a + ev + h\mu)\mu = c + gv + n\mu$, on aura, après avoir effacé ce qui fe détruit & fait les réductions ordinaires, une équation du troifieme degré qui donnera trois valeurs de v.

Soient p, p', p'' les trois valeurs de v, & m, m', m'' les trois valeurs correfpondantes de μ. J'aurai au lieu de l'équation $u = g E^{-(a + ev + h\mu)t}$, ces trois autres équations,

$$u = g E^{-(a + ep + hm)t}$$
$$u' = g' E^{-(a + ep' + hm')t}$$
$$u'' = g'' E^{-(a + ep'' + hm'')t};$$

& au lieu de l'équation $x + vy + \mu z = u$, les trois fuivantes,

$$x + py + mz = g E^{-(a + ep + hm)t}$$
$$x + p'y + m'z = g' E^{-(a + ep' + hm')t}$$
$$x + p''y + m''z = g'' E^{-(a + ep'' + hm'')t}.$$

De ces trois équations on tirera les valeurs de x, y, z

& on déterminera les conftantes g, g', g'' par les valeurs que doivent avoir x, y, z, lorfque $t = 0$ ou une conftante donnée.

CLXXXII.

REMARQUE. On peut toujours fuppofer que les trois valeurs de v font inégales. Pour cela il fuffit d'augmenter un des coefficients a, b, c, &c. d'une quantité α infiniment petite ; alors on aura des valeurs de v toutes différentes entre elles, & dans lefquelles entrera la quantité α. Ces valeurs étant fubftituées à la place de p, p', p'', on trouvera celles de x, y, z, dans lefquelles n'entre plus α. Pour avoir ces valeurs de v, on fe fervira du parallelograme de M. Newton. Au refte, il eft indifférent que quelques-unes de ces valeurs foient imaginaires, pourvu qu'elles foient inégales entre elles.

CLXXXIII.

Ce qu'il faut faire fi on avoit quatre équations.

COROLLAIRE. Si on a quatre équations, on multipliera auffi la quatrieme par une nouvelle indéterminée π. Après avoir trouvé l'équation en v, & celle qui donne la valeur de μ en v, on mettra dans cette derniere π au lieu de μ, & au lieu de h, m, n, les coefficients qui leur répondent dans la quatrieme équation, & réciproquement h, m, n au lieu de ces coefficients. Après quoi on réfoudroit le Problême par la Méthode femblable à celle de l'Article CLXXXI.

Si on avoit cinq, six, &c. équations, on voit à préfent comment il faudroit s'y prendre pour les réfoudre.

CHAPITRE XVI.

Méthode pour déterminer une intégrale par certaines conditions données de la différentielle.

CLXXXIV.

Premier exemple.

PROBLEME I. ETant données deux quantités différentielles telles que . . . . . . $a\,dt + v\,ds$
$$v\,dt + a\,ds$$
qui font l'une & l'autre des différentielles exactes de quelque fonction de $t + s$; trouver a & v, & par conféquent l'intégration des deux différentielles propofées.

SOLUTION. 1°. J'ajoute enfemble les deux différentielles propofées, ce qui me donnera $(a + v)\,dt + (a + v)\,ds$, qui eft encore une différentielle exacte de quelque fonction de $t + s$; on a donc $(a + v) . (dt + ds)$. D'où il fuit que $a + v$ eft égale à une fonction de $t + s$.

2°. Je retranche l'une de l'autre nos deux différentielles, j'ai $(a - v)\,dt - (a - v)\,ds$, ou $(a - v) . (dt - ds)$: d'où je conclus que $a - v$ eft égale à une fonction de $t - s$.

J'aurai donc $a + v + a - v = \varphi(t + s) + \Delta(t - s)$.
Donc $a = \dfrac{\varphi(t + s) + \Delta(t - s)}{2}$.

J'aurai encore $a + v - a + v = \varphi(t + s) - \Delta(t - s)$;

S ij

donc $v = \dfrac{\varphi(t+s) - \Delta(t-s)}{2}$.

CLXXXV.

Second exemple.

PROBLEME 2. Etant données les deux différentielles exactes . . . . $v\,dt + \varepsilon\,ds$

$$v\,ds + \varepsilon n\,dt,$$

déterminer v & ε, & par conséquent l'intégrale.

SOLUTION. Je mets la seconde de nos deux différentielles sous la forme suivante

$$\varepsilon\sqrt{n} \times dt\sqrt{n} + v\,ds.$$

Je multiplie la premiere par $\sqrt{n}$, ce qui ne l'empêche pas d'être une différentielle exacte, elle devient

$$v\,dt\sqrt{n} + \varepsilon\,ds\sqrt{n}.$$

Maintenant 1°. j'ajoute ensemble ces deux différentielles, j'ai . . . $(dt\sqrt{n} + ds).(\varepsilon\sqrt{n} + v)$

2°. Je les retranche l'une de l'autre, j'aurai

$$(dt\sqrt{n} - ds).(\varepsilon\sqrt{n} - v).$$

De là je conclus que $\varepsilon\sqrt{n} + v$ est une fonction de $t\sqrt{n} + s$, & $\varepsilon\sqrt{n} - v$ une fonction de $t\sqrt{n} - s$. Donc $\varepsilon\sqrt{n} + v + \varepsilon\sqrt{n} - v = \varphi(t\sqrt{n} + s) + \Delta(t\sqrt{n} - s)$. Donc $\varepsilon = \dfrac{\varphi(t\sqrt{n} + s) + \Delta(t\sqrt{n} - s)}{2\sqrt{n}}$; donc

$$\varepsilon n = \frac{[\varphi(t\sqrt{n} + s) + \Delta(t\sqrt{n} - s)]\sqrt{n}}{2}.$$

De même on aura $\varepsilon\sqrt{n} + v - \varepsilon\sqrt{n} + v = \varphi(t\sqrt{n} + s) - \Delta(t\sqrt{n} - s)$. Donc $v = \dfrac{\varphi(t\sqrt{n} + s) - \Delta(t\sqrt{n} - s)}{2}$.

CLXXXVI.

Problème 3. Soient données deux quantités
$$\alpha\, ds + \epsilon\, dt$$
$\varphi\, \alpha\, dt + v\, \epsilon\, ds + dt\, \Delta(t,s) + ds\, \Gamma(t,s)$ dans lesquelles φ & v désignent des constantes données, $\Delta(t,s)$, $\Gamma(t,s)$ des fonctions quelconques données de t & de s. De plus ces deux quantités sont l'une & l'autre des différentielles exactes de quelque fonction de t & de s; déterminer α & ϵ.

Troisieme exemple plus compliqué que les deux précédens.

Solution. Je divise par la constante φ tous les termes de la seconde différentielle, le Problème se réduira à opérer sur les deux quantités
$$\alpha\, ds + \epsilon\, dt$$
& . . . . . $\alpha\, ds + \dfrac{v\,\epsilon\,ds}{\varphi} + \dfrac{dt\,\Delta(t,s)}{\varphi} + \dfrac{ds\,\Gamma(t,s)}{\varphi},$
de maniere qu'elles soient l'une & l'autre une différentielle complete.

Soit $\dfrac{v}{\varphi} = n$, je divise la seconde différentielle par $\sqrt{n}$, & j'écris . . $\epsilon\sqrt{n}\cdot\dfrac{dt}{\sqrt{n}} + \alpha\, ds$
$$\dfrac{\alpha\, dt}{\sqrt{n}} + \epsilon\sqrt{n}\cdot ds + \dfrac{dt\,\Delta(t,s)}{\varphi\sqrt{n}} + \dfrac{ds\,\Gamma(t,s)}{\varphi\sqrt{n}}.$$
Or chacune de ces deux différentielles devant être complete, il faut que leur somme & leurs différences soient aussi chacune une differentielle complete.

On aura donc 1°. en les ajoutant ensemble $(\epsilon\sqrt{n} + \alpha)$,
$$\left\{\dfrac{dt}{\sqrt{n}} + ds\right\} + \dfrac{dt\,\Delta(t,s)}{\varphi\sqrt{n}} + \dfrac{ds\,\Gamma(t,s)}{\varphi\sqrt{n}}.$$
Soit . . . . $\epsilon\sqrt{n} + \alpha = m$
$$\dfrac{t}{\sqrt{n}} + s = u,$$
en substituant ces valeurs & nommant $\psi(u,s)$ & $\Pi(u,s)$

les fonctions de u & de s qui viennent de la substitution de $(u - s)\sqrt{n}$ au lieu de t dans $\Delta(t, s)$ & $\Gamma(t, s)$, on aura la transformée suivante

$$m\,du + du\,\psi(u, s) + ds\,\Pi(u, s)$$

qui doit être une différentielle complete. On aura donc par le Théorême fondamental $\frac{dm}{ds} + \frac{d\psi(u,s)}{ds} = \frac{d\Pi(u,s)}{du}$, s variant seul dans le premier membre & u seul dans le second. Donc $dm = - d\psi(u,s) + \frac{ds\,d\Pi(u,s)}{du}$. Donc en prenant s pour variable & u pour constant, on a $m = - \psi(u,s) + \varphi u + \int ds\, \frac{d\Pi(u,s)}{du}$.

2°. Retranchons maintenant la seconde de nos deux différentielles de la premiere, nous aurons $(\epsilon \sqrt{n} - \alpha)$. $\left\{ \frac{dt}{\sqrt{n}} - ds \right\} - \frac{dt\,\Delta t, s}{s\sqrt{n}} - \frac{ds\,\Gamma t, s}{s\sqrt{n}}$ qui doit encore être une différentielle complete.

Soit . . . . $\epsilon\sqrt{n} - \alpha = \mu$
$$\frac{t}{\sqrt{n}} - s = y,$$

on aura $\mu\,dy + dy\,\Xi(y, s) + ds\,F(y, s)$, transformée qui est une différentielle exacte. Donc on aura par le Théorême fondamental $\frac{d\mu}{ds} + \frac{d\Xi(y,s)}{ds} = \frac{dF(y,s)}{dy}$; & en supposant s variable & y constant $\mu = - \Xi(y, s) + \Xi y + \int ds\, \frac{dF(y,s)}{dy}$.

Or $\mu = \epsilon\sqrt{n} - \alpha$, donc $\epsilon\sqrt{n} = \alpha + \mu$. De même $m = \alpha + \epsilon\sqrt{n}$; donc $\epsilon\sqrt{n} = m - \alpha$. Donc $\alpha + \mu = m - \alpha$. Donc $\alpha = \frac{m - \mu}{2}$. Maintenant $\alpha = \epsilon\sqrt{n} - \mu$. Donc $\epsilon = \frac{m + \mu}{2\sqrt{n}}$. On aura par conséquent les valeurs de α & ϵ, puisqu'on a celles de m & de μ.

CLXXXVII.

REMARQUE. Il n'y auroit aucune difficulté pour l'intégration, quand même $\sqrt{n}$ seroit imaginaire. Car si α & ϵ doivent être réelles, nous avons appris dans l'Introduction à en faire évanouir les imaginaires.

CLXXXVIII.

PROBLEME 4. Soient encore les deux différentielles plus générales que les précédentes

$$\alpha\, ds + \epsilon\, du$$

&

$$s\alpha\, du + p\epsilon\, du + \gamma\epsilon\, ds + m\alpha\, ds + dt\,\Delta(u,s) + ds\,\Gamma(u,s)$$

qui doivent être l'une & l'autre une différentielle exacte, trouver α & ϵ.

Quatrieme exemple qui renferme les trois autres.

SOLUTION. Soit . . . . . $ku + rs = gy$

& . . . . : $fu + \delta s = ht,$

k, r, g, f, δ, h font des constantes indéterminées ; on aura . . . . $s = \dfrac{g f y - h k t}{f r - \delta k}$

& . . . . $u = \dfrac{h r t - \delta g y}{f r - \delta k}$;

ou en changeant les signes $u = \dfrac{\delta g y - h r t}{\delta k - f r}$.

On aura par conséquent $ds = \dfrac{f g\, dy - h k\, dt}{f r - \delta k}$; $du = \dfrac{\delta g\, dy - h r\, dt}{\delta k - f r}$.

Soit . . . . $\dfrac{f g}{f r - \delta k} = \lambda$

$$\dfrac{- h k}{f r - \delta k} = \varphi$$

$$\dfrac{\delta g}{\delta k - f r} = \mu$$

$$\dfrac{- h r}{\delta k - f r} = \upsilon$$

on aura . . . . $ds = \lambda\, dy + \varphi\, dt$;

& . . . . $du = \mu\, dy + \upsilon\, dt$.

Je ſubſtitue ces valeurs dans les deux différentielles pro-poſées. La première devient

$$\alpha\lambda\, dy + \epsilon\mu\, dy + \alpha\varphi\, dt + \epsilon\upsilon\, dt\,;$$

& la ſeconde multipliée par un coefficient indéterminé n ſera $\left\{(\rho\alpha + \rho\epsilon)\,\mu + (\gamma\epsilon + m\alpha)\,\lambda\right\} n\, dy + n\, dy\, \Delta\,(y, t)$

$+ \left\{(\rho\alpha + \rho\epsilon)\,\upsilon + (\gamma\epsilon + m\alpha)\,\varphi\right\} n\, dt + n\, dt \downarrow y, t.$

1°. J'ajoute enſemble ces deux différentielles, j'aurai $(\alpha\lambda + \epsilon\mu + \rho\alpha\mu n + \rho\epsilon\mu n + \gamma\epsilon\lambda n + m\alpha\lambda n)\, dy + n\, dy\, \Delta\, y, t +$ $(\alpha\varphi + \epsilon\upsilon + \rho\alpha\upsilon n + \rho\epsilon\upsilon n + \gamma\epsilon\varphi n + m\alpha\varphi n)\, dt + n\, dt \downarrow y, t.$ Il eſt donc viſible qu'on pourra trouver les valeurs de α & ϵ, ſi dans cette équation $\alpha\lambda + \epsilon\mu + \rho\alpha\mu n + \rho\epsilon\mu n +$ $\gamma\epsilon\lambda n + m\alpha\lambda n = 0$; & (en prenant une autre valeur de n) $\alpha\varphi + \epsilon\upsilon + \rho\alpha\upsilon n + \gamma\epsilon\varphi n + m\alpha\varphi n + \rho\epsilon\upsilon n = 0.$

Mais pour que l'équation $\alpha\,(\lambda + \rho\mu n + m\lambda n) + \epsilon\,.(\mu +$ $\rho\mu n + \gamma\lambda n) = 0$ ait lieu, quelles que ſoient les valeurs de α & de ϵ, il faut que $\lambda + \rho\mu n + m\lambda n = 0$, & qu'auſſi $\mu + \mu\rho n + \gamma\lambda n = 0$. Ces deux équations nous donnent $(1 + mn)\lambda = -\rho\mu n$; d'où l'on tire $\dfrac{\lambda}{\mu} = \dfrac{-\rho n}{1 + mn}$; & $(1 + \rho n)\mu = -\gamma\lambda n$; d'où l'on tire $\dfrac{\lambda}{\mu} = \dfrac{1 + \rho n}{-\gamma n}$. Donc $\dfrac{-\rho n}{1 + mn} = \dfrac{1 + \rho n}{-\gamma n}$. Nous tirerons de cette équation une valeur de n telle que $\alpha\lambda + \epsilon\mu + \rho\alpha\mu n + \rho\epsilon\mu n + \gamma\epsilon\lambda n + m\alpha\lambda n = 0.$

De même pour que $\alpha\,(\varphi + \rho\upsilon n + m\varphi n) + \epsilon\,(\upsilon + \rho\upsilon n + \gamma\varphi n) = 0$, quelles que ſoient les valeurs de α & de ϵ, il faut que $\varphi + \rho\upsilon n + m\varphi n = 0$, & $\upsilon + \rho\upsilon n + \gamma\varphi n = 0$. De

ces

ces équations on tire $(1 + mn)\varphi = - \rho v n$; ou $\dfrac{\varphi}{v} = \dfrac{-\rho n}{1 + mn}$; & encore $(1 + pn) v = - \gamma \varphi n$, ou $\dfrac{\varphi}{v} = \dfrac{1 + pn}{-\gamma n}$. Donc $\dfrac{-\rho n}{1 + mn} = \dfrac{1 + pn}{-\gamma n}$; & par conséquent pour trouver n on aura la même équation qu'auparavant.

Je la réfous cette équation $\dfrac{-\rho n}{1 + mn} = \dfrac{1 + pn}{-\gamma n}$; j'aurai

$$n^2 - \frac{(m+p)n}{\gamma\rho - mp} = \frac{1}{\gamma\rho - mp}.$$ Donc $n = \dfrac{(m+p)}{2.(\gamma\rho - mp)} \pm \sqrt{\dfrac{1}{\gamma\rho - mp} + \dfrac{(m+p^2)}{4.(\gamma\rho - mp)^2}}$. Donc enfin $n = \dfrac{m+p}{2(\gamma\rho - mp)} \pm \dfrac{\sqrt{[4\gamma\rho + (m-p)^2]}}{2(\gamma\rho - mp)}$; & ce font-là les deux valeurs de n.

Je multiplie la feconde différentielle transformée, 1°. par une des deux valeurs de n, enfuite par l'autre; j'aurai les deux équations fuivantes : la premiere $(\rho a \mu + \rho \varsigma \mu + \gamma \varsigma \lambda + ma \lambda) \times \left\{ \dfrac{m+p+\sqrt{4\gamma\rho + (m-p)^2}}{2.(\gamma\rho - mp)} \right\} dy +$

$\left\{ \dfrac{m+p+\sqrt{4\gamma\rho + (m-p)^2}}{2.(\gamma\rho - mp)} \right\} dy \Delta y, t + (\rho a v + \rho \varsigma v + \gamma \varsigma \varphi + ma \varphi) \times \left\{ \dfrac{m+p+\sqrt{4\gamma\rho + (m-p)^2}}{2.(\gamma\rho - mp)} \right\} dt +$

$\left\{ \dfrac{m+p+\sqrt{4\gamma\rho + (m-p)^2}}{2.(\gamma\rho - mp)} \right\} dt + y, t.$

La feconde fera $(\rho a \mu + \rho \varsigma \mu + \gamma \varsigma \lambda + ma \lambda) \times \left\{ \dfrac{m+p-\sqrt{4\gamma\rho + (m-p)^2}}{2.(\gamma\rho - mp)} \right\} dy + \left\{ \dfrac{m+p-\sqrt{4\gamma\rho + (m-p)^2}}{2.(\gamma\rho - mp)} \right\} dy \Delta y, t + (\rho a v + \rho \varsigma v + \gamma \varsigma \varphi + ma \varphi) . \left\{ \dfrac{m+p-\sqrt{4\gamma\rho + (m-p)^2}}{2.(\gamma\rho - mp)} \right\} dt + \left\{ \dfrac{m+p-\sqrt{4\gamma\rho + (m-p)^2}}{2.(\gamma\rho - mp)} \right\} dt + y, t.$

A ces deux différentielles j'ajoute la premiere différentielle transformée $(a\lambda + \varsigma\mu) dy + (a\varphi + \varsigma v) dt$, à laquelle je donne la forme fuivante $(\dfrac{a\lambda}{\mu} + \varsigma) \mu dy + (\dfrac{a\varphi}{v} + \varsigma) v dt$, j'aurai 1°. $\left\{ \rho a + \rho \varsigma + \dfrac{\lambda}{\mu} (\gamma \varsigma + am) \right\}$

$$\times \left(\frac{m+p+\sqrt{4\gamma\rho+(m-p)^2}}{2 \cdot (\gamma\rho - mp)} \right) + \frac{\alpha\lambda}{\mu} + \epsilon \Big\} \mu\, dy +$$

$$\left(\frac{m+p+\sqrt{4\gamma\rho+(m-p)^2}}{2 \cdot (\gamma\rho - mp)} \right) dy\, \Delta y, t + \Big\{ \Big(\rho\alpha + p\epsilon +$$

$$\frac{\varphi}{v} (\gamma\epsilon + \alpha m) \Big) \times \left(\frac{m+p+\sqrt{4\gamma\rho+(m-p)^2}}{2 \cdot (\gamma\rho - mp)} \right) + \frac{\alpha\varphi}{v} + \epsilon \Big\}$$

$$v\, dt + \left(\frac{m+p+\sqrt{4\gamma\rho+(m-p)^2}}{2 \cdot (\gamma\rho - mp)} \right) dt \downarrow y, t.$$

2°. On aura $\Big\{ \Big(\rho\alpha + p\epsilon + \dfrac{\lambda}{\mu} (\gamma\epsilon + \alpha m) \Big) \times$

$$\left(\frac{m+p-\sqrt{4\gamma\rho+(m-p)^2}}{2 \cdot (\gamma\rho - mp)} \right) + \frac{\alpha\lambda}{\mu} + \epsilon \Big\} \mu\, dy +$$

$$\left(\frac{m+p-\sqrt{4\gamma\rho+(m-p)^2}}{2 \cdot (\gamma\rho - mp)} \right) dy\, \Delta y, t + \Big\{ \Big(\rho\alpha + p\epsilon +$$

$$\frac{\varphi}{v} (\gamma\epsilon + \alpha m) \Big) \times \left(\frac{m+p-\sqrt{4\gamma\rho+(m-p)^2}}{2 \cdot (\gamma\rho - mp)} \right) + \frac{\alpha\varphi}{v} + \epsilon \Big\}$$

$$v\, dt + \left(\frac{m+p-\sqrt{4\gamma\rho+(m-p)^2}}{2 \cdot (\gamma\rho - mp)} \right) dt \downarrow y, t.$$

Dans ces deux différentielles je mets au lieu de $\dfrac{\lambda}{\mu}$ sa valeur $\dfrac{-\rho p}{1 + mn}$, & au lieu de $\dfrac{\varphi}{v}$ sa valeur $\dfrac{-\rho n}{1 + mn}$, en obfervant d'y prendre deux valeurs différentes de n ; & alors j'aurai deux différentielles intégrables par la méthode du Problême 3.

$\cdot$ CLXXXIX.

Examen de quelques cas particuliers.

SCHOLIE 1. Il ne peut y avoir de difficulté que dans deux cas. L'un feroit celui dans lequel l'équation $\dfrac{\dfrac{-\rho n}{1 + mn}}{\dfrac{1 + \rho n}{-\gamma n}}$ ou bien $(\gamma\rho - mp) n^2 - (m+p) n - 1 = 0$ ne monteroit pas au fecond degré. Le fecond feroit celui dans lequel cette même équation ne pourroit fe réfoudre. Le premier de ces deux cas arrivera, fi $\gamma\rho = mp$: car alors $(\gamma\rho - mp) n^2 = 0$, & l'équation n'eft plus que du premier degré, & par conféquent n n'a qu'une feule valeur)

Le second cas arrivera si $\gamma\varsigma = mp$, & si de plus $m = -p$; car alors on auroit $-1 = 0$, ce qui est impossible. Examinons ce qu'il faudra faire dans ces deux cas.

1°. Si $\gamma\varsigma = mp$, je fais $p = \varsigma K$, j'aurai $\gamma\varsigma = mK\varsigma$; donc $\gamma = Km$. Les deux différentielles feront donc la première

$$\alpha\,ds + \varepsilon\,du,$$

& la seconde

$$\varsigma\alpha\,du + \varsigma K\varepsilon\,du + K\varepsilon m\,ds + m\alpha\,ds$$
$$+ dt\,\Delta u, s + ds\,\Gamma u, s,$$

ou bien,

$$(\varsigma\,du + m\,ds).(\alpha + K\varepsilon) + du\,\Delta u, s + ds\,\Gamma u, s.$$

Soit maintenant . . . . $\varsigma u + ms = t$, on aura $\varsigma\,du + m\,ds = dt$, & soit $\alpha + K\varepsilon = \mu$, la différentielle précédente deviendra celle-ci $\mu\,dt + ds\,\downarrow u, s + dt\,\Xi u, s$ & sera une différentielle complete. On aura donc par le Théorême fondamental $\frac{d\mu}{ds} + \frac{d\Xi u, s}{ds}$ $= \frac{d\downarrow u, s}{dt}$. Donc $d\mu = -\,d\Xi u, s + \frac{ds\,d\downarrow u, s}{dt}$. Donc enfin $\mu = -\,\Xi u, s + \varphi t + \int \frac{ds\,d\downarrow u, s}{dt}$.

Pour déterminer α je fais les mêmes transformations sur la différentielle $\alpha\,ds + \varepsilon\,du$. Ces transformations nous donnent $du = \frac{dt - m\,ds}{\varsigma}$, $\varepsilon = \frac{\mu - \alpha}{K}$. Donc la première différentielle transformée sera $\alpha\,ds + \left(\frac{\mu - \alpha}{K}\right).\left(\frac{dt - m\,ds}{\varsigma}\right)$; ou bien $\left(ds + \frac{m\,ds}{K\varsigma} - \frac{dt}{K\varsigma}\right)\alpha + \frac{\mu\,dt}{K\varsigma} - \frac{m\mu\,ds}{K\varsigma}$. Soit $\left(1 + \frac{m}{K\varsigma}\right)s - \frac{t}{K\varsigma} = y$, on aura $ds + \frac{m\,ds}{K\varsigma} - \frac{dt}{K\varsigma} = dy$; & aussi $\frac{\mu\,dt}{K\varsigma} = \mu\,ds + \frac{\mu m\,ds}{K\varsigma} - \mu\,dy$. Donc la différen-

tielle précédente se change en celle-ci $(\alpha - \mu)\, dy + \mu\, ds$.
Donc comme elle est une différentielle complete, on aura
$\frac{d\alpha}{ds} - \frac{d\mu}{ds} = \frac{d\mu}{dy}$. Donc enfin $\alpha = \mu + \int \frac{ds\, d\mu}{dy}$. Donc
aussi on aura la valeur de ϵ, puisque $\epsilon = \frac{\mu - \alpha}{K}$.

2°. Si l'on a $p = -m$ & $\rho\gamma = mp$, on fera usage
de la méthode que nous venons d'exposer pour le cas où
l'on a seulement $\rho\gamma = mp$. Ainsi ce second cas ne présente aucune nouvelle difficulté.

CXC.

SCHOLIE 2. On pourroit encore être embarrassé dans
le cas où n auroit ses deux racines égales. Examinons ce
qu'il faut faire dans ce cas, lequel aura lieu si $-4\gamma\rho = (m - p)^2$, comme on le voit sans peine. Dans ce cas
on supposera seulement $\alpha\lambda + \epsilon\mu + \rho\alpha\mu n + \rho\epsilon\mu n + \gamma\epsilon\lambda n + m\alpha\lambda n = 0$; ce qui nous donne, en faisant le même raisonnement que dans l'Article CLXXXVIII. $\frac{\lambda}{\mu} = \frac{-\rho n}{1 + mn}$, &
$\frac{\lambda}{\mu} = \frac{1 + pn}{-\gamma n}$. Donc on aura de même $\frac{-\rho n}{1 + mn} = \frac{1 + pn}{-\gamma n}$;
donc à cause de l'hypothèse présente $n = \frac{m + p}{2(\gamma\rho - mp)}$. Je
substitue cette valeur de n dans le coefficient de dt; c'est-
à-dire, dans $\alpha\varphi + \epsilon\upsilon + \rho\alpha\upsilon n + \rho\epsilon\upsilon n + \gamma\epsilon\varphi n + m\alpha\varphi n$; & la
seconde transformée sera en prenant pour φ & pour υ tout
ce qu'on voudra, $n\, dy\, \Delta y, t + \{ \alpha (\varphi + (\rho\upsilon + m\varphi).$
$(\frac{m + p}{2(\gamma\rho - mp)})) + \epsilon (\upsilon + (\rho\upsilon + \gamma\varphi).(\frac{m + p}{2.(\gamma\rho - mp)})) \}\, dt$
$+ n\, dt\, \Delta y, t$; & en supposant $\varphi + (\rho\upsilon + m\varphi) \times$
$(\frac{m + p}{2.(\gamma\rho - mp)}) = M$, & $\upsilon + (\rho\upsilon + \gamma\varphi) \times \frac{m + p}{2.(\gamma\rho - mp)}$

$= N$, on aura la différentielle suivante,

$$(M\alpha + N\epsilon)\,dt + {}^n dy\,\Delta y, t + {}^n dt \downarrow y, t,$$

dans laquelle M & N repréſentent des conſtantes données.

Cette différentielle étant par l'hypotheſe une différentielle complete, on aura $\frac{Md\alpha + Nd\epsilon}{dy} + \frac{d({}^n\downarrow y, t)}{dy} = \frac{d({}^n\Delta y, t)}{dt}$. Donc $Md\alpha + Nd\epsilon = -d({}^n\downarrow y, t) + \frac{dy\,d({}^n\Delta y, t)}{dt}$. On aura donc la valeur de $M\alpha + N\epsilon$ en y & en t, ou ce qui revient au même en s & en u, puiſque, comme on l'a vu (Art. CLXXXVIII.) $s = \frac{gfy - hkt}{fr - \delta k}$, & $u = \frac{\delta gy - hrt}{\delta k - fr}$. Nous pourrons donc ſuppoſer

$$\alpha = \Xi u, s + K\epsilon,$$

K étant une conſtante connue. Subſtituant pour α cette valeur dans la différentielle $\alpha ds + \epsilon du$ qui par la ſuppoſition eſt une différentielle exacte, on aura $\epsilon (K ds + du) + ds\,\Xi u, s$. Donc en ſuppoſant $Ks + u = r$, on aura la transformée ſuivante $\epsilon dr + ds\,\Xi s, r$ qui doit encore être une différentielle complete : on trouvera donc facilement la valeur de ϵ en s & r, ou ce qui eſt la même choſe en s & en u.

CXCI.

Scholie 3. Il y a encore un cas dans lequel la premiere méthode ne peut réuſſir ; c'eſt lorſque $\rho = 0$. Mais alors l'intégration n'en ſera que plus facile. En effet, je donne à la ſeconde différentielle propoſée $\rho\alpha du + \epsilon p du + \gamma\epsilon ds + m\alpha ds + dt\,\Delta u, s + ds\,\Gamma u, s$ la forme ſuivante $m\alpha ds + m\epsilon du + p\epsilon du - m\epsilon du + \gamma\epsilon ds + dt\,\Delta u, s +$

$ds\,\Gamma\,u,s$. Or par l'hypothefe $\alpha\,ds + \epsilon\,du$ eft une différentielle exacte ; donc la partie reftante $(p\epsilon - m\epsilon)\,du + \gamma\epsilon\,ds + dt\,\triangle\,u,s + ds\,\Gamma\,u,s$ doit encore être complete. Je fuppofe $(p - m)\,u + \gamma s = t$, j'aurai la transformée fuivante $\ldots\ldots \epsilon\,dt + d\downarrow s, t + ds\,\triangle\,t, s,$
qui fera une différentielle complete. Donc en fuivant les méthodes précédentes on déterminera facilement ϵ & par conféquent α.

Si γ étoit $= 0$, alors on auroit pour feconde différentielle $\varphi\alpha\,du + p\epsilon\,du + m\alpha\,ds + dt\,\triangle\,u, s + ds\,\Gamma\,u, s$ à laquelle on donneroit la forme fuivante $p\alpha\,ds + p\epsilon\,du + (m\alpha - p\alpha)\,ds + \varphi\alpha\,du + dt\,\triangle\,u, s + ds\,\Gamma\,u, s$. Or par l'hypothefe $\alpha\,ds + \epsilon\,du$ eft une différentielle complete ; donc la partie reftante $(m\alpha - p\alpha)\,ds + \varphi\alpha\,du + dt\,\triangle\,u, s + ds\,\Gamma\,u, s$ en eft auffi une. Suppofant $(m - p)\,s + \varphi u = t$, on déterminera α & enfuite ϵ par la même voie par laquelle on a trouvé ϵ & enfuite α dans l'article précédent.

Nous allons maintenant expofer les méthodes qui font connues pour l'intégration des différentielles d'un ordre plus élevé que le premier.

SECTION SECONDE.

De l'Intégration des Différentielles à plusieurs variables du second ordre, ou d'un ordre plus élevé.

CXCII.

LES différences secondes, troisiemes, quatriemes, &c. s'expriment de deux façons différentes, 1°. de la façon suivante ddx, $dddx$, $ddddx$, &c. en mettant l'un après l'autre un nombre de d égal au degré de la diffé-rence ; ou bien 2°. en mettant au d un exposant qui contienne un nombre d'unités égal au degré de la diffé-rence, comme $d^2 x$, $d^3 x$, $d^4 x$ & en général $d^n x$.

Nous réduirons ici les différentielles du second ordre à celles du premier, dont l'intégration nous a occupés jus-qu'à présent ; nous réduirons de même les différentielles du troisieme ordre à celles du second, & ainsi de suite.

CXCIII.

Avant d'expliquer les regles qu'il faut suivre dans l'in-tégration des équations à plusieurs variables qui con-tiennent des secondes, ou des troisiemes, ou des qua-triemes différences, il est bon de se rappeler leur forma-tion.

La différence de $y\,dx$, en regardant y & dx comme variables, est $dy\,dx + y\,ddx$. Celle de $dy\,dx + y\,ddx$ est $dy\,ddx + dx\,ddy + y\,d^3x + d^2x\,dy$, & ainsi des troisiemes, quatriemes, &c. différences.

De là il est facile de tirer cette proposition. L'intégrale de $dy\,dx + y\,d^2x$ est $y\,dx$. Celle de $dy\,d^2x + dx\,d^2y + y\,d^3x + d^2x\,dy$ est $dy\,dx + y\,ddx$.

La différence de $\frac{dx}{dy}$ est $\frac{dy\,ddx - dx\,ddy}{dy^2}$; & celle de $\frac{y\,dx}{x\,dy}$ est $\frac{xy\,dy\,ddx + x\,dx\,dy^2 - xy\,dx\,d^2y - y\,dy\,dx^2}{x^2\,dy^3}$. Donc l'intégrale de $\frac{dy\,d^2x - dx\,d^2y}{dy^3}$ est $\frac{dx}{dy}$; & ainsi des autres,

CXCIV.

REMARQUE 1. Lorfqu'on paffe des premieres différences aux différences fecondes, troifiemes, quatriemes, &c. on regarde quelquefois comme conftante une différentielle du premier, du fecond, du troifieme ordre. Ainfi, par exemple, en différentiant $x^m\,dx\,dy$, je puis regarder dx comme conftante, & alors la différentielle de la propofée fera $m\,x^{m-1}\,dx^2\,dy + x^m\,dx\,ddy$. De là il fuit évidemment que quand dans cette même hypothefe il s'agira d'intégrer $m\,x^{m-1}\,dx^2\,dy + x^m\,dx\,ddy$, il faudra traiter dx comme une conftante ordinaire.

CXCV.

REMARQUE 2. On doit de plus fe fouvenir que de même que dans la réduction des différentielles du premier

ordre

ordre aux grandeurs finies , on ajoute une conftante pour completer l'intégrale, il en faut auffi ajouter une dans la réduction des fecondes différences aux premieres , des troifiemes aux fecondes , &c. Il fuit même de la Remarque précédente que la conftante qu'il faudra ajouter à l'intégrale, fera une différentielle du premier ordre, lorfque la différentielle propofée fera du fecond ; que cette conftante fera une différentielle du fecond ordre , lorfque la propofée fera du troifieme ; & ainfi de fuite. Après ces notions préliminaires entrons en matiere.

CHAPITRE PREMIER.

De l'intégration de certaines différentielles du fecond ordre , dans le cas où l'on fait que telle ou telle différentielle du premier ordre a été traitee comme conftante dans le paffage des premieres différences aux fecondes.

CXCVI.

Soit l'équation $\frac{b y^{m} \, dy \, du}{c^{m}} = 2\, a y \, d\, dx + a\, dx\, dy$, dans laquelle $du =$ (Art. XCI. Prem. Partie.) $\sqrt{(dx^2 + dy^2)}$ eft l'élément de la rectification de la courbe , & eft fuppofée conftante. J'obferve que le fecond membre de cette équation feroit intégrable , s'il étoit divifé par $2 \sqrt{y}$; ce que je puis trouver par le Théorême fondamental de la

II. Partie.   V

premiere Section, en mettant z & dz au lieu de dx & de ddx; j'obferve auffi que le premier membre du étant conftante, fera toujours intégrable, quelque fonction de y qui le divife ou le multiplie. Je divife donc toute l'équation par $2\sqrt{y}$, elle devient $\frac{by^m\,dy\,du}{2c^m\sqrt{y}} = ay^{\frac{1}{2}}ddx + \frac{a\,dx\,dy}{2\sqrt{y}}$, dont l'intégrale eft $\frac{by^{m+\frac{1}{2}}\,du}{(m+\frac{1}{2}).2c^m} = ady^{\frac{1}{2}}dx + g\,du$. $g\,du$ eft la conftante que j'ajoute pour rendre l'intégrale complete.

CXCVII.

<table><tr><td>Second exemple.</td><td>

Soit l'équation $Y = \frac{dx^2 - y\,ddy}{y^3\,dx^2}$, dans laquelle $y\,dx$ qui exprime l'élément de l'aire de la courbe, eft fuppofée conftante, Y repréfente une fonction quelconque de y. Pour intégrer cette équation, je la multiplie par $2\,dy$, ce qui me donne $2Y\,dy = \frac{2\,dy}{y^3} - \frac{2\,dy\,ddy}{y^2\,dx^2}$. Or l'intégrale de cette équation $y\,dx$ étant conftante, eft $\int 2Y\,dy = -\frac{1}{yy} - \frac{dy^2}{yy\,dx^2} \pm nyy\,dx^2$.

</td></tr></table>

CXCVIII.

<table><tr><td>Troifieme exemple.</td><td>

Si la propofée étoit $Y = \frac{du^2 - y\,ddy}{y^3\,dx^2}$, & que dx fût conftante, Y repréfentant une fonction quelconque de y. Puifque $du = \sqrt{(dx^2 + dy^2)}$; donc $du^2 = dx^2 + dy^2$; & différentiant $du\,ddu = dy\,ddy$. Subftituant cette valeur de ddy dans l'équation, & la multipliant par $2y$, on a $2Y\,dy = \frac{2y\,dy\,du^2 - 2yy\,du\,ddu}{y^4\,dx^2}$, équation dont l'in-

</td></tr></table>

tégrale est $\int 2\,Y dy = - \dfrac{du^2}{yy\,dx^2} \pm n\,dx^2$.

CXCIX.

On pourroit encore intégrer cette équation d'une autre maniere. Je mets pour du sa valeur $\sqrt{(dx^2 + dy^2)}$, ce qui me donne $V = \dfrac{dx^2 + dy^2 - y\,ddy}{}$, & multipliant par $2y\,dy$, on a $2\,Y dy = \dfrac{2y\,dy\,dx^2 + 2y\,dy^3 - 2y^2\,dy\,ddy}{y^4\,dx^2}$. Or cette équation est $\int 2\,Y\,dy = - \dfrac{dx^2 - dy^2}{yy\,a^2} \pm n\,dx^2$; qui est absolument la même que la précédente, puisque $= \sqrt{(dx^2 + dy^2)}$.

C C.

Qu'on nous demande maintenant l'intégrale de cette équation $Y = \dfrac{dx\,dy\,du^2 + y\,du^2\,ddx - y\,dx\,du\,ddu}{y\,dx\,dy\,dt^2}$, dans laquelle du est l'élément de l'arc de la courbe, t est une fonction de x & de y; aucune différentielle n'ayant été prise pour constante. Je multiplie toute l'équation par $\dfrac{2}{y^3\,dx^3}$, ce qui me donne $\dfrac{2\,Y y\,dx\,dy\,dt^2}{y^3\,dx^3} = \dfrac{2\,dx\,dy\,du^2 + 2y\,du^2\,ddx - 2y\,dx\,du\,ddu}{y^3\,dx^3}$: réduisant & multipliant le second membre de cette équation haut & bas par $y\,dx$, on aura $\dfrac{2\,Y\,dy\,dt^2}{yy\,dx^3} = \dfrac{2y\,dy\,dx^2\,du^2 + 2y^2\,du^2\,dx\,d^2x - 2y^2\,dx^2\,du\,d^2u}{y^4\,dx^4}$, dont l'intégrale est $\int \dfrac{2\,Y\,dy\,dt^2}{y^3\,dx^2} = \dfrac{-\,du^2}{y^3\,dx^2} \pm C$.

C C I.

Il arrive souvent que dans une équation telle différentielle est constante qui rend l'intégration très-difficile. Il

Quatrieme exemple.

feroit alors fort utile de transformer l'équation en une
autre dans laquelle cette différentielle fût variable. C'eſt
ce que nous apprend la méthode ſuivante ; par ſon moyen
on change l'équation propoſée en une autre qui n'a aucune
différentielle conſtante. C'eſt ce que M. Bernoulli appelle
compléter une équation différentielle. Au reſte, la méthode que nous donnons ici eſt plus ſimple & plus claire
que celle qu'emploie ce grand Géometre.

CHAPITRE II.

*Méthode pour rendre completes les équations diffé-
rentielles de tous les degrés.*

CCII.

Expoſition
de cette mé-
thode appli-
quée à des dif-
férentielles
du ſecond or-
dre.

PROBLEME. ÉTtant donnée une équation telle que
$A\,ddy + B\,dx^2 + C\,dy^2 + E\,dx\,dy = 0$ dans laquelle
dx eſt conſtant, la transformer en une autre dans laquelle
dx ſoit variable.

SOLUTION. Soit AC ou $BK = dx$, $KF = dy$:
dx étant conſtant, on aura CD ou $FG = dx$, $GI =$
Figure 8.
dy, $IH = ddy$. IH ſera donc le ddy, dans le cas où dx
ne varie point ; c'eſt par conſéquent le ddy de l'équation
propoſée. Faiſons maintenant varier dx, & ſoit DE ou
$GL = ddx$, on voit clairement que $LM = dy + ddy$.
Il s'agit donc de trouver la valeur du premier ddy, c'eſt

à-dire, de IH en ddx & ddy, ce qui fera difparoître ce premier ddy, & mettra dans l'équation le .... Or les triangles femblables FLM, FGH nous donnent l'analogie fuivante $LM : GH :: FL : FG$, c'eft-à-dire $dy + d'd'y : dy + ddy :: dx + ddx : dx$. Donc $dydx$ .... le terme $ddyddx$ qui eft nul par rapport aux autres : j'aurai $ddy = \frac{dx\,d'd'y - dy\,ddx}{dx}$. C'eft la valeur qu'il faut fubftituer dans l'équation propofée à la place de ddy. Après cette fubftitution on aura une équation complete, c'eft-à-dire, qui ne contiendra plus de différentielle conftante.

CCIII.

On peut encore réfoudre ce Problême d'une autre maniere. Reprenons la propofée $Addy + Bdx^2 + Cdy^2 + Edxdy = 0$, je la mets fous la forme fuivante $\frac{Addy}{dx} + Bdx + \frac{Cdy^2}{dx} + Edy = 0$, ou bien $Ad\left(\frac{dy}{dx}\right) + \ldots \&c. = 0$. Or dans cette équation il n'y a plus aucune différentielle conftante, puifque $\frac{dy}{dx}$ eft une quantité finie. Mais $d.\left(\frac{dy}{dx}\right) = \frac{dx\,ddy - dy\,ddx}{dx^2}$. C'eft la valeur qu'il faudra fubftituer à $\frac{ddy}{dx}$ dans l'équation précédente. Donc la valeur qu'il faut fubftituer à ddy fera $\frac{dx\,ddy - dy\,ddx}{dx}$, la même que nous avons déja trouvée.

CCIV.

Soit maintenant une équation . . . . il . du troisieme ordre $A\, d^3 y + B\, dx\, ddy + C\, dx^3 + E\, dy^3 + F\, dy\, dx^3 + D\, dy\, ddy$

qu'on veut completer. Je divise cette équation par dx^2, & j'ai $\frac{A\, d^3 y}{dx^2} + \ldots$ &c. $= 0$, ou $A\, d.\left(\frac{ddy}{dx^2}\right) + \ldots$ &c. $= 0$, réduite au cas des équations du second ordre. Pour trouver maintenant la valeur qu'il faudra substituer au lieu de $d^3 y$, je mets l'équation sous cette forme $\frac{A\, dd\left(\frac{dy}{dx}\right)}{dx}$

$+ \ldots$ &c. $= 0$. Soit $p = \frac{dy}{dx}$, $dp = d.\left(\frac{dy}{dx}\right)$, $\frac{dp}{dx} = d.\left(\frac{dy}{dx}\right)$, on aura $\frac{d.\left(\frac{dp}{dx}\right)}{dx} = dd.\left(\frac{dy}{dx}\right)$. Mais $\frac{ddp}{dx}$

$= ($ Art. CCIII. $)\ ddp - \frac{dp\, ddx}{dx} = dd.\left(\frac{dy}{dx}\right) - \frac{ddx}{dx}.$ $d\left(\frac{dy}{dx}\right) = \frac{dx^2\, d^3 y - 3\, dx\, ddx\, ddy + 3\, dy\, ddx^2 - dy\, dx\, d^3 x}{dx^3}$. Donc $\frac{ddp}{dx}$, ou $\frac{dd\left(\frac{dy}{dx}\right)}{dx}$, ou $\frac{d^3 y}{dx^2} = \frac{dx^2\, d^3 y - 3\, dx\, ddx\, ddy + 3\, dy\, ddx^2 - dy\, dx\, d^3 x}{dx^4}.$

Donc enfin la valeur à substituer dans l'équation pour $d^3 y$ sera $\frac{dx^2\, d^3 y - 3\, dx\, ddx\, ddy + 3\, dy\, ddx^2 - dy\, dx\, d^3 x}{dx^2}.$

CCV.

On trouveroit de même pour les équations du quatrieme, du cinquieme, &c. ordre, les valeurs qu'il y faudroit substituer à la place de $d^4 y$, $d^5 y$, &c. pour rendre ces équations completes.

CCVI.

SCHOLIE. Mais, demandera-t-on, quel avantage re-
tirerons-nous de completer ici l'équation proposée? n'eſt-
ce pas au contraire en rendre l'intégration plus difficile?
Cet avantage eſt très-réel : après avoir rendu l'équation
complete, nous ſerons les maîtres de traiter comme con-
ſtante la différentielle qui facilitera le plus la réduction aux
premieres différences. Quelques exemples vont nous en
convaincre.

En quoi conſiſte l'utilité de cette méthode.

CCVII.

Soit propoſée d'intégrer l'équation $dx^2\, dy - dy^3 = a\,dx\,ddy + x\,dx\,ddy$ dans laquelle dx eſt conſtant, & où l'on voudroit que dy le fût. Je rends d'abord l'équation complete, & pour cela au lieu de ddy je mets ſa valeur $\frac{dx\,ddy - dy\,ddx}{dx}$; cette ſubſtitution me donne $dx^2\, dy - dy^3 = a\,dx\,ddy - a\,dy\,ddx + x\,dx\,ddy - x\,dy\,ddx$, équation dans laquelle aucune différentielle n'eſt conſtante. Je ſuppoſe à préſent que dy eſt conſtante ; j'aurai donc $ddy = 0$; donc la propoſée devient $dx^2 - dy^2 + a\,ddx + x\,ddx = 0$, dont l'intégrale eſt $x\,dx + a\,dx - y\,dy = C\,dy$.

Son application à pluſieurs exemples.

Premier exemple.

CCVIII.

Qu'on propoſe maintenant l'équation ſuivante,
$$\frac{x\,dy^2 + xy\,ddy + y\,dy\,dx}{y\,dy} = \frac{xx\,dx - aa\,dx}{aa + xx},$$
dans laquelle on a traité comme conſtante $y\,dx$, & qu'on veut transformer en une autre dans laquelle $y\,dx$ ſoit variable & $x\,dy$

Second exemple plus compliqué que le premier.

constante ; puisque ydx est constante , on aura $ddy = d\left(\frac{dy}{ydx}\right) \times ydx$: c'est-à-dire $ddy = \frac{ydxddy - dxdy^2 - ydydx}{ydx}$.
Je substitue pour ddy cette valeur dans l'équation proposée , elle devient $\frac{xdy}{y} + dx + \frac{xydxddy}{ydydx} - \frac{xdxdy^2 - xydyddx}{ydydx}$ $= \frac{xxdx - aadx}{aa + xx}$; équation dans laquelle aucune différentielle n'est constante. Je prends maintenant pour constante xdy ; cette supposition me donne $xddy + dydx = 0$, ou bien $\frac{dxdy}{x} = -ddy$. Je substitue dans la transformée pour ddy cette valeur , & je trouve $\frac{xdy}{y} + dx - dx$ $\frac{xdy}{y} - \frac{xddx}{dx} = \frac{xxdx - aadx}{aa + xx}$. Donc en réduisant on a $-\frac{ddx}{dx}$ $= \frac{xxdx - aadx}{aax + x^3}$. J'integre , & j'ai $-ldx + lxdy$, ou $l\frac{xdy}{dx}$ $= l\left(\frac{aa + xx}{x}\right)$. Donc $\frac{xdy}{dx} = \frac{aa + xx}{x}$, ou bien $xxdy = aadx + xxdx$; ou enfin $dy = \frac{aadx}{xx} + dx$. Donc $y + \frac{aa}{x} - x + C = 0$.

<h2 style="text-align:center">CCIX.</h2>

Soit enfin proposé d'intégrer l'équation suivante $-\frac{dxddy}{dy}$ $-\frac{dydx}{y} = \frac{dy^2 + dx^2}{x}$, dans laquelle ydx est constante. Pour completer cette équation, je mets au lieu de ddy sa valeur trouvée plus haut $\frac{ydxddy - dxdy^2 - ydyddx}{ydx}$, & j'aurai la transformée suivante $\frac{-dxddy + dyddx}{dy} = \frac{dx^2 + dy^2}{x}$ qui est complete. Supposons à présent que dy est constant, nous aurons $ddy = 0$, donc l'équation à intégrer est $xddx = dx^2 + dy^2$.

<h2 style="text-align:center">CCX.</h2>

Maintenant que nous sommes les maîtres de supposer toujours

toujours que dans l'équation aucune différentielle n'eſt conſtante, il eſt à propos d'examiner ſi on ne pourroit pas au moins dans certains cas déterminer quelle eſt la différentielle qui priſe pour conſtante, rendra l'équation plus facile à intégrer.

C H A P I T R E   I I I.

Méthode pour déterminer, dans quelques cas, la différentielle qui ſuppoſée conſtante facilitera le plus l'intégration.

C C X I.

ON ne peut pas donner de regle générale pour reconnoître dans tous les cas quelle eſt la fluxion qu'on doit regarder comme conſtante, afin que l'intégration en devienne plus facile ; on peut cependant ſe guider quelquefois par l'obſervation ſuivante. Je cherche ſi dans la propoſée il y a deux, trois, &c. termes qui multipliés ou diviſés par un facteur commun puiſſent s'intégrer. J'en prends l'intégrale, & c'eſt celle que je ſuppoſe conſtante.

C C X I I.

Soit, par exemple, propoſé d'intégrer l'équation ſuivante $X = \frac{dy^3 + dx^2\,dy - x\,dy\,ddx + x\,dx\,ddy}{2\,x^3\,dy^3}$, dans laquelle *X* repréſente une fonction quelconque de *x*. J'obſerve que dans cette équation les deux termes $dx^2 dy + x dx ddy$ divisés par dx, donnent $dx dy + x ddy$, dont l'intégrale est $x dy$. Je vois encore que $dx^2 dy - x dy ddx$ divisés par $-xx dy$, donnent $\frac{-dx^2 + x ddx}{xx}$; différentielle dont l'intégrale est $\frac{dx}{x}$. Je puis donc également supposer pour constantes $x dy$ & $\frac{dx}{x}$. Ces deux suppositions détruiront également deux termes.

Soit 1°. supposée $x dy$ égale à une constante c, on aura $x ddy + dy dx = 0$, & multipliant par dx, $xdxddy + dy dx^2 = 0$; ce qui réduit la proposée à l'équation suivante $X = \frac{dy^3 - x dy ddx}{2 x^3 dy^3}$. Mais $x ddy + dx dy = 0$ donne $dy = \frac{-x ddy}{dx}$; donc en substituant pour dy cette valeur, on aura $X = \frac{-x dy^2 ddy}{2 x^3 dx dy^3} - \frac{x dy ddx}{2 x^3 dy^3}$, c'est-à-dire, $X = \frac{-x dy^2 ddy - x dy dx ddx}{2 x^3 dx dy^3}$, ou $X = \frac{-dy^2 ddy - dy dx ddx}{2 x^2 dx dy^3}$. Mais $x dy = c$: donc $dy = \frac{c}{x}$. Donc $X = \frac{-dyddy - dxddx}{2 c^2 dx}$, ou $X dx = \frac{-dy ddy - dx ddx}{2 cc}$, & en intégrant on a $\int X dx = \frac{-dy^2 - dx^2}{4 cc} \pm n$. Donc enfin $\int X dx = \frac{-dy^2 - dx^2}{4 x^2 dy^2} \pm n$.

CCXIII.

REMARQUE. Quand on est arrivé à l'équation $X = \frac{dy^3 - x dy ddx}{2 x^3 dy^3}$, on peut abreger le calcul en multipliant l'équation par dx; ce qui donne $X dx = \frac{dx}{2 x^3} - \frac{dx ddx}{2 x^2 dy^2}$, dont l'intégrale est ($x dy$ étant constante) $\int X dx = -\frac{1}{4 xx} - \frac{dx^2}{4 x^2 dy^2} \pm n$, qui est la même que la précédente.

CCXIV.

2°. Prenons à préfent pour conftante $\frac{dx}{x}$; cette fuppofition nous donnera $\frac{xddx - dx^2}{xx} = 0$, & en multipliant par $- xxdy$, on a $- xdyddx + dx^2dy = 0$, équation qui fait évanouir le fecond & le troifieme terme de la propofée. Elle devient donc $X = \frac{dy^2 + xdxddy}{2x^3dy^3}$; je la multiplie par dx, ce qui me donne $Xdx = \frac{dxdy^3 + xdx^2ddy}{2x^3dy^3}$. L'intégrale de cette équation eft, à caufe de $\frac{dx}{x}$ ou $\frac{dx^2}{x^2}$ qui eft conftante, $\int Xdx = - \frac{1}{4xx} - \frac{dx^2}{4x^2dy^3} \pm C$; ainfi que nous l'avons trouvé ci-deffus.

CCXV.

Soit propofé d'intégrer l'équation fuivante $xyx(dxddy - dyddx) = ydydx^2 - yydYdy^2 - xdxdy^2$, dans laquelle Y repréfente une fonction quelconque de y.

Je remarque que dans cette équation il y a trois termes favoir $yxdyddx + ydydx^2 - xdxdy^2$ qui divifés par $yydy$ forment une différentielle complete, $\frac{yxddx + ydx^2 - xdxdy}{yy}$, dont l'intégrale eft $\frac{xdx}{y}$. Je prends donc pour conftante $\frac{xdx}{y}$; ce qui me donne en différentiant $\frac{xyddx + ydx^2 - xdxdy}{yy} = 0$. Donc la propofée fe réduit à $xydxddy + yydYdy^2 = 0$, c'eft-à-dire, $dY = - \frac{xdxddy}{ydy^2}$, équation dont l'intégrale eft $Y = \frac{xdx}{ydy} \pm C$; ce qui eft évident, $\frac{xdx}{y}$ étant conftante.

X ij

CHAPITRE IV.

*Dans lequel on applique aux équations différen-
tielles de tous les ordres la méthode de l'article
qui apprend à intégrer ou conftruire les équations
différentielles du premier degré dans lefquelles
l'une des indéterminées finies ne fe trouve à
aucun terme.*

CCXVI.

Conditions
que cette mé-
thode exige. NOus avons vu (Art. CXL.) que l'on pouvoit toujours
intégrer ou conftruire les équations différentielles du premier degré, lorfque l'une de leurs indéterminées finies ne
s'y trouve pas ; la méthode expofée dans cet article s'étend
encore aux équations différentielles de tous les ordres.
Par exemple, lorfque dans une équation différentielle du
fecond ordre l'une ou l'autre des deux indéterminées ne
s'y trouve pas, & qu'il n'y entre que fes différences premieres ou fecondes combinées comme on le veut, & élevées à des puiffances quelconques, il fera toujours poffible
de parvenir à la féparation. Le procédé qu'il faut fuivre
pour cela confifte à faire la premiere différence qui eft
variable, égale à la fluxion prife pour conftante, multipliée par une nouvelle indéterminée.

CCXVII.

Soit proposé d'intégrer l'équation $\frac{by^m}{c^m} = \frac{2\,ay\,ddx + a\,dx\,dy}{du\,dy}$ dans laquelle $du = \sqrt{dx^2 + dy^2}$ est supposé constant, & l'indéterminée finie u ne se trouve pas. Suivant ce que nous venons de dire, je fais $dx = z\,du$, ce qui me donne . . . . . $ddx = dz\,du$. J'ai donc la transformée suivante $\frac{by^m}{c^m} = \frac{2\,ay\,dz\,du + az\,du\,dy}{du\,dy}$, & en réduisant $\frac{by^m}{c^m} = \frac{2\,ay\,dz + az\,dy}{dy}$, ou $\frac{by^m\,dy}{c^m} = 2\,ay\,dz + az\,dy$. Je divise cette équation par $2\sqrt{y}$, elle devient $\frac{by^{m-\frac{1}{2}}\,dy}{2c^m} = a\,dz\sqrt{y} + \frac{az\,dy}{2\sqrt{y}}$, équation dont l'intégrale est $\frac{by^{m+\frac{1}{2}}}{(m+\frac{1}{2})\cdot 2c^m} = az\sqrt{y} + C$. Mais $z = \frac{dx}{du}$; donc l'intégrale cherchée est $\frac{by^{m+\frac{1}{2}}\,du}{2mc^m + c^m} = a\,dx\sqrt{y} + C\,du$.

CCXVIII.

Soit maintenant l'équation à intégrer $Yyy\,dy\,dx^2 + du\,ddu = 0$, dans laquelle Y représente une fonction de y, du est l'élément de la courbe, égal par conséquent à $\sqrt{(dx^2 + dy^2)}$, ydx est la fluxion prise pour constante, & dans laquelle l'indéterminée u ne se trouve pas.

Je fais . . . . $du = zy\,dx$
$$ddu = y\,dz\,dx,$$
& après la substitution l'équation est $Yy^2\,dy\,dx^2 =$

$- y^2 z\, dz\, dx^2$, & en réduisant $Y dy = - z\, dz$. L'intégrale de cette équation est $\int Y dy = - \frac{zz}{2} \pm C$. Mais
$z^2 = \frac{du^2}{yy\, dx^2} = \frac{dx^2 + dy^2}{yy\, dx^2}$. Donc l'intégrale cherchée sera

$$dx = \frac{dy}{\sqrt{(2Cyy - 1 - 2yy \int Y dy)}}.$$

CCXIX.

Autre ma-
niere d'inté-
grer les équa-
tions précé-
dentes. REMARQUE. On peut encore réduire aux premieres
différences les équations qui sont dans le cas des précé-
dentes, en se servant de la substitution que nous avons
employée (Art. CXL.) pour les différentielles du premier
degré. Cette substitution consiste à égaler la premiere différence de l'indéterminée qui manque, à une nouvelle
indéterminée multipliée par la premiere différence de l'autre inconnue.

CCXX.

Appliquée
à l'exemple
précédent. Je reprends l'équation précédente $Y y^2 dy\, dx^2 + du\, ddu$
$= 0$; je suppose $dx = z\, du$, ce qui me donne $ddx =$
$dz\, du + z\, ddu$, d'où l'on tire $ddu = \frac{ddx - dz\, du}{z}$. Après
avoir substitué les valeurs dans l'équation, elle devient
$Y y^2 z^2 dy\, du^2 = \frac{dz\, du^2 - du\, ddx}{z}$. Mais par la supposition
$y\, dx$ est constant ; donc $y\, ddx + dy\, dx = 0$, donc ddx
$= - \frac{dy\, dx}{y}$, ou en mettant pour dx sa valeur, $ddx =$
$- \frac{z\, du\, dy}{y}$. Substituant dans la transformée cette valeur de
ddx, on a $Y y^2 z^2 dy\, du^2 = \frac{dz\, du^2}{z} + \frac{z\, dy\, du^2}{zy}$, & en réduisant $Y z^2 y^2 dy = \frac{dz}{z} + \frac{dy}{y}$. Soit maintenant $yz = t$,

on a $lyz = lt$, $\frac{ydz + zdy}{yz} = \frac{dt}{t}$, & $\frac{dz}{z} + \frac{dy}{y} = \frac{dt}{t}$.
Donc $Yt^2 dy = \frac{dt}{t}$, & $Ydy = \frac{dt}{t^3}$, équation dont l'in-
tégrale est $\int Y dy = - \frac{1}{2tt} + C$. Maintenant $tt = z^2 y^2$.
$= \frac{yydx^2}{du^2} = \frac{yydx^2}{dx^2 + dy^2}$, à cause de $du = \sqrt{(dx^2 + dy^2)}$.
Donc en remettant ces valeurs dans l'intégrale trouvée,
on aura $2\int Y dy = \frac{-dx^2 - dy^2}{yydx^2} + 2C$, & enfin $dx =$
$\frac{dy}{\sqrt{(2Cyy - 2y^2 \int Y dy - 1)}}$, équation que nous avions déja trouvée par l'autre méthode.

<h2 style="text-align:center">CCXXI.</h2>

Troisieme exemple.

Soit encore proposé d'intégrer l'équation $Yy^3 dy dx^2$
$= dxdydu^2 + ydu^2 ddx - ydxduddu$, dans laquelle
je puis supposer constante la fluxion que je voudrai, Y est
une fonction quelconque de y & de constantes.

Prenons d'abord dx constante, cette supposition donne
$ddx = 0$, & fait disparoître le terme $ydu^2 ddx$. L'é-
quation est donc $Yy^3 dy dx^2 = dy du^2 - y du ddu$.
Pour la réduire je fais . . . . . $du = zdx$,
$$ddu = dzdx,$$
d'où je tire la transformée suivante $Yy^3 dy dx^2 = z^2 dy dx^2$
$- yzdzdx^2$, & en divisant par dx^2, $Yy^3 dy = z^2 dy$
$- yzdz$, ou $Yy^3 dy = (\frac{dy}{y} - \frac{dz}{z}) \times z^2 y$. Pour intégrer
cette équation je suppose $\frac{y}{z} = \frac{1}{t}$; je prends la différence
du logarithme de cette équation, j'ai $\frac{\frac{zdy - ydz}{zz}}{\frac{y}{z}} = - \frac{\frac{dt}{tt}}{\frac{1}{t}}$,

& en réduifant $\frac{dy}{y} - \frac{dz}{z} = -\frac{dt}{t}$. Nous avons d'ailleurs $yt = z$. Donc en fubftituant ces valeurs dans l'équation $Yy^3 dy = (\frac{dy}{y} - \frac{dz}{z}) . z^2 y$, elle devient $Yy^3 dy = -\frac{dt}{t} \times y^3 t^2$, ou bien $Ydy = -t dt$, équation dont l'intégrale eft $\int Ydy = -\frac{tt}{2} + C$: mais $\frac{tt}{2} = \frac{zz}{2yy}$. Donc on a $\int Ydy = -\frac{zz}{2yy} + C$; & en mettant pour z fa valeur $\frac{du}{dx}$, on a $\int Ydy = -\frac{du^2}{2yydx^2} + C$.

Si on prend du conftant, alors $ddu = 0$, & l'équation $Yy^3 dydx^3 = dxdydu^2 + ydu^2 ddx - ydxduddu$ devient $Yy^3 dydx^3 = dxdydu^2 + ydu^2 ddx$. Soit maintenant $dx = zdu$, $ddx = dzdu$, l'équation en y fubftituant ces valeurs devient $Yy^3 dy . z^3 du^3 = zdydu^3 + ydzdu^3$, ou bien $Ydy = \frac{zdy + ydz}{y^3 z^3}$. Donc en intégrant on a $\int Ydy = \frac{-1}{2y^2 z^2} + C$, & en remettant pour z fa valeur $\frac{dx}{du}$, l'intégrale cherchée eft $\int Ydy = \frac{-du^2}{2y^2 dx^2} + C$, la même que nous venons de trouver.

CCXXII.

Application de la méthode à des équations d'un ordre plus élevé que le fecond.

S C H O L I E 2. Cette méthode s'appliquera aux différentielles d'un ordre plus élevé que le fecond, pourvu que dans celles du troifieme ordre, par exemple, l'une & l'autre des deux variables finies x & y manquent, que dans celles du quatrieme, outre l'une des deux variables finies x, y, il manque encore l'une ou l'autre des premieres différences dx, dy avec leurs fonctions. On réduira par la même méthode les équations différentielles du cinquieme ordre, dans le cas où les deux variables finies x & y,

&

& leurs deux premieres différences dx, dy, manquent ; celles du fixieme, pourvu qu'outre cela il manque encore l'une ou l'autre des fecondes différences ddx, ou ddy, & ainfi de fuite.

CCXXIII.

Soit l'équation $dx d^3y + dx^2 d^2y = dx^4 + dy^4$, fufceptible, comme on le voit, de la méthode préfente, puifque les deux indéterminées finies x & y ne s'y trouvent pas ; dx eft conftant dans cette équation. Je fais

$$\frac{p\,dx}{a} = dy$$

& par conféquent . . . . . . $\frac{dp\,dx}{;a} = ddy$

$$\frac{ddp\,dx}{a} = d^3y.$$

Après avoir fubftitué ces valeurs dans la propofée, elle devient $\frac{dx^2\,ddp}{a} + \frac{dx^3\,dp}{a} = dx^4 + \frac{p^4\,dx^4}{a^4}$; donc $\frac{ddp + dx\,dp}{a} = dx^2 + \frac{p^4\,dx^2}{a^4}$, équation réduite au fecond ordre.

Suppofant toujours dx conftant, je fais $\frac{q\,dx}{b} = dp$, ce qui me donne . . . . $\frac{dq\,dx}{b} = ddp$: j'ai après la fubftitution, $\frac{dq\,dx}{qb} + \frac{dp\,dx}{a} = dx^2 + \frac{p^4\,dx^2}{a^4}$, ou $\frac{dq}{ab} + \frac{dp}{a} = dx + \frac{p^4\,dx}{a^4}$: mais $dx = \frac{b\,dp}{q}$; donc on a $\frac{b\,dp + dq}{ab} = \frac{b\,dp}{q} + \frac{b\,p^4\,dp}{a^4\,q}$, équation réduite aux premieres différences.

CCXXIV.

Soit maintenant l'équation différentielle du quatrieme ordre $d^4y + dx\,d^3y - dx^2\,d^2y = 0$, dans laquelle dx

---

1°. A une équation du troifieme ordre.

2°. A une équation du quatrieme.

eft conftant, & les deux indéterminées finies x, y, avec la premiere différence dy ne fe trouvent pas. Je fuppofe donc . . . . $\frac{p\,dx}{a} = dy$,

& par conféquent . . . . $\frac{dp\,dx}{a} = ddy$

$$\frac{d^2 p\,dx}{a} = d^3 y$$

$$\frac{d^3 p\,dx}{a} = d^4 y \,;$$

donc en fubftituant pour ddy, $d^3 y$, $d^4 y$ ces valeurs, j'aurai la transformée fuivante $d^3 p + dx\,d^2 p - dx^2 dp = 0$, équation qui eft dans le cas de celle de l'exemple précédent ; donc en opérant comme nous venons de faire, on la ramenera aux premieres différences.

CCXXV.

Cas parti-
culiers qui fe
ramenent aux
précédents
par le choix
de la conftan-
te.

SCHOLIE 3. Parmi les équations qui ne font pas fufceptibles de la méthode précédente, parce que les deux indéterminées finies s'y trouvent, il y en a quelques-unes qu'on y peut ramener en prenant pour conftante une différentielle telle que tous les termes affectés de l'une des deux indéterminées finies difparoiffent, & qu'il ne refte que ceux qui contiennent l'autre.

Dans ce cas eft l'équation fuivante $dx^3 - dx\,dy^2 = y\,dx\,ddx + 2x\,dy\,ddy$, dans laquelle nous pouvons fuppofer conftant ou dx, ou dy. Si nous faifons la premiere fuppofition, nous aurons $ddx = 0$, & par conféquent le terme $y\,dx\,ddx$ s'évanouit ; fi c'eft dy que nous traitons comme conftant, $ddy = 0$ fait difparoître le terme $2x\,dy\,ddy$; donc dans l'une & l'autre suppositon il ne reste que l'une des deux indéterminées finies.

Soit donc dx constant, on aura $dx^3 - dx\,dy^2 = 2x\,dy\,ddy$. Je fais . . . . $dy = \frac{p\,dx}{a}$

$$ddy = \frac{dp\,dx}{a};$$

donc en substituant j'aurai $dx^3 - \frac{p^2\,dx^3}{aa} = \frac{2xp\,dp\,dx^2}{aa}$, c'est-à-dire $aa\,dx - pp\,dx = 2xp\,dp$, ou $\frac{dx}{x} = \frac{2p\,dp}{aa-pp}$. Donc en intégrant on a $lx = -l(aa-pp) + lm$, & $x = \frac{m}{aa-pp}$. Je remets pour p sa valeur $\frac{a\,dy}{dx}$, j'ai $x = \frac{m}{aa - \frac{aa\,dy^2}{dx^2}}$, & par conséquent $x = \frac{m\,dx^2}{aa\,dx^2 - aa\,dy^2}$, ou enfin $aa\,dy^2 = aa\,dx^2 - \frac{m\,dx^2}{x}$.

CCXXVI.

D'autres cas se rameneront à notre méthode par de simples substitutions. Soit, par exemple, $x^m\,ddx = y\,ddy + dy^2 + yy\,dy^2$, je fais $y\,dy = dz$, d'où je tire,

$$y\,ddy + dy^2 = ddz$$
$$yy\,dy^2 = dz^2.$$

Donc en substituant ces valeurs on aura pour transformée l'équation $x^m\,ddx = ddz + dz^2$, dans laquelle l'une des deux indéterminées finies z ne se trouve pas.

Autres cas particuliers qui s'y ramenent par de simples substitutions.

CCXXVII.

Il y a encore un autre cas plus général que les précédents; c'est celui dans lequel on n'a que des ddy, des

dy & des dx : car alors en faifant $dy = zdx$, dx étant
conftant, l'équation, comme il eft évident, fe ramenera toujours aux premieres différences. Maintenant nous
allons expofer une méthode générale pour ramener à notre
dernier cas un très-grand nombre d'équations différentielles.

CHAPITRE V.

*Méthode pour transformer un grand nombre d'é-
quations différentielles qui renferment leurs deux
indéterminées finies, en d'autres dans lefquelles
l'une des deux ne fe trouve pas.*

CCXXVIII.

Fondement
de cette mé-
thode.

LA méthode que nous allons expliquer eft fondée fur
le principe du calcul des exponentielles. Si l'on a une
quantité telle que c^x, dans laquelle c défigne un nombre
dont le logarithme eft l'unité, fa différentielle fera, comme
nous l'avons vu dans l'Introduction, $c^x dx$; fa feconde
différence $c^x ddx + c^x dx^2$, fa différence troifiéme $c^x d^3 x$
$+ 3 c^x dx ddx + c^x dx^3$, & ainfi de fuite. Or dans ces
différentielles l'indéterminée finie x ne fe trouve que dans
l'expofant. Cette confidération fit penfer à M. Euler qui
eft l'inventeur de cette méthode, que fi dans les équations
différentielles d'un ordre plus élevé que le premier, on
fubftituoit aux indéterminées des exponentielles telles que

les précédentes, les variables finies ne fe trouveroient plus qu'aux expofants. La difficulté feroit alors réduite à faire évanouir les exponentielles introduites à la place des variables. Car par ce moyen l'équation fera délivrée de l'une de fes indéterminées, dont il ne reftera que les différences.

CCXXIX.

La méthode réuffira pour toutes les équations différentielles du fecond ordre qui font dans un des trois cas fuivants.

1°. Pour celles qui n'ont que deux termes & qui font comprifes dans la formule fuivante,

$$a\,x^{m}\,dx^{p} - y^{n}\,dy^{p-2}\,ddy = 0.$$

2°. Pour toutes les équations dans lefquelles les indéterminées & leurs différences ont le même nombre de dimenfions dans chaque terme. La formule fuivante peut les repréfenter :

$$a\,x^{m}y^{-m-1}\,d\,x^{p}\,dy^{2-p} + b\,x^{n}y^{-n-1}\,dx^{q}\,dy^{2-q} = ddy.$$

3. Pour les équations dans lefquelles l'une des deux variables avec fes différences a le même nombre de dimenfions dans chaque terme. Mais il faut diftinguer deux cas ; le premier, quand la premiere différentielle de l'indéterminée qui a par-tout le même nombre de dimenfions eft conftante ; & ce cas peut fe repréfenter par la formule,

$$P\,x^{m}\,dy^{m+2} + Q\,x^{m-h}\,d\,x^{h}\,dy^{m+2-h} = dx^{m}\,ddy,$$

dans laquelle x a dans tous les termes le nombre m de dimenfions, dx eft conftante, P & Q font des fonctions quelconques de y. Le fecond cas arrive lorfque c'eft la premiere différentielle de l'autre variable, qui eft conftante, & ce dernier eft compris dans la formule,

$$P x^m dy^{m+1} + Q x^{m-h} dx^h dy^{m-h+1} = dx^{m-1} ddx,$$

dans laquelle dy eft conftant, P & Q font des fonctions de y, x a, comme on le voit, dans chaque terme le nombre m de dimenfions.

Nous allons examiner féparément les quatre formules précédentes.

C C X X X.

Examen du premier cas de la méthode.

PROBLEME I. Intégrer les équations telles que $a x^m dx^p = y^n dy^{p-2} ddy$, dans laquelle dx eft conftant.

SOLUTION. Soit . . . . $x = c^{hu}$

& . . . . $y = c^u t$,

h eft une quantité arbitraire qu'on déterminera dans la fuite de l'opération, u & t font deux nouvelles variables.

La fuppofition de $x = c^{hu}$ & de $y = c^u t$, nous donne

$$dx = h c^{hu} du$$
$$ddx = h c^{hu} \times (ddu + h du^2)$$
$$dy = c^u dt + c^u t du$$
$$ddy = c^u \times (ddt + 2 dt du + t du^2 + t ddu).$$

Mais par l'hypothefe dx eft conftant; on aura donc $ddx = 0$, donc auffi $h c^{hu} \times (ddu + h du^2) = 0$, c'eft-à-dire, $ddu = - h du^2$ & en fubftituant pour ddu cette valeur dans celle de ddy, on a

$$ddy = c^u \times (ddt + 2 dt du + (1 - h) t . du^2).$$

Subſtituons dans la propoſée pour x, y, &c. leurs valeurs, elle devient $ac^{hmu} h^p c^{hpu} du^p = c^{nu} t^n \times (c^u dt + c^u tdu)^{p-2} \times c^u (ddt + 2dtdu + (1 - h) t du^2)$, c'eſt-à-dire, $ac^{(m+p)hu} h^p du^p = c^{(n+p-1)u} t^n \times (dt + tdu)^{p-2} \times (ddt + 2dtdu + (1 -) t du^2)$.

Maintenant il s'agit de déterminer h, de maniere que les exponentielles s'évanouiſſent. Or pour cela on voit bien qu'il faut que $n + p - 1 = hm + hp$, ce qui donne $h = \frac{n+p-1}{m+p}$; donc l'équation précédente devient (B)

$$a \left\{ \frac{(n+p-1)^p du^p}{(m+p)^p} \right\} = t^n . (dt + tdu)^{p-2} \times (ddt + 2dtdu + (\frac{m-n+1}{m+p}) t du^2),$$

laquelle ne contient plus qu'une des variables finies , ſavoir t , & ſe trouve par conféquent réduite au cas du Chapitre précédent.

Puiſqu'on trouve $h = \frac{n+p-1}{m+p}$, il eſt facile de voir que les ſubſtitutions à faire ſont $x = c^{(\frac{n+p-1}{m+p})u}$ & $y = c^u t$, dans leſquelles on obſervera que $n + p - 1$ eſt la ſomme des dimenſions de y, & $m + p$, celle des dimenſions de x. Cette remarque doit ſervir à déterminer ſur le champ dans les cas particuliers la valeur qu'on doit donner à h.

C C X X X I.

Appliquons maintenant à la formule réduite la méthode de l'Art. ccxvi. Soit $du = zdt$, on aura $ddu = dzdt + zddt$; mais la ſuppoſition de dx conſtant , nous a donné plus haut $ddu = - hdu^2$: on aura donc en mettant pour h, & pour du leurs valeurs , $ddu =$

$(\frac{1-n-p}{m+p})\, zz\, dt^2$: donc $(\frac{1-n-p}{m+p})\, zz\, dt^2 = z\,ddt + dz\,dt$,

d'où l'on tire $ddt = (\frac{1-n-p}{m+p})\, z\,dt^2 - \frac{dt\,dz}{z}$. Je substitue

dans l'équation (B) les valeurs de du & de ddt, j'ai

$$a\left(\tfrac{n+p-1}{m+1}\right)^p a z^p dt^p = t^n .(dt + zt\,dt)^{p-2} \times$$

$$\left\{ \left(\tfrac{1-n-p}{m+p}\right) z\,dt^2 - \tfrac{dt\,dz}{z} + 2\,zz\,dt^2 + \left(\tfrac{m-n+1}{m+p}\right) zz\,t\,dt^2 \right\},$$

ou bien en divisant par dt^{p-1}, & multipliant par z, on

aura $(D)\; \left(\tfrac{n+p-1}{m+p}\right)^p z^{p+1} dt = t^n \times \left\{ (1 + tz)^{p-2} \times \right.$

$$\left. \left(\tfrac{1+2m-n+p}{m+p}\right) zz\,dt + \left(\tfrac{m-n+1}{m+p}\right) t z^3 dt - dz \right\},$$

équation réduite aux premieres différences.

La supposition de $du = z\,dt$ & la valeur $\frac{n+p-1}{m+p}$ trouvée pour h, nous apprennent que pour réduire sur le champ

l'équation proposée, il falloit faire $x = c^{\left(\frac{n+p-1}{m+p}\right)\int z\,dt}$

& . . . . $y = c^{\int z\,dt}\, t$,

ou, ce qui revient au même, $x = c^{(n+p-1)\int z\,dt}$

& . . . . $y = c^{(m+p)\int z\,dt}\, t$.

CCXXXII.

COROLL. De ce que nous supposons $x = c^{(n+p-1)\int z\,dt}$,

il s'enfuit que $c^{\int z\,dt} = x^{\frac{1}{n+p-1}}$; donc $\int (z\,dt)\, lc = \frac{1}{n+p-1}\, lx$; donc à cause de $lc = 1$, $z\,dt = \frac{dx}{(n+p-1)\,x}$.

mais la supposition de $y = c^{(m+p)\int z\,dt}\, t$, nous donne $ly = (m+p)\int (z\,dt)\, lc + lt$; donc en mettant pour $\int z\,dt$ sa valeur en x, on a $ly = (\frac{m+p}{n+p-1})\, lx + lt$;

donc $y = x^{\frac{m+p}{n+p-1}}\, t$, & $t = y\, x^{\frac{-m-p}{n+p-1}}$; donc $dt =$

$$x^{\frac{-m-p}{n+p-1}}\, dy - \left(\frac{m+p}{n+p-1}\right) \times y x^{-\left(\frac{m+n+2p-1}{n+p-1}\right)}\, dx.$$ Donc
en mettant pour dt cette valeur dans l'équation $z\, dt =$

$$= \frac{dx}{(n+p-1)x},$$ on aura $z\, x^{\frac{-m-p}{n+p-1}}\, dy - \left(\frac{m+p}{n+p-1}\right)$

$$y z x^{-\left(\frac{m+n-2p-1}{n+p-1}\right)}\, dx = \frac{dx}{(n+p-1)x};$$ donc enfin $z =$

$$\frac{dx}{(n+p-1)\, x^{\frac{n-m-1}{n+p-1}}\, dy - (m+p)\, y x^{-\left(\frac{m-3p}{n+p-1}\right)}\, dx}.$$

Donc il est évident que si nous avons la valeur de z en t,
ou celle de t en z, on pourra trouver le rapport de x à y.

Appliquons la méthode précédente à quelques exemples
particuliers.

CCXXXIII.

Soit l'équation $x\, dx\, dy = y\, d\, dy$ dans laquelle dx est
constant. Comparant cette équation avec la formule, j'ai

Application de la formule à deux exemples particuliers.

$$a = 1$$
$$m = 1$$
$$p = 1$$
$$n = 1.$$

Mettant donc ces valeurs dans l'équation différentielle du
premier degré (D) trouvée plus haut, on a $\frac{z z\, dt}{2} = t$
$(1 + tz)^{-1} \times (\frac{1}{2} z^2\, dt + \frac{1}{2} t z^3\, dt - dz)$; ou en réduisant $z^2\, dt + t z^3\, dt = 3 t z^2\, dt + z^3 t^2\, dt - 2 t\, dz$.

CCXXXIV.

Soit encore proposé de réduire aux premieres différen-
ces l'équation $\frac{a\, dx}{x} = \frac{d\, dy}{y\, dy}$, dans laquelle dx est constant.
Comparant cette équation avec notre formule, on trouve

$$p = 1$$
$$n = -1$$
$$m = -1 \, ;$$

on auroit donc dans le cas préfent $p + m = 0$, donc tous les termes de l'équation réduite feroient infinis, & par conféquent la méthode ne peut fervir dans ce cas.

Mais alors l'intégration eft facile. Car on a $x \, ddy = a y \, dy \, dx$; mais dx conftant donne $ddx = 0$: donc l'intégrale du premier membre eft $x \, dy - y \, dx$, & celle du fecond eft $\frac{a y y \, dx}{2}$. Donc on aura $\frac{x \, dy - y \, dx}{y y} = \frac{a \, dx}{2} \pm C \, dx$.

CCXXXV.

Seconde partie de la méthode.

PROBLEME 2. Intégrer les équations qui fe rapportent à la formule générale $a x^m y^{-m-1} dx^p dy^{2-p} + b x^n y^{-n-1} dx^q dy^{2-q} = ddy$, dans laquelle dx eft conftant.

SOLUTION. Soit . . . . $x = c^u$
$$y = c^u t$$

j'aurai . . . . $dx = c^u du,$

& comme dx eft conftant, $c^u ddu + c^u du^2 = 0$; c'eft-à-dire, $ddu = -du^2$, on a auffi

$$dy = c^u dt + c^u t du$$
$$ddy = c^u . (ddt + 2 du dt + t du^2 + t ddu) ;$$

& à caufe que nous avons $ddu = -du^2$,

$$ddy = c^u . (ddt + 2 du dt).$$

Subftituant ces valeurs dans la formule, elle devient $ddt + 2 du dt = a t^{-m-1} du^p \times (dt + t du)^{2-p} + b t^{-n-1} du^q . (dt + t du)^{2-q}$, équation dans laquelle ne fe trouve pas l'indéterminée finie u.

Je fuppofe donc $du = z\,dt$; ce qui me donne $ddu = dz\,dt + z\,ddt$. Mais $ddu = -\,du^2 = -\,zz\,dt^2$; donc $ddt = -\,\frac{dz\,dt}{z} - z\,dt^2$. Donc on aura l'équation fuivante $at^{-m-1}z^p\,dt^p \cdot (dt + zt\,dt)^{1-p} + bt^{-n-1}z^q\,dt^q \cdot (dt + zt\,dt)^{1-q} = -\,\frac{dz\,dt}{z} + z\,dt^2$, ou bien (A)

$at^{-m-1}z^p\,dt \cdot (1 + zt)^{1-p} + bt^{-n-1}z^q\,dt \cdot (1 + zt)^{1-q} = -\,\frac{dz}{z} + z\,dt$, équation différentielle du premier ordre : d'où je conclus que je pouvois réduire tout de fuite la propofée en faifant . . . . $x = c^{\int z\,dt}$

$$y = c^{\int z\,dt}\,t.$$

Ces deux fuppofitions nous donnent $dx = c^{\int z\,dt}z\,dt$ & $dy = c^{\int z\,dt}\,dt + c^{\int z\,dt}zt\,dt$; donc $ddx = c^{\int z\,dt} \times (z\,ddt + dz\,dt + zz\,dt^2)$: mais dx étant conftant, $ddx = 0$, donc $z\,ddt + dz\,dt + zz\,dt^2 = 0$, & $ddt = -\,z\,dt^2 - \frac{dz\,dt}{z}$, & par conféquent on aura $ddy = c^{\int z\,dt} \times (z\,dt^2 - \frac{dz\,dt}{z})$.

Appliquons cette formule à quelques exemples.

CCXXXVI.

Soit l'équation $x\,dx\,dy - y\,dx^2 = yy\,ddy$. Pour la comparer avec la formule, je l'écris ainfi $xy^{-2}\,dx\,dy - y^{-1}\,dx^2 = ddy$. J'ai donc . . . . . $a = 1$

$m = 1$

$p = 1$

$n = 0$

$b = -1$

$q = 2.$

Application à un exemple.

Z ij

Subſtituant ces valeurs dans l'équation (A) elle devient $t^{-2}zdt \times (1 + zt) - t^{-1}zzdt = -\frac{dz}{z} + zdt$, ou $\frac{zdt + zztdt}{tt} - \frac{zzdt}{t} = -\frac{dz + zzdt}{z}$; ou $zzdt + z^3tdt - z^3tdt = -ttdz + zzttdt$. Donc en réduiſant on a $zzdt - zzttdt = -ttdz$. Donc $dt - \frac{dt}{tt} = \frac{dz}{zz}$; & en intégrant $t + \frac{1}{t} = -\frac{1}{z} + C$; c'eſt-à-dire $ttz + z = -t + Ctz$. Mais par les ſubſtitutions $z = \frac{du}{dt}$; donc l'équation $Ctz - t = ttz + z$ devient ici $Ctdu - tdt = ttdu + du$, ou (E) $du = \frac{tdt}{Ct - tt - 1}$. D'un autre côté la ſuppoſition de $c^u = x$ donne $ulc = lx$, & à cauſe que $lc = 1$, $du = \frac{dx}{x}$; on aura auſſi $y = c^u t = xt$, donc $t = \frac{y}{x}$, $dt = \frac{xdy - ydx}{xx}$. Subſtituons dans ($E$) pour du, dt, t leurs valeurs, on aura $ydy + xdx = Cydx$, équation au cercle dans le cas où $C = 0$.

CCXXXVII.

SCHOLIE. La formule que nous venons de traiter dans le Problême précédent n'a que trois termes : on pourroit y en ajouter tant d'autres qu'on voudroit, pourvu toutesfois qu'ils euſſent les conditions énoncées Art. CCXXIX. Pour ne laiſſer aucun doute ſur cet article, nous allons appliquer la méthode à un exemple qui a plus de trois termes.

Soit propoſée l'équation ſuivante $y^2 dx^3 + x^2 dy^3 - yx\,dx\,dy^2 - yx\,dy\,dx^2 + yx^2\,dx\,ddy - xy^2\,dx\,ddy = 0$, dans laquelle dx eſt conſtant. Je ſuppoſe, ainſi que je l'ai fait plus haut, ... $x = c^u$

$$y = c^u t,$$

j'aurai . . . . $dx = c^u du$

$$dy = c^u . (dt + tdu);$$

& à caufe que $ddx = o$, $ddy = c^u \times (ddt + 2 dudt)$. Je fubftitue pour x, y, dx, dy, ddy leurs valeurs dans l'équation, je trouve la transformée fuivante après les réductions ordinaires (F) $dt^3 + 2 t du dt^2 — tt dt du^2 + t dt du^2 + t du ddt — tt du ddt = o$, dans laquelle on voit bien que l'indéterminée finie u ne fe trouve pas.

Je fais donc . . . . $du = z dt$, j'en tire $ddu = dz dt + z ddt$, ou parce que $ddx = o$ donne $ddu = — du^2$, $— du^2 = dz dt + z ddt$, donc $ddt = — z dt^2 — \frac{dzdt}{z}$. Donc enfin après avoir fubftitué ces valeurs dans (F), on aura la réduite $dt + 2tz dt — t dz + tt dz = o$, ou bien $(tt — t) dz + 2 z t dt + dt = o$, équation réduite au cas général du Chapitre VII.

Si on applique à cette équation les regles que nous avons données dans ce Chapitre, on trouvera pour fon intégrale $(t — 1)^2 z + t — lt = C$.

Cherchons maintenant au moyen de cette intégrale le rapport de x à y. La fuppofition de $du = z dt$ donne $z = \frac{du}{dt}$; donc l'intégrale trouvée devient $(t — 1)^2 du + t dt — dt lt = Cdt$, ou $du = \frac{Cdt - t dt + dt lt}{(t - 1)^2}$, équation dont l'intégrale eft en ajoutant la conftante A, (G) $u = \frac{t - C - t lt + At - A}{t - 1}$. Mais la fuppofition de $x = c^u$ donne $u = lx$, & comme on fuppofe auffi $y = c^u t$, on

aura $y = tx$, & $t = \frac{y}{x}$. Donc l'intégrale (G) devient
$lx = \frac{y - Cx - yly + ylx - Ax + Ay}{y - x}$. Donc $ylx - xlx = y$
$- Cx - yly + ylx - Ax + Ay$. Donc enfin en ré-
duisant & supposant . . $-C - A = m$
& . . . . $A + 1 = n$,
on a . . . . $mx + ny = yly - xlx$.

CCXXXVIII.

Troisieme partie de la méthode.

Comprend deux cas.

La troisieme partie de la méthode comprend, ainsi que nous l'avons dit plus haut, toutes les équations dans lesquelles l'une des deux variables avec ses différences a dans chaque terme le même nombre de dimensions. Nous avons dit aussi qu'il falloit distinguer deux cas ; le premier, quand on a pour constante la premiere différence de l'indéterminée qui a le même nombre de dimensions à tous les termes ; le second lorsque c'est la premiere différence de l'autre indéterminée qui est constante. Nous traiterons ces deux cas séparément.

CCXXXIX.

Premier cas représenté par la formule $Px^m dy^{m+1} + Qx^{m-n} dx^n dy^{m+1-n} = dx^m ddy$.

PROBLEME 3. Intégrer les équations représentées par la formule $Px\,dy^{m+1} + Qx^{m-n}\,dx^n\,dy^{m+1-n} = dx^m\,ddy$, dans laquelle la somme des exposants de x & de dx est m dans tous les termes, dx est constant & P, Q sont des fonctions quelconques de y.

SOLUTION. Je suppose . . . . . $x = c^u$,
ce qui me donne . . . . $dx = c^u du$

$\&\ldots\ldots\ldots\ldots ddu = -du^2$;
je substitue ces valeurs dans la formule, & je la divise par
c^{mu}, qui se trouve à tous les termes, j'ai la transformée
(I) $Pdy^{m+2} + Qdu^n dy^{m+2-n} = du^m ddy$, laquelle
ne contient point u.

Je fais donc $du = zdy$, $ddu = dzdy + zddy$: mais
$ddu = -du^2$ & $du^2 = zzdy^2$; donc $zddy + dzdy$
$= -zzdy^2$, & par conséquent $ddy = -zdy^2 - \frac{dzdy}{z}$.
Donc en substituant ces valeurs l'équation (I) devient
$Pdy^{m+2} + Qz^n dy^{m+2} = -z^{m+1} dy^{m+2} - z^{m-1}$
$dy^{m+1} dz$, & divisant par dy^{m+1}, (L) $Pdy + Qz^n dy$
$= -z^{m+1} dy - z^{m-1} dz$, équation réduite aux premieres différences. Il est évident qu'on auroit réduit tout
de suite la proposée, si on eût fait $x = c^{\int zdy}$. Cette supposition nous eût donné $dx = c^{\int zdy} zdy$, $ddx = c^{\int zdy}$.
$(dzdy + zddy + z^2 dy^2)$: or $ddx = 0$, donc on auroit eu $ddy = -zdy^2 - \frac{dzdy}{z}$, comme on l'a trouvé
plus haut.

Appliquons cette formule à un cas particulier qui ait
plus de trois termes.

CCXL.

Qu'on ait à intégrer l'équation $2adx^2 dy + axdxddy$
$= 2xdxdy^2 + 2xxdyddy$, dans laquelle dx est constant. Soit $\ldots\ldots\ldots x = c^{\int zdy}$
$$dx = c^{\int zdy} zdy$$
$$ddy = -zdy^2 - \frac{dzdy}{z}.$$

Subſtituons pour x, dx, ddy, ces valeurs dans l'équation, elle devient $2ac^{2\int zdy} z^2 dy^3 - ac^{2\int zdy} z^2 dy^3 - ac^{2\int zdy} dz dy^2 = 2c^{2\int zdy} z dy^3 - 2c^{2\int zdy} z dy^3 - \dfrac{2c^{2\int zdy} dz dy^2}{z}$, & en diviſant par $c^{2\int zdy} dy^2$ qui ſe trouve à tous les termes, on a après la réduction $az^2 dy - adz = -\dfrac{2dz}{z}$, ou bien $ady = \dfrac{azdz - 2dz}{z^3}$. L'intégrale de cette équation eſt $ay = -\dfrac{a}{z} + \dfrac{1}{zz} + C$. Maintenant la ſuppoſition $x = c^{\int zdy}$ nous donne $lx = \int zdy$, & $\dfrac{dx}{x} = zdy$: donc $z = \dfrac{dx}{xdy}$. Remettant dans l'intégrale pour z cette valeur, nous aurons l'équation réduite
$$ay dx^2 = xx dy^2 - ax dx dy + C dx^2.$$
Je paſſe au ſecond cas.

CCXLI.

PROBLEME 4. Intégrer les équations contenues dans la formule $Px^m dy^{m+1} + Qx^{m-n} dx^n dy^{m-n+1} = dx^{m-1} ddx$, dans laquelle dy eſt conſtant, P & Q ſont des fonctions de y.

SOLUTION. Je fais comme ci-deſſus $x = c^u$
$$dx = c^u du$$
$$ddx = c^u.(ddu + du^2).$$

Suivant ces ſubſtitutions dans la formule, nous aurons
$$(M)\quad Pdy^{m+1} + Qdu^n dy^{m-n+1} = du^{m+1} + du^{m-1} ddu$$
laquelle ne contient plus u. Nous avons diviſé par c^{mu} qui multiplioit tous les termes.

Je ſuppoſe donc . . . . $du = zdy$
$$dy$$

dy étant conſtant, on a . . . . . $ddu = dzdy$,
& ſubſtituant ces valeurs dans l'équation (M), elle de-
vient $Pdy^{m+1} + Qz^n dy^{m+1} = z^{m+1} dy^{m+1} + z^{m-1} dy^m dz$, & en diviſant par dy^m, $Pdy + Qz^n dy = z^{m+1} dy + z^{m-1} dz$, équation différentielle du premier ordre à laquelle on parviendroit ſur le champ en
faiſant $x = c^{\int z\,dy}$.

Je paſſe à un exemple.

CCXLII.

Soit propoſé de réduire aux premieres différences l'équation $2dx\,dy = addx - yddx$, dans laquelle dy eſt
conſtant. Je fais $x = c^{\int z\,dy}$

$$dx = z\,dy\,c^{\int z\,dy}$$
$$ddx = c^{\int z\,dy} \times (z^2 dy^2 + z\,d^2 y + dz\,dy).$$

Mais comme dy eſt conſtant, $ddy = 0$, donc $ddx = c^{\int z\,dy} \times (zdy^2 + dz\,dy)$. Faiſant ces ſubſtitutions dans
la propoſée, nous aurons $2zdy^2 = azzdy^2 + adz\,dy - zzy\,dy^2 - ydy\,dz$; & diviſant par dy, $2zdy = azz\,dy + adz - zzy\,dy - ydz$, équation réduite aux premieres
différences.

CCXLIII.

Remarque. Cette équation nous a ſervi pour faire
voir l'application de notre méthode; mais on peut la réduire tout de ſuite : car on a $2dx\,dy + yddx = addx$,
dont l'intégrale dy étant conſtant, $ydx + xdy = adx + Cdy$.

$II. Partie.$ Aa

CHAPITRE VI.

Application de la méthode du Chapitre XV. aux équations différentielles d'un ordre plus élevé que le premier.

CCXLIV.

Conditions que cette méthode exige.

Nous avons vu (Chap. XV.) comment , au moyen des coefficiens indéterminés, on intégroit un nombre n d'équations différentielles du premier ordre qui renferment un nombre n d'indéterminées x, y, z, u, &c. multipliées par des constantes & par une même fonction de t, avec leurs différentielles $\frac{dx}{dt}$, $\frac{dy}{dt}$, $\frac{du}{dt}$, &c. aussi multipliées par des constantes & par une fonction de t qui soit la même pour toutes, & de plus une fonction quelconque θ, θ', &c. de la variable t. Cette même méthode s'étend aux différentielles d'un ordre plus élevé que le premier.

Si l'on a un nombre n d'équations différentielles contenant un nombre n de changeantes x, y, z, &c. multipliées par des constantes & par une fonction quelconque θ de t avec leurs différences $\frac{dx}{dt}$, $\frac{dy}{dt}$, $\frac{dz}{dt}$, aussi multipliées par des constantes & par θ; & les différences secondes $\frac{ddx}{dt^2}$, $\frac{ddy}{dt^2}$, &c. multipliées de même par des constantes & par θ, & ainsi de suite jusqu'aux différences

$\dfrac{d^r x}{dt^r}$, $\dfrac{d^r y}{dt^r}$, $\dfrac{d^r z}{dt^r}$ d'un degré quelconque r ; que de plus chacune de ces équations contienne , fi l'on veut, une fonction quelconque θ', θ'' de t ; voici la méthode qu'il faudra fuivre pour parvenir à l'intégration.

CCXLV.

On fera . . . .
$$d^{r-1} x = u\, dt^{r-1}$$
$$d^{r-2} x = u'\, dt^{r-2}$$
$$d^{r-1} y = u''\, dt^{r-1}$$
$$d^{r-2} y = u'''\, dt^{r-2}, \&c.$$

Procédé de la méthode.

Par ces fubftitutions on changera les équations données en d'autres équations qui feront au nombre de $n +(n-1)r$, & qui ne contiendront que les indéterminées x, y, z, &c. u, u', u'', u''', &c. avec leurs premieres différences feulement dx, dy, dz, du, du', du'', du'''. Ces équations alors s'intégreront en les multipliant toutes excepté la premiere , par des coefficients indéterminés différents, & pratiquant enfuite les autres opérations que prefcrit la méthode du Chapitre XV. Nous allons appliquer ces principes à quelques exemples.

CCXLVI.

Soit $n = 2$, $r = 4$, enforte qu'on ait à intégrer les deux équations fuivantes $d^4 y + b\,d^3 y\,dt + c\,d^2 y\,dt^2 + e\,dy\,dt^3 + f\,dx\,dt^3 + g\,d^2 x\,dt^2 + h\,d^3 x\,dt + i\,d^4 x + e\,dt^4 = 0$, & $d^4 y + \varepsilon\,d^3 y\,dt + \varkappa\,d^2 y\,dt^2 + \iota\,dy\,dt^3 +$

Son application à des exemples.

Premier exemple.

$$\varrho\, dx\, dt^3 + \nu\, d^2x\, dt^2 + \lambda\, d^3x\, dt + \mu\, d^4x + \tau\, dt^4 = 0.$$

Je suppofe alors . . . . $\quad d^3y = z\, dt^3$
$$d^2y = p\, dt^2$$
$$dy = q\, dt$$
$$d^3x = u\, dt^3$$
$$d^2x = r\, dt^2$$
$$dx = s\, dt,$$

z, p, q, r, s, u étant de nouvelles indéterminées. Faifant dans les deux équations propofées les transformations
précédentes, on a $dt^3\, dz + bz\, dt^4 + cp\, dt^4 + eq\, dt^4$
$+ fs\, dt^4 + gr\, dt^4 + hu\, dt^3 + i\, dt^3\, du + \theta\, dt^4 = 0,$
& $dt^3\, dz + \epsilon z\, dt^4 + \varkappa p\, dt^4 + \iota q\, dt^4 + \varphi s\, dt^4 + \nu r\, dt^4$
$+ \lambda u\, dt^4 + \mu\, dt^3\, du + \tau\, dt^4 = 0.$ Mais au lieu de
$d^3y = z\, dt^3$ on peut mettre $dp = z\, dt$; au lieu de d^2y
$= p\, dt^2$, $dq = p\, dt$; au lieu de $d^3x = u\, dt^3$, $dr =$
$u\, dt$; au lieu de $d^2x = r\, dt^2$, $ds = r\, dt$. Donc on
aura les huit équations fuivantes :

$$dz + idu + (bz + cp + eq + fs + gr + hu + \theta)\, dt = 0$$
$$dz + \mu du + (\epsilon z + \varkappa p + \iota q + \varphi s + \nu r + \lambda u + \tau)\, dt = 0$$
$$dx - s\, dt = 0$$
$$dy - q\, dt = 0$$
$$ds - r\, dt = 0$$
$$dq - p\, dt = 0$$
$$dr - u\, dt = 0$$
$$dp - z\, dt = 0.$$

Les équations font réduites à l'état qu'exige la méthode du
Chapitre XV. il eft maintenant facile de la leur appliquer.

CCXLVII.

Soit encore l'équation $\frac{d^3 y}{dt^3} + \frac{b\,ddy}{dt^2} + \frac{c\,dy}{dt} + Ky + T$ Second exemple. $= 0$, T étant une fonction de t. Je mets l'équation fous cette forme $d^3 y + bd^2 y\,dt + c\,dy\,dt^2 + Ky\,dt^3 + T\,dt^3 = 0$, & j'ai $n = 1$, $r = 3$. Je fais donc $ddy = x\,dt^2$

$$dy = z\,dt;$$

différentiant cette derniere équation, & fuppofant dt conftant, on aura $ddy = dz\,dt$; donc $dz\,dt = x\,dt^2$ ou $dz = x\,dt$. Donc nous aurons les deux équations fui- vantes . . . . $dz - x\,dt = 0$

$$dy - z\,dt = 0.$$

Mettant dans la propofée pour $d^3 y$, ddy, dy leurs va- leurs tirées des équations précédentes, & fuppofant tou- jours dt conftant, nous aurons $dt^2\,dx + bx\,dt^3 + cz\,dt^3$ $Ky\,dt^3 + T\,dt^3 = 0$ & $dx + bx\,dt + cz\,dt + Ky\,dt + T\,dt = 0$, équation réduite au cas de l'Art. CLXXV. Voilà donc les trois équations fur lefquelles nous devons opérer.

Selon ce qui eft dit (Chap. XV.) je multiplie la fe- conde de ces équations par un coefficient indéterminé μ, & la troifieme par un autre coefficient indéterminé v. J'aurai donc $dx + (bx + cz + Ky + T)\,dt = 0$

$$v\,dy - vz\,dt = 0$$

$$\mu\,dz - \mu x\,dt = 0.$$

J'ajoute enfemble ces trois équations de la façon fuivante

$(A) \cdot dx + v\,dy + {}^\mu dz + \big((b - \mu)x + (c - v)z +$

$Ky + T)\,dt = 0$. Soit maintenant $bx - \mu x + cz - vz$
$+ Ky = Rx + Rvy + R\mu z$, j'aurai en comparant
terme à terme . . . .
$$b - \mu = R$$
$$c - v = R\mu$$
$$K = Rv.$$

Donc $b - \mu = \dfrac{c - v}{\mu} = \dfrac{K}{v}$. Donc $(b - \mu)\mu = c - v$
& $(b - \mu)\,v = K$. Donc l'équation (A) devient $dx +$
$v\,dy + \mu\,dz + (x + vy + \mu z)\cdot(b - \mu)\,dt + T\,dt = 0$.
Soit $x + vy + \mu z = u$, on aura $du + (b - \mu)\,u\,dt +$
$T\,dt = 0$, équation intégrable par la méthode du Chapitre VII.

Nous avons maintenant $\mu\mu - b\mu = v - c$, ou $\mu =$
$\dfrac{b}{2} + V(v - c + \dfrac{bb}{4})$ & $\dfrac{b}{2} + V(v - c + \dfrac{bb}{4}) =$
$\dfrac{K}{v}$; donc $v - c + \dfrac{bb}{4} = \dfrac{KK}{vv} - \dfrac{bK}{v} + \dfrac{bb}{4}$. Donc v^3
$- cvv + Kbv = KK$. Soient n, n', n'' les trois valeurs
de v, on aura en suppofant que m, m', m'' font les trois
valeurs correfpondantes de μ, on aura, dis-je,
$$du + (b - m)\,u\,dt + T\,dt = 0$$
$$du + (b - m')\,u\,dt + T\,dt = 0$$
$$du + (b - m'')\,u\,dt + T\,dt = 0,$$
& encore . . . .
$$x + ny + mz = u$$
$$x + n'y + m'z = u'$$
$$x + n''y + m''z = u''.$$
Des trois premieres équations on tirera la valeur de u en
t, & les trois fecondes nous donneront celles de x, y, z.
Donc enfin on aura la valeur de y en t.

CCXLVIII.

Remarque. Cette méthode peut s'abréger en certains cas, par exemple, si on a $d^4 y + A y d x^4 + X d x^4 = 0$, au lieu d'employer quatre équations du premier degré, on peut se contenter de deux du second $d d y = u d t^2$
$$d d u = A y d t^2,$$
lesquelles se réduisent à une équation du second degré, & celle-ci à deux du premier.

CHAPITRE VII.

Exposition d'une méthode pour construire ces mêmes équations $\dfrac{a\, d^n y}{d x^n} + \dfrac{b\, d^{n-1} y}{d x^{n-1}} + \dfrac{g\, d^{n-2} y}{d x^{n-2}}$, *&c.*
$+ X = 0$, *en y supposant* $X = 0$.

CCXLIX.

Dans le Tome VII. des *Miscellanea Berolinensia*, M. Euler donne une méthode pour construire ces mêmes équations $\dfrac{a\, d^n y}{d x^n} + \dfrac{b\, d^{n-1} y}{d x^{n-1}} + \ldots$ &c. $+ X = 0$, en y supposant toutesfois $X = 0$. Voici le procédé de cette méthode.

Procédé de cette méthode.

Il fait . . . . $y = A c^{fx}$
$$dy = A c^{fx} f d x$$
$$d d y = A c^{fx} f f d x^2$$
$$d^n y = A c^{fx} f^n d x^n.$$

Ces valeurs subſtituées dans l'équation $\dfrac{a\,d^{n}y}{dx^{n}} + \dfrac{b\,d^{n-1}y}{dx^{n-1}}$ $+ \dfrac{g\,d^{n-2}y}{dx^{n-2}} + \dfrac{h\,d^{n-3}y}{dx^{n-3}} + $ &c. $+ y = 0$ nous donnent la transformée ſuivante $\dfrac{Aa c^{fx} f^{n}\,dx^{n}}{dx^{n}} + \dfrac{Ab c^{fx} f^{n-1}\,dx^{n-1}}{dx^{n-1}}$

$+ \dfrac{Ag c^{fx} f^{n-2}\,dx^{n-2}}{dx^{n-1}} + \dfrac{Ah c^{fx} f^{n-3}\,dx^{n-3}}{dx^{n-3}} + $ &c. . . .

$+ A c^{fx} = 0$, & en effaçant ce qui ſe détruit, on a

$$a f^{n} + b f^{n-1} + g f^{n-2} + h f^{n-3} + \text{&c.} \ldots + 1 = 0.$$

Il ne s'agit donc que de réſoudre cette derniere équation ; & cette ſolution nous donnera autant de valeurs particulieres de y, que l'équation aura de racines. On ajoutera enſemble toutes ces valeurs de y, & on aura l'intégrale complete de la propoſée. C'eſt ce que nous allons développer en ramenant à des cas particuliers l'équation générale.

C C L.

Suppoſons $n = 2$, l'équation à intégrer ſera $\dfrac{a\,ddy}{dx^{2}} + \dfrac{b\,dy}{dx} + y = 0$; & en mettant pour y ſa valeur $A c^{fx}$, & en réduiſant on a $A c^{fx} . (1 + bf + aff) = 0$. Que les valeurs de cette équation ſoient f & f', j'aurai $y = A c^{fx}$ & $y = B c^{f'x}$. Or chacune de ces valeurs de y ſubſtituée dans l'équation la rend égale à zéro ; je dis de plus que la ſomme de ces deux valeurs donne de même un réſultat égal à zéro. Car on aura $A c^{fx} . (1 + bf + aff)$ $= 0$ & $B c^{f'x} . (1 + bf' + af'f') = 0$ dans leſquelles tout ſe détruira par des ſignes contraires. Donc la ſomme

de

de ces deux valeurs substituée dans l'équation fera aussi évanouir tous les termes. Donc il faudra supposer $y = A c^{fx} + B c^{fx}$, & cette supposition renferme tous les cas, A étant $= 0$, $B = 0$, & A & B ayant une valeur.

Si $n = 3$, on trouvera par la même méthode, qu'il faut supposer $y = A c^{fx} + B c^{fx} + D c^{fx}$, A, B, D étant des coefficiens tout-à-fait arbitraires, & ainsi de suite.

CCLI.

Lorsque f a ses valeurs égales, l'équation alors sera représentée par $ffy - \frac{2 f d y}{d x} + \frac{d d y}{d x^2} = 0$. Soit $y = c^{fx} u$, on aura $dy = c^{fx} du + f u c^{fx} dx$, & en supposant dx constant, $ddy = c^{fx} ddu + 2 f c^{fx} dx du + ff u c^{fx} dx^2$. Donc en substituant ces valeurs on aura la transformée suivante $ff c^{fx} u - \frac{2 f c^{fx} du}{dx} - \frac{2 ff c^{fx} u dx}{dx} + \frac{c^{fx} ddu}{dx^2} + \frac{f c^{fx} dx du}{dx^2} + \frac{f c^{fx} dx du}{dx^2} + \frac{ff c^{fx} u dx^2}{dx^2} = 0$. Donc en effaçant ce qui se détruit, on a $ddu = 0$. Donc $du = \varepsilon dx$, $u = \varepsilon x + \alpha$. Donc lorsque $1 + bf + aff = 0$ est un quarré, il faut supposer $y = (\alpha + \varepsilon x) c^{fx}$.

CCLII.

Lorsque dans une équation différentielle du troisieme ordre, f aura ses trois valeurs égales, on trouvera par la même méthode qu'on doit alors supposer $y = (\alpha + \varepsilon x + \gamma x x) c^{fx}$. Car dans ce cas on aura l'équation suivante à intégrer $f^3 y - \frac{3 f^2 dy}{dx} + \frac{3 f d dy}{dx^2} - \frac{d^3 y}{dx^3} = 0$. Soit, comme ci-deſſus, $y = uc^{fx}$, $d^3y = c^{fx}d^3u + 3fc^{fx}dx\,ddu + 3ffc^{fx}dx^2\,du + f^3uc^{fx}dx^3$. Après avoir ſubſtitué pour y, dy, d^2y, d^3y leurs valeurs, on trouve $d^3u = 0$; donc $ddu = A\,dx^2$; $du = Ax\,dx + B\,dx$ & $u = \frac{Ax^2}{2} + Bx + C$. Donc enfin $y = uc^{fx} = (\alpha + \epsilon x + \gamma xx)c^{fx}$.

CCLIII.

Donc en général ſi f avoit un nombre k de racines égales, il faudroit ſuppoſer $y = (\alpha + \epsilon x + \gamma xx + \delta x^3 + \ldots + \lambda x^{k-1})c^{fx}$. Ce qui eſt évident par ce qui précede.

CCLIV.

Maintenant ſi f a des valeurs imaginaires, ces imaginaires, comme on le ſait, iront toujours en nombre pair. Ainſi ſuppoſons que dans l'équation $1 + bf + aff = 0$, on ait $\frac{b}{2\sqrt{a}} < 1$, alors on aura (Art. LXXXI. Introd.) $f = m + n\sqrt{-1}$ & $f' = m - n\sqrt{-1}$. Donc il faudra ſuppoſer $y = Ac^{mx+nx\sqrt{-1}} + Bc^{mx-nx\sqrt{-1}} = (Ac^{nx\sqrt{-1}} + Bc^{-nx\sqrt{-1}})c^{mx}$. Si l'on ſuppoſe A & B réelles & égales & $= P$, cette quantité deviendra réelle; & dans ce cas on aura (Art. XLVI. Introd.) $y = c^{mx} \times 2P.$ coſ. nx. Elle ſera encore réelle ſi on ſuppoſe A & B imaginaires & de différents ſignes. Soit, par exemple, $A = Q\sqrt{-1}$, $B = -Q\sqrt{-1}$, on aura $y = c^{mx}.(Q\sqrt{-1}.c^{nx\sqrt{-1}} - Q\sqrt{-1}.c^{-nx\sqrt{-1}}) = ($ Art. XLV. Introd.$) c^{mx}.2\sqrt{-1}.Q\sqrt{-1}.$ ſin. $nx = c^{mx} \times -2Q.$ ſin. nx. Nous venons de trouver plus haut $y = c^{mx}$.

$2P$. cof. nx. Donc en général $y = c^{mx}$. fin. $(nx + R)$. Donc l'intégrale cherchée eft $y = Hc^{mx}$. fin. $(nx + R)$. Car prenons un angle R dont le finus foit au co-finus, comme $2P$ eft à $-2Q$, on aura fin. R : cof. $R :: 2P : -2Q$. Donc fin. $R = \frac{2P}{H}$ & cof. $R = -\frac{2Q}{H}$. Donc $2P = H$. fin. R & $-2Q = H$. cof. R. Mettant ces valeurs dans $2P$. cof. $nx - 2Q$. fin. nx, on aura H. fin. R. cof. $nx + H$. cof. R. fin. $nx = H \times ($fin. R cof. $nx + $cof. R. fin. $nx) = ($ Art. XLIX. N°. 2. Introduct. $)$ H. fin. $(nx + R)$.

Appliquons maintenant cette méthode à quelques exemples.

C C L V.

Application de la métho-de à une équa-tion différen-tielle du fe-cond ordre.

Soit propofé d'intégrer l'équation fuivante $Ay + \frac{B\,dy}{dx} + \frac{K\,ddy}{dx^2} = 0$, dans laquelle dx eft conftant. Je fuppofe $y = Ec^{fx}$; j'aurai la transformée fuivante $AEc^{fx} + \frac{BEc^{fx}\,fdx}{dx} + \frac{KEc^{fx}\,ffdx^2}{dx^2} = 0$; & en réduifant $A + Bf + Kff = 0$. Cette équation a deux racines, toutes deux réelles ou toutes deux imaginaires.

1°. Les racines font réelles, quand BB eft $> 4AK$. Dans ce cas les deux racines font $f = \frac{-B \pm \sqrt{(BB - 4AK)}}{2K}$. Donc l'intégrale cherchée eft (Art. CCXLIX.) $y = \alpha c^{\frac{Bx + x\sqrt{(BB - 4AK)}}{2K}} + \epsilon c^{\frac{Bx - x\sqrt{(BB - 4AK)}}{2K}}$.

Il y a encore un cas particulier à diftinguer ici, c'eft celui dans lequel on auroit $BB = 4AK$. Car alors $A + 2f\sqrt{4AK} + Kff = 0$ feroit un quarré, celui de $\sqrt{A}$

$+f\sqrt{K}$. Donc les racines feroient égales. Donc (Art.

CCLI.) on auroit $y = (\alpha + \epsilon x) c^{-x\sqrt{\frac{A}{K}}}$. Car la fuppofi-

tion de $BB = 4AK$ donne $B = 2\sqrt{AK}$ & $f = -\frac{B}{2K}$.

Donc $y = (\alpha + \epsilon x) c^{-x\sqrt{\frac{A}{K}}}$ fera l'intégrale de l'équation

$Ay + \frac{2dy\sqrt{AK}}{dx} + \frac{Kddy}{dx^2} = 0$.

2°. Soit maintenant $BB < 4AK$, dans ce cas les racines feront imaginaires. On aura donc $m = -\frac{B}{2K}$,

$\pm n\sqrt{-1} = \frac{\sqrt{(BB-4AK)}}{2K}$ & $n = \frac{\sqrt{(4AK-BB)}}{2K}$. Donc en comparant cette valeur avec la formule $y = Hc^{mx}$ fin. $(nx + R)$, on aura l'intégrale fuivante $y = Hc^{-\frac{Bx}{2K}}$. fin. $\left(x \frac{\sqrt{(4AK-BB)}}{2K} + R \right)$.

CCLVI.

Soit encore à intégrer l'équation fuivante $y - \frac{3a^2ddy}{dx^2}$ $+ \frac{2a^3 d^3 y}{dx^3} = 0$; je fuppoferai $y = Ac^{fx}$, ce qui me donne la transformée fuivante $1 - 3aaff + 2a^3 f^3 = 0$. Les facteurs de cette équation font $(1 + 2af)$ & $(1 - af)^2$. Le premier nous donne $f = -\frac{1}{2a}$, d'où l'on tire $y = Ac^{-\frac{x}{2a}}$. Le fecond a fes deux valeurs égales, on aura $f = \frac{1}{a}$, & par conféquent $y = (\alpha + \epsilon x) c^{\frac{x}{a}}$. Donc l'intégrale complete fera $y = Ac^{-\frac{x}{2a}} + (\alpha + \epsilon x) c^{\frac{x}{a}}$.

CCLVII.

Enfin foit propofé d'intégrer l'équation fuivante $\frac{d^n y}{dx^n}$

$= 0$; la fuppofition de $y = A c^{f x}$ donne ici $f'' = 0$. Donc f a toutes fes racines égales. Donc fuivant ce que nous avons dit plus haut, il faudra faire $y = (a + b x + c x x + \ldots \&c.) c^{f x}$. Mais $f = 0$ donne $c^{f x} = c^0 = 1$. Donc la fuppofition fe réduit à $y = a + b x + c x x + e x^3 + \ldots + p x^{n-1}$.

Et en effet c'eft ce qu'on trouvera de même, en prenant fucceffivement autant d'intégrales que n contient d'unités. Soit $n = 4$, la propofée fera $\frac{d^4 y}{d x^4} = 0$, $d x$ étant conftant, on aura pour intégrale $\frac{d^3 y}{d x^3}$, que l'on fuppofera égale à une conftante de cette forme $\frac{a}{d x}$; ce qui fournit l'équation fuivante $d^3 y = a d x^3$; & enfuite $d d y = a x d x^2 + b d x^2$; $d y = \frac{a x^2 d x}{2} + b x d x + c d x$. Donc enfin $y = \frac{a x^3}{2 \cdot 3} + \frac{b x^2}{2} + c x + f$.

CHAPITRE VIII.

*Comparaifon de la Méthode expofée dans le Cha-
pitre précédent avec celle que nous avons
donnée dans le Chapitre VI.*

CCLVIII.

TElle eft la méthode donnée par M. Euler pour la folution des équations renfermées dans la formule $\frac{a d^n y}{d x^n} + \frac{b d^{n-1} y}{d x^{n-1}} + \frac{g d^{n-2} y}{d x^{n-2}} + \&c. = 0$. Cette méthode

peut paroître plus fimple que celle qui réfulte de la folution générale expofée dans le Chapitre VI. Mais la
Méthode de M. d'Alembert rapprochée de celle de M.
Euler en démontre la généralité. En effet on ne voit pas
clairement que l'intégration ne réuffira qu'en faifant $y =$
$A c^{fx}$; au lieu que la folution énoncée ci-deffus qui donne
la valeur de y, nous montre avec évidence que y doit
en effet être exprimée par un certain nombre de termes
$A c^{fy} + B c^{gx} + D c^{hx} +$ &c.

Car dans les cas, par exemple, où l'équation eft du
troifieme degré, telle que $d^3 y + b d d y d x + c d y d x^2 +$
$K y d x^3 = 0$, en faifant, $d d y = p d x^2$
$$d y = z d x,$$
& pratiquant les opérations expofées (Art. CCXLV.) on
aura les trois équations fuivantes,
$$d p + b p d x + c z d x + K y d x = 0$$
$$d z - p d x = 0$$
$$d y - z d x = 0;$$
& enfuite . . . . $d p + (b p + c z + K y) d x = 0$
$$v d y - v z d x = 0$$
$$\mu d z - \mu p d x = 0.$$
Donc $d p + v d y + \mu d z + \{(b - \mu) p + (c - v) z + K y\}$
$d x = 0$. Donc en fuppofant $(b - \mu) p + (c - v) z +$
$K y = R p + R v y + R \mu z$, & $p + v y + \mu z = u$, on
aura $\frac{d u}{u} = (\mu - b) d x$. Donc en faifant pour les valeurs
de v & de μ les mêmes calculs que dans l'article CLXXV.
on trouvera . . . . $p + n y + m z = u$

$$p + n'y + m'z = u'$$
$$p + n''y + m''z = u'',$$

& de plus . . . .
$$du + \wp u\,dx = 0$$
$$du' + \wp'u'\,dx = 0$$
$$du'' + \wp''u''\,dx = 0.$$

Par le moyen des trois premieres équations, on aura d'abord $p = \dfrac{m''u' - m'u'' + n''m'y - n'm''y}{m'' - m'}$, $z = \dfrac{u'' - u' - n''y + n'y}{m'' - m'}$, & par conséquent on aura $y = \dfrac{(m'' - m')u - m''u' + m'u''}{nm'' - nm' - n'm - n''m + n''m' - n'm''}$. Donc $y = Pu + P'u' + P''u''$. Mais des trois secondes équations on tire . . . . .

$$lu = -\wp x + b$$
$$lu' = -\wp'x + b'$$
$$lu'' = -\wp''x + b'',$$

& par conséquent . . . . .
$$u = c^{-\wp x + b}$$
$$u' = c^{-\wp'x + b'}$$
$$u'' = c^{-\wp''x + b''},$$

ou bien encore . . . . . .
$$u = c^{-\wp x} \times c^{b}$$
$$u' = c^{-\wp'x} \times c^{b'}$$
$$u'' = c^{-\wp''x} \times c^{b''}.$$

Donc enfin . . . . . $y = Ac^{fx} + Bc^{gx} + Dc^{hx}.$

CCLIX.

En fuivant la méthode de M. d'Alembert, fi on trouve les valeurs de f égales, alors on augmentera ces valeurs de quantités infiniment petites différentes l'une de l'autre. Ainfi on fera $y = Ac^{fx + ax} + Bc^{fx + \wp x}$, a & $\wp$ étant des quantités infiniment petites. Donc on aura $y = Ac^{fx} + Aaxc^{fx} + Bc^{fx} + B\wp xc^{fx}$; d'où l'on tire $y =$

Examen des cas différens d'après la méthode du Chapitre VI.

$(A + B) c^{fx} + (A\alpha + B\beta) x c^{fx}$. Donc enfin $y = (l + mx) c^{fx}$; suppofition que nous fait faire de même la méthode de M. Euler. Nous aurions pu pouffer l'expreffion de $c^{fx + \alpha x}$ & de $c^{fx + \beta x}$ au-delà de deux termes; mais nous nous fommes contentés de deux, parce qu'il n'y a dans l'équation $y = A c^{fx + \alpha x} + B c^{fx + \beta x}$ que deux coefficiens A & B & deux quantités infiniment petites α & β abfolument arbitraires.

CCLX.

Si f a trois valeurs égales, alors on fuppofera $y = A c^{fx + \alpha x} + B c^{fx + \beta x} + D c^{fx + \sigma x}$. Comme il y a dans ce cas trois coefficiens & trois quantités infiniment petites indéterminées, on pouffera jufqu'à trois termes la valeur approchée de $c^{fx + \alpha x}$ & des autres. On aura donc $y = A c^{fx} + A \alpha x c^{fx} + \frac{A \alpha \alpha x x c^{fx}}{2} + B c^{fx} + B \beta x c^{fx} + \frac{B \beta \beta x x c^{fx}}{2} + D c^{fx} + D \sigma x c^{fx} + \frac{D \sigma \sigma x x c^{fx}}{2}$. Donc $y = (A + B + D) c^{fx} + (A\alpha + B\beta + D\sigma) x c^{fx} + \left\{ \frac{A\alpha\alpha + B\beta\beta + D\sigma\sigma}{2} \right\} x^2 c^{fx}$. Donc enfin $y = (l + mx + nxx) c^{fx}$.

CCLXI.

Quand une des valeurs de f eft $= 0$, c'eft alors une marque qu'il y a dans l'expofition de y un terme tout conftant. Soit, par exemple, à intégrer l'équation $d^3 y + a d^2 y dx + b dy dx^2 = 0$, fi je fais $y = A c^{fx}$, après la

fubftitution

fubftitution j'aurai la transformée fuivante $A c^{fx} f^3 dx^3 +$
$A a c^{fx} f^2 dx^3 + A b c^{fx} f dx^3 = 0$; donc $f^3 + aff +$
$+ bf = 0$; donc nous aurons $f = 0$ & $ff + af + b = 0$.
Cette feconde équation nous donne $y = B c^{gx} + D c^{hx}$.
La premiere donne $y = E c^0 = E \, 1 = E$. Donc la valeur complete de y eft $y = B c^{gx} + D c^{hx} + E$.

Et en effet, foit . . . . $dy = z dx$
$$z = A c^{fx},$$
on aura . . . . $ddy = dz dx$
$$d^3 y = ddz dx,$$
& par conféquent la transformée fuivante $ddz dx +$
$a dz dx^2 + b z dx^3 = 0$, qui donne $ff + af + b = 0$.
Donc (Art. CCL.) $z = A c^{gx} + F c^{hx}$. Or $dy = z dx$,
donne $y = \int z dx + E = \int (A c^{gx} dx + F c^{hx} dx) + E$.
Donc $y = B c^{gx} + D c^{hx} + E$.

CCLXII.

Si f a plufieurs valeurs égales à zéro, alors on remarquera que ces valeurs font de plus égales entre elles.
Donc fuivant ce que nous avons dit (Art. CLIX.) on
augmentera ces valeurs de quantités infiniment petites
c^{ax}, c^{bx}, c^{Bx} différentes l'une de l'autre, & on pouffera
l'expreffion de ces quantités jufqu'à un nombre de termes
égal à celui des racines $= 0$.

CCLXIII.

Soit propofé d'intégrer l'équation $d^5 y + a d^4 y dx +$

Application à un exemple du cinquieme ordre.

$b\,d^3y\,dx^2 = 0$, dans laquelle dx eſt toujours conſtant. La transformée, en ſuppoſant $y = Ac^{fx}$, ſera $Ac^{fx}f^5\,dx^5 + Aac^{fx}f^4\,dx^5 + Abc^{fx}f^3\,dx^5 = 0$; & en réduiſant on a $f^5 + af^4 + bf^3 = 0$. Or de cette équation on tire 1°. $f^3 = 0$, qui nous apprend que f a trois valeurs égales & $= 0$; 2°. $ff + af + b = 0$. Donc en pratiquant ce qui eſt dit plus haut, on aura pour l'équation

$$ff + af + b = 0, \quad y = Ac^{-\frac{ax}{2} + x\sqrt{(\frac{aa}{4} - b)}} + Bc^{-\frac{ax}{2} - x\sqrt{(\frac{aa}{4} - b)}};$$

ou bien $y = Ac^{mx} + Bc^{nx}$. Pour l'équation $f^3 = 0$, on aura

$$y = Dc^{fx + \alpha x} + Ec^{fx + \epsilon x} + Fc^{fx + \varphi x} = Dc^{fx} + D\alpha x c^{fx} + \frac{D\alpha\alpha xx c^{fx}}{2} + Ec^{fx}$$

$$+ E\epsilon x c^{fx} + \frac{E\epsilon\epsilon xx c^{fx}}{2} + Fc^{fx} + F\varphi x c^{fx} + \frac{F\varphi\varphi xx c^{fx}}{2}$$

$$= (D + E + F)c^{fx} + (D\alpha + E\epsilon + F\varphi)\,x c^{fx} + (D\alpha\alpha + E\epsilon\epsilon + F\varphi\varphi)\frac{xx c^{fx}}{2}.$$

Mais $f = 0$, donne $c^{fx} = c^0 = 1$, donc on a $y = D + E + F + (D\alpha + E\epsilon + F\varphi)\,x + (D\alpha\alpha + E\epsilon\epsilon + F\varphi\varphi)\frac{xx}{2} = l + px + qxx$. Donc la valeur complete de y ſera $Ac^{mx} + Bc^{nx} + l + px + qxx$.

CCLXIV.

C'eſt ce dont on peut ſe convaincre de la façon ſuivante. Je reprends l'équation propoſée $d^5y + ad^4y\,dx + b\,d^3y\,dx^2 = 0$. Faiſons y . . . . .

$$dy = z\,dx$$
$$dz = q\,dx$$
$$dq = r\,dx$$
$$r = A'c^{fx},$$

Nous aurons . . . . . $ddy = dz\,dx = q\,dx^2$
$$d^3y = dq\,dx^2 = r\,dx^3$$
$$d^4y = ddr\,dx^3$$
$$d^5y = ddr\,dx^3.$$

Donc la transformée sera $d^2r\,dx^3 + a\,dr\,dx^4 + br\,dx^5 = 0$, ou $ddr + a\,dr\,dx + br\,dx^2 = 0$; équation de laquelle on tire (Art. CCLVIII.) $r = A'c^{mx} + B'c^{nx}$. Mais $dq = r\,dx$ donne $q = \int r\,dx + E = \int (A'c^{mx}\,dx + B'c^{nx}\,dx) + E = \frac{A'c^{mx}}{m} + \frac{B'c^{nx}}{n} + E$. Donc $q = A''c^{mx} + B''c^{nx} + E$. De même $dz = q\,dx$ donne $z = \int q\,dx + C = \int (A''c^{mx}\,dx + B''c^{nx}\,dx + E\,dx) + C$. Donc $z = A'''c^{mx} + B'''c^{nx} + Ex + C$. Enfin $dy = z\,dx$ donne $y = \int z\,dx + L = \int (A'''c^{mx}\,dx + B'''c^{nx}\,dx + Ex\,dx + C\,dx) + L$. Donc $y = Ac^{mx} + Bc^{nx} + l + px + qxx$.

CCLXV.

SCHOLIE 1. Si l'on vouloit maintenant appliquer la méthode de M. Euler à l'équation $d^n y + a\,d^{n-1}y\,dx + \ldots\ldots + X\,dx^n = 0$, dans laquelle se trouve, comme on le voit, le terme $X\,dx^n$, alors on remarquera que dans le cas où l'équation différentielle est, par exemple, du troisieme ordre, le Problême se réduit aux équations suivantes . . . . . . $du + \wp u\,dx + X\,dx = 0$
$$du' + \wp'u'\,dx + X\,dx = 0$$
$$du'' + \wp''u''\,dx + X\,dx = 0,$$
$\&$ . . . . $x + ny + mz = u$

Application de la méthode du Chap. VII. Sect. II. à une formule plus générale que celle qu'on y a traitée.

$$x + n'y + m'z = u'$$
$$x + n''y + m''z = u''.$$

Multipliant par $c^{\rho x}$ l'équation $du + \rho u \, dx + X dx = 0$, elle devient $du c^{\rho x} + \rho u \, dx \, c^{\rho x} + X dx c^{\rho x} = 0$; dont l'intégrale est $u c^{\rho x} + \int X c^{\rho x} dx + P = 0$. Donc $u + c^{-\rho x} \int X c^{\rho x} dx + P c^{-\rho x} = 0$. On aura de la même maniere $u' + c^{-\rho' x} \int X c^{\rho' x} dx + P' c^{-\rho' x} = 0$, $u'' + c^{-\rho'' x} \int X c^{\rho'' x} dx + P'' c^{-\rho'' x} = 0$. Subſtituant ces valeurs de u, u', u'' dans les trois ſecondes équations, on en tirera la valeur de y en x, laquelle ſera de la forme ſuivante $y = A c^{f x} + B c^{g x} + D c^{h x} + \&c. + E c^{f x} \int c^{-f x} X dx + F c^{g x} \int X c^{-g x} dx + G c^{h x} \int X c^{-h x} dx + \&c.$

CCLXVI.

Ainſi ſuppoſons qu'on ait à intégrer l'équation différentielle du ſecond ordre $ddy + a \, dy \, dx + by \, dx^2 + X dx^2 = 0$, on fera $y = A c^{f x} + B c^{g x} + E c^{f x} \int X c^{-f x} dx + F c^{g x} \int X c^{-g x} dx$. Maintenant pour déterminer f, g, A, B, E, F, je ſubſtitue dans l'équation à la place de y, dy, ddy, leurs valeurs : cette opération me donne la transformée ſuivante,

$$
\begin{aligned}
& A c^{f x} f^2 dx^2 + B c^{g x} g^2 dx^2 + E d X dx + E f X dx^2 + \\
& + A a c^{f x} f dx^2 + a B c^{g x} g dx^2 + F d X dx + F g X dx^2 \\
& + A b c^{f x} dx^2 + b B c^{g x} dx^2 \qquad\qquad\quad + a E X dx^2 \\
& \qquad\qquad\qquad\qquad\qquad\qquad\qquad\qquad\quad + a F X dx^2 \\
& \qquad\qquad\qquad\qquad\qquad\qquad\qquad\qquad\quad + X dx^2 \\
& + E f^2 dx^2 c^{f x} \int c^{-f x} X dx + F g^2 dx^2 c^{g x} \int c^{-g x} X dx \\
& + a E f dx^2 c^{f x} \int c^{-f x} X dx + a F g dx^2 c^{g x} \int c^{-g x} X dx \\
& + b E dx^2 c^{f x} \int c^{-f x} X dx + b F dx^2 c^{g x} \int c^{-g x} X dx = 0.
\end{aligned}
$$

Or de cette équation on tire les six équations suivantes, en égalant à zéro les coefficiens de tous les termes analogues,

$$Aff + Aaf + Ab = 0$$
$$Bgg + Bag + Bb = 0$$
$$Eff + Eaf + Eb = 0$$
$$Fgg + Fag + Fb = 0$$
$$Ef + Fg + Ea + Fa + 1 = 0$$
$$E + F = 0$$

Donc on aura les valeurs de A, B, E, F, f, g. Donc on aura la valeur complete de y. Au reste on remarquera que A & B pourront être tout ce qu'on voudra.

S'il y a des racines égales, par exemple, si $f = g$, alors au lieu des termes $Ec^{fx}\int c^{-fx}Xdx + Fc^{gx}\int c^{-gx}Xdx$, on aura $pc^{fx}\int c^{-fx}Xdx + qxc^{fx}\int c^{-fx}Xdx - qc^{fx}\int xc^{-fx}Xdx$.

Car dans ce cas il faut faire (Art. CCLIX.) $y = Ac^{fx+ax} + Bc^{fx+\wp x} + \&c. + Ec^{fx+ax}\int c^{-fx-ax}Xdx + Fc^{fx+\wp x}\int c^{-fx-\wp x}Xdx + \&c.$ a & $\wp$ étant des quantités infiniment petites différentes l'une de l'autre. Or $c^{fx+ax} = c^{fx} + axc^{fx}$, $c^{fx+\wp x} = c^{fx} + \wp xc^{fx}$: donc en supposant $A + B = l$, $Aa + B\wp = m$, on aura $y = (l + mx)c^{fx} + Ec^{fx}\int c^{-fx}Xdx - Ec^{fx}\int axc^{-fx}Xdx + Eaxc^{fx}\int c^{-fx}Xdx - Eaxc^{fx}\int axc^{-fx}Xdx + Fc^{fx}\int c^{-fx}Xdx - Fc^{fx}\int \wp xc^{-fx}Xdx + F\wp xc^{fx}\int c^{-fx}Xdx - F\wp xc^{fx}\int \wp xc^{-fx}Xdx = ($ en supposant $E + F = p$, & $Ea + F\wp = q$ $)$ $(l + mx)c^{fx} + (p + qx)c^{fx}\int c^{-fx}Xdx - (E + Eax).c^{fx}\int axc^{-fx}Xdx - (F + $

$$F_g x) c^{fx} \int g x c^{-fx} X dx = (l + mx) c^{fx} + (p + qx)$$
$$c^{fx} \int c^{-fx} X dx - (E\alpha + E\alpha\alpha x) c^{fx} \int x c^{-fx} X dx -$$
$$(F_g + F_{gg} x) . c^{fx} \int x c^{-fx} X dx .$$ Mais comme α & g
sont des quantités infiniment petites, les termes où se
trouvent leurs quarrés sont nuls par rapport aux autres :
donc on aura $y = (l + mx) c^{fx} + p c^{fx} \int c^{-fx} X dx +$
$q x c^{fx} \int c^{-fx} X dx - q c^{fx} \int x c^{-fx} X dx .$

Si plusieurs racines étoient égales à zéro, par exemple,
si on avoit $f = 0$, $g = 0$, alors cette supposition nous
donneroit $c^{fx} = 1$; donc on auroit $y = l + mx + \&c.$
$+ p \int X dx + q x \int X dx - q \int x X dx + \&c.$

Il est aisé de voir maintenant le procédé qu'il faudroit
suivre, s'il y avoit dans l'équation proposée plus de deux
racines égales, ou égales à zéro.

CCLXVII.

Autres équations traitées par la méthode du Chap. VII. Sect. II.

SCHOLIE 2. En suivant les mêmes principes, on
appliquera facilement la méthode de M. Euler aux équations différentielles du premier degré que nous avons ré-
solues dans le Chapitre XV. par la méthode des coefficiens indéterminés : nous trouverons la forme que doivent
avoir les valeurs indéterminées x, y, z &c. Nous allons
le faire voir par un exemple.

CCLXVIII.

Soient proposées les deux équations
$$dx + a\,dy + (cx + ey) T dt + \vartheta dt = 0$$

$$dy + b\,dx + (fx + gy)\,Tdt + Fdt = 0,$$

dans lesquelles θ, T & F font des fonctions quelconques de t. Je multiplie la feconde de ces deux équations par un coefficient indéterminé μ, & j'aurai

$$dx + a\,dy + (cx + ey)\,Tdt + \theta\,dt = 0$$
$$\mu\,dy + b\mu\,dy + (fx + gy)\,\mu\,Tdt + \mu\,Fdt = 0:$$

je les ajoute enfemble, j'ai $(1 + b\mu)\,dx + (a + \mu)\,dy + \left\{(c + \mu f)\,x + (e + g\mu)\,y\right\}Tdt + (\theta + \mu F)\,dt = 0.$ Soit $(c + f\mu)\,x + (e + g\mu)\,y = (1 + b\mu)\,Rx + (a + \mu)\,Ry$, on aura en comparant terme à terme

$$c + f\mu = R + b\mu R$$
$$e + g\mu = aR + \mu R,$$

donc l'équation devient $(1 + b\mu)\,dx + (a + \mu)\,dy + \left\{(1 + b\mu)\,Rx + (a + \mu)\,Ry\right\}Tdt + (\theta + \mu F)\,dt = 0.$

Soit . . . . $(1 + b\mu)\,x + (a + \mu)\,y = u,$

on aura . . . $(1 + b\mu)\,Rx + (a + \mu)\,Ry = Ru$
$$(1 + b\mu)\,dx + (a + \mu)\,dy = du:$$

donc en fubftituant ces valeurs dans la derniere équation, j'aurai $du + RuTdt + (\theta + \mu F)\,dt = 0$, équation intégrable par la méthode de M. Bernoulli, expofée dans le Chapitre VII. Section I.

Rappellons-nous le procédé que cette méthode nous donne pour trouver la valeur de u en t, nous multiplierons l'équation par t', en fuppofant que t' foit une fonction de t, telle que les deux premiers termes deviennent une différentielle exacte. On aura donc $t'du + Rut'Tdt + (\theta + \mu F)\,t'dt = 0$. Mais par l'hypothefe précédente on a $dt' = Rt'Tdt$; donc $\frac{dt'}{t'} = RTdt$; donc $lt' = \int RTdt$; donc $t' = c^{R\int Tdt}$. Donc $c^{R\int Tdt} du + uc^{R\int Tdt} RTdt + (\theta + \mu F) c^{R\int Tdt} dt = 0$, équation dont l'intégrale est $uc^{R\int Tdt} + \int(\theta + \mu F) c^{R\int Tdt} dt = Q$. Donc enfin $u = Qc^{-R\int Tdt} - c^{-R\int Tdt} \int(\theta + \mu F) c^{R\int Tdt} dt$.

Maintenant on a . . . $\frac{c + f\mu}{1 + b\mu} = R$,

& . . . . $\frac{e + g\mu}{a + \mu} = R$:

donc . . . . $\frac{e + g\mu}{a + \mu} = \frac{c + f\mu}{1 + b\mu}$: donc

$e + g\mu + be\mu + bg\mu\mu = ac + af\mu + c\mu + f\mu\mu$,

équation qui nous apprend que μ a deux valeurs. Soient m & m' ces deux valeurs de μ, au lieu de l'équation $u = Qc^{-R\int Tdt} - c^{-R\int Tdt} \int(\theta + \mu F) c^{R\int Tdt} dt$, on aura les deux suivantes,

$$u = Qc^{-R\int Tdt} - c^{-R\int Tdt} \int(\theta + mF) c^{R\int Tdt} dt,$$
$$u' = Q'c^{-R'\int Tdt} - c^{-R'\int Tdt} \int(\theta + m'F) c^{R'\int Tdt} dt;$$

& au lieu de l'équation $(1 + b\mu) x + (a + \mu) y = u$;

en supposant . . . . . $1 + bm = i, a + m = n$

$\qquad\qquad\qquad\qquad 1 + bm' = l, a + m' = h$,

on aura . . . . $ix + ny = u$

$\qquad\qquad\qquad\qquad\qquad lx + hy = u'$.

De ces deux équations on tire après un calcul fort simple . . . . $y = \frac{iu' - lu}{ih - ln}$,

$\qquad\qquad\qquad\qquad\qquad x = \frac{hu - nu'}{ih - ln}$.

Donc en substituant pour u, & u' leurs valeurs, on aura
$$x = Ac^{-R\int Tdt} + Bc^{-R'\int Tdt} + Ec^{-R\int Tdt} \int(\theta + mF) c^{R\int Tdt}$$

$c^{R\int Tdt} dt + Fc^{-R'\int Tdt} \int(\theta + m'F)c^{R'\int Tdt} dt$. Donc en suppofant . . . . $-R = f$
$$-R' = g$$
on a $x = Ac^{f\int Tdt} + Bc^{g\int Tdt} + Ec^{f\int Tdt} \int(\theta + mF) c^{-f\int Tdt} dt + Fc^{g\int Tdt} \int(\theta + m'F)c^{-g\int Tdt} dt$. On trouvera de même $y = A'c^{f\int Tdt} + B'c^{g\int Tdt} + E'c^{f\int Tdt} \int(\theta + mF) c^{-f\int Tdt} dt + Fc^{g\int Tdt} \int(\theta + m'F)c^{-g\int Tdt} dt$.

CCLXVIII.

Si l'on avoit à intégrer les trois équations fuivantes,
$$dx + (ax + by + cz) dt = 0$$
$$dy + (ex + fy + gz) dt = 0$$
$$dz + (hx + my + nz) dt = 0$$
on trouveroit en fuivant les mêmes procédés
$$x = Ac^{ft} + Bc^{gt} + Dc^{ht}$$
$$y = A'c^{ft} + B'c^{gt} + D'c^{ht}$$
$$z = A''c^{ft} + B''c^{gt} + D''c^{ht} :$$

CCLXIX.

Corollaire general. Il fuit de tout ce que noüs venons de dire dans ce Chapitre, que la forme qu'il faut donner aux indéterminées x, y, z, &c. dépend de deux chofes; 1°. De la forme de la valeur des u dans l'équation finale. 2°. Du nombre d'équations du premier degré auxquelles le Problême fe réduira; ou ce qui revient au même, des valeurs de u, u', u'', &c. qui toutes font, comme on l'a vu, repréfentées par des équations femblables & de différents coefficients.

II. Partie.   D d

CHAPITRE IX.

Méthode pour trouver les cas d'intégrabilité de quelques équations du second ordre, repréſentées par la formule $(M)\,(a+bx^n)\,x^2\,ddv+(c+fx^n)\,xdxdv+(g+hx^n)\,vdx^2=o,$ *dans laquelle* dx *eſt conſtant.*

CCLXX.

$\mathbf{D}$Ans les Chapitres IX, X & XI de la premiere Section, nous avons développé comment on trouvoit les cas d'intégrabilité de l'équation de Ricati & de quelques autres du premier ordre à trois ou quatre termes, qu'on ne peut intégrer généralement par les méthodes connues des Géometres juſqu'à préſent. C'eſt un travail avantageux aux progrès de l'analyſe, que de chercher ainſi des intégrales particulieres, lorſque l'art ne nous en donne point de générales. M. Euler l'a pratiqué pour les équations du ſecond ordre repréſentées par la formule $(M)\ (a+bx^n)\,x^2\,ddv+(c+fx^n)\,xdxdv+(g+hx^n)\,vdx^2=o$, dans laquelle dx eſt ſuppoſé conſtant.

Quel eſt l'auteur de cette méthode.

Solution d'un Problême néceſſaire pour la ſuite.

Mais avant d'expoſer la méthode dont il ſe ſert, nous allons placer ici la ſolution d'un Problême dont nous aurons lieu de faire l'application dans ce Chapitre.

CCLXXI.

Probleme. Etant donnée l'intégrale particuliere d'une différentielle d'un ordre plus élevé que le premier, trouver par fon moyen l'intégrale générale & complete de cette équation.

Solution. Soit l'équation $P\,dd\,v + Q\,dx\,dv + R\,v\,dx^2 = 0$, dans laquelle P, Q & R font des fonctions de x, qu'on a intégrée pour un cas particulier en faifant $v = X$, c'eft-à-dire, une fonction de x. Pour trouver l'intégrale complete, je fais $v = Xz$,

ce qui me donne . . $dv = Xdz + zdX$

$$dd\,v = zddX + 2dXdz + Xddz.$$

Je fubftitue ces valeurs dans la propofée ; cette fubftitution donne la transformée fuivante,

$$P\,z\,dd\,X + 2P\,dX\,dz + P\,X\,ddz = 0$$
$$+\, Q\,z\,dX\,dx + Q\,X\,dx\,dz$$
$$+\, R\,z\,X\,dx^2$$

mais X eft la valeur qu'il faut fubftituer à v dans l'équation $P\,dd\,v + Q\,dx\,dv + R\,v\,dx^2 = 0$; on aura donc $PzddX + Q\,z\,dX\,dx + R\,z\,X\,dx^2 = 0$; donc en effaçant ces termes dans la transformée, il nous refte $2P\,dX\,dz + Q\,X\,dx\,dz + P\,X\,ddz = 0$, ou bien $\frac{2dX}{X} + \frac{Q\,dx}{P} + \frac{ddz}{dz} = 0$. Or P & Q étant des fonctions de x, l'intégrale de cette équation eft $2\,l\,X + \int \frac{Q\,dx}{P} + l\,\frac{dz}{dx} = A$; & en fuppofant $\int \frac{Q\,dx}{P} = s$, c le nombre dont le logarithme eft l'unité, on aura $2\,l\,X + s\,l\,c + l\,\frac{dz}{dx} = A$; ou bien $X^2\,c^s\,dz$

D d ij

$= A\,dx$, ou $X^2\,dz = A c^{-s}\,dx$. Donc $z = A\int \dfrac{c^{-s}\,dx}{X^2}$;

donc Xz ou $v = A X \int \dfrac{c^{-\int \frac{Q\,dx}{P}}\,dx}{X^2}$; équation qui est l'intégrale complette de $P\,dd v + Q\,dx\,dv + R v\,dx^2 = 0$, en supposant que $v = X$ nous en donne une intégrale particuliere. Je passe maintenant à la méthode de M. Euler.

CCLXXII.

En quoi consiste la méthode.

Cette méthode consiste à transformer l'équation (M) en une serie telle que dans plusieurs cas elle soit finie, & que nous ayons par conséquent pour ces cas l'intégrale de la proposée. Nous ramenerons ensuite cette équation du second degré à une du premier, à laquelle nous donnerons différentes formes pour en déduire un grand nombre d'équations différentielles du premier ordre qui seront intégrables dans les mêmes cas que la formule (M).

On y peut faire usage de deux series différentes.

La formule (M) $(a + b x^n) . x^2\,dd v + (c + f x^n) . x\,dx\,dv + (g + h x^n) . v\,dx^2 = 0$ peut se transformer en serie de deux façons différentes.

1°. En supposant $v = A x^m + B x^{m+n} C x^{m+2n} + D x^{m+3n} + E x^{m+4n} + \&c.$

2°. En supposant $v = A x^k + B x^{k-n} + C x^{k-2n} + D x^{k-3n} + E x^{k-4n} + \&c.$ Examinons séparément les deux series que nous donnent ces deux transformées, & les conditions suivant lesquelles ces series seront terminées.

CCLXXIII.

1°. En faifant dans $(a+bx^n) x^2 ddv + (c+fx^n)$ Premiere
Serie. $x\,dx\,dv + (g+hx^n) v\,dx^2 = 0,\; v = Ax^m + Bx^{m+n} + Cx^{m+2n} + Dx^{m+3n} + Ex^{m+4n} + $ &c. on aura $dv = mAx^{m-1} dx + (m+n) Bx^{m+n-1} dx + (m+2n) Cx^{m+2n-1} dx + (m+3n). Dx^{m+3n-1} dx + (m+4n). Ex^{m+4n-1} dx +$ &c.; & comme dx eft conftant, on aura $ddv = m .(m-1) Ax^{m-2} dx^2 + (m+n).(m+n-1) Bx^{m+n-2} dx^2 + (m+2n). (m+2n-1). Cx^{m+2n-2} dx^2 + (m+3n).(m+3n-1). Dx^{m+3n-2} dx^2 + (m+4n).(m+4n-1). Ex^{m+4n-2} dx^2 +$ &c. Subftituant dans l'équation $(a+bx^n) x^2 ddv + (c+fx^n). x\,dx\,dv + (g+hx^n) x\,dx^2 = 0$, pour v, dv, ddv, ces valeurs, on aura la transformée fuivante (N) $\{cm+g+am.(m-1)\} Ax^m dx^2 + \{(cm+cn+g+(m+n).(m+n-1) a) B + (fm+h+bm.(m-1)) A\} x^{m+n} dx^2 + \{(fm +fn+h+(m+n).(m+n-1) b) B + (cm+2cn +g+(m+2n).(m+2n-1) a) C\} x^{m+2n} dx^2 + \{(fm+2fn+h+(m+2n).(m+2n-1) b) C + (cm+3cn+g+(m+3n).(m+3n-1) a) D\} x^{m+3n} dx^2 + \{(fm+3fn+h+(m+3n).(m+3n-1) b) D + (cm+4cn+g+(m+4n).(m+4n-1) a) E\} x^{m+4n} dx^2 + \{(fm+4fn+h+(m+4n).(m+4n-1) b) E\} x^{m+5n} dx^2 +$ &c. $= 0.$

J'égale maintenant à zéro les termes homogenes, j'aurai

la valeur déterminée des coefficiens A, B, C, D, E, & de l'expofant m. D'abord on a $g + cm + am . (m - 1) = 0$; & afin de ne pas tomber dans des quantités affectées de fignes radicaux, je regarde m comme un nombre connu, & je m'en fers pour déterminer g. J'aurai donc $g = - cm - am . (m - 1)$.

Le fecond terme nous donne $\{ cm + cn + g + (m + n) . (m + n - 1) a) \} B + (fm + h + bm . (m - 1)) A = 0$. Je fubftitue dans cette équation au lieu de g fa valeur, j'aurai $\{ cm + cn - cm - am . (m - 1) + (m + n) . (m + n - 1) a) \} B + \{ fm + h + bm . (m - 1) \} A = 0$, & en effaçant ce qui fe détruit, on a

$$B = \frac{- A . [h + fm + bm . (m - 1)]}{cn + an . (2m + n - 1)} .$$

Faifant les mêmes opérations fur les termes fuivants, on trouve

$$C = \frac{- B . [h + f (m + n) + b (m + n) . (m + n - 1)]}{2cn + 2an . (2m + 2n - 1)}$$

$$D = \frac{- C . [h + f (m + 2n) + b (m + 2n) . (m + 2n - 1)]}{3cn + 3an . (2m + 3n - 1)}$$

$$E = \frac{- D . [h + f (m + 3n) + b (m + 3n) . (m + 3n - 1)]}{4cn + 4an . (2m + 4n - 1)}$$

&c.

On voit par là que A fera une quantité conftante arbitraire, dont la détermination donnera celle de tous les coefficiens fuivants. Il eft encore évident que les valeurs de ces coefficients étant une fois déterminées, fi un feul d'entre eux eft égal à zéro, tous les fuivants s'évanouiront, en forte que dans ces cas la valeur de v fera finie, & par conféquent l'équation (M) intégrable.

Suppofons, par exemple, que $h + fm + bm . (m - 1)$

$= 0$, alors $B = 0$, donne $C = 0$, $D = 0$, $E = 0$; & par conséquent $v = A x^{m}$ & la transformée sera $\left\{ m \cdot (m-1) \cdot (a + bx^{n}) + m \cdot (c + fx^{n}) + (g + hx^{n}) \right\}$ $A x^{m} d x^{2} = 0$, dont on connoît l'intégrale.

Si $h + f(m+n) + b(m+n) \cdot (m+n-1) = 0$, alors on aura $C = 0$, & par conséquent $D = 0$, $E = 0$; on aura donc $v = A x^{m} + B x^{m+n}$.

Si $h + f(m+2n) + b(m+2n) \cdot (m+n-1) = 0$, alors $D = 0$ donne aussi $E = 0$, & $v = A x^{m} + B x^{m+n} + C x^{m+2n}$. Donc en général en supposant i un nombre entier positif ou zéro, l'équation proposée (M) sera intégrable toutes les fois qu'on aura $h + f(m+in) + b(m+in) \cdot (m+in-1) = 0$, ou $h = -f(m+in) - b(m+in) \cdot (m+in-1)$.

CCLXXIV.

Il y a cependant des cas dans lesquels cette méthode ne nous donneroit point l'intégrale que nous demandons; ce sont ceux dans lesquels le dénominateur de nos coefficients s'évanouiroit; par exemple, si on avoit $c = -a \cdot (2m + in + n - 1)$.

CCLXXV.

2°. Je suppose maintenant $v = A x^{k} + B x^{k-n} + C x^{k-2n} + D x^{k-3n} + E x^{k-4n} + $ &c. Je fais les mêmes calculs que nous venons de faire plus haut : ils me donnent les valeurs de v, dv, ddv; je substitue ces valeurs dans l'équation (M), j'aurai la transformée suivante (P)

$$\{h+fk+bk.(k-1)\}Ax^{k+n}dx^2+\{(g+ck+ak.(k-1))A+(h+f(k-n)+b(k-n).(k-n-1))B\}x^k dx^2+\{(g+(k-n)c+(k-n).(k-n-1)a)B+(h+(k-2n)f+(k-2n).(k-2n-1)b)C\}x^{k-n}dx^2+\{(g+(k-2n)c+(k-2n).(k-2n-1)a)C+(h+(k-3n)f+(k-3n).(k-3n-1)b)D\}x^{k-2n}dx^2+\{(g+(k-3n)c+(k-3n).(k-3n-1)a)D+(h+(k-4n)f+(k-4n).(k-4n-1)b)E\}x^{k-3n}dx^2+\{g+(k-4n)c+(k-4n).(k-4n-1)a)\}Ex^{k-4n}dx^2.$$

+ &c.

Maintenant je fais sur cette transformée les mêmes opérations que j'ai faites sur la transformée (N) ; j'égale à zéro les termes homogenes : j'aurai par ce moyen les valeurs des coefficients A, B, C, D, E, & aussi celle de l'exposant k. Je trouve d'abord

$$h+fk+bk(k-1)=0$$

& en supposant k connu & déterminé, on a

$$h=-fk-bk.(k-1).$$

Substituant dans les différentes équations des termes homogenes pour h cette valeur, je trouve

$$B=\frac{A.(g+ck+ak.(k-1))}{fn+bn.(2k-n-1)}$$

$$C=\frac{B.(g+c(k-n)+a(k-n).(k-n-1))}{2fn+2bn.(2k-2n-1)}$$

$$D=\frac{C.(g+c(k-2n)+a(k-2n).(k-2n-1))}{3fn+3bn.(2k-3n-1)}$$

$$E=\frac{D.(g+c(k-3n)+a(k-3n).(k-3n-1))}{4fn+4bn(2k-4n-1)}$$

&c.

A

A sera ici comme dans la serie (N) une quantité conſtante arbitraire, de laquelle dépendra la détermination de tous les autres coefficients; & en général ſi on ſuppoſe dans cette serie (P)

$$g = -c\,(k-in) - a\,(k-in)\,.\,(k-in-1),$$

i étant un nombre entier poſitif ou zéro, la serie s'arrêtera, & l'on aura l'intégrale de l'équation (M).

Par exemple, ſi $i = 0$, on a B, C, D, E égaux à zéro, & par conſéquent $v = A x^{k}$: ſi $i = 1$, on aura $v = A x^{k} + B x^{k-n}$, & $C = 0$, $D = 0$, $E = 0$; & ainſi de ſuite.

CCLXXVI.

Corollaire. De ce que nous venons de dire il s'enſuit que l'équation $(a + b x^{n})\, x^{2}\, ddv + (c + f x^{n})\, x\, dx\, dv + (g + h x^{n})\, v\, dx^{2} = 0$, dans laquelle

$$g = -cm - am\,.\,(m-1)$$
$$\&\quad \ldots \ldots \quad h = -fk - bk\,.\,(k-1)$$

ſera intégrable toutes les fois qu'on aura $f(-m-in) = h + b\,(m+in)\,.\,(m+in-1)$, ou $c\,.\,(-k+in) = g + a\,(k-in)\,.\,(k-in-1)$; ou bien en mettant pour h & g leurs valeurs, on trouvera l'équation intégrable, lorſque $f = \dfrac{[(m+in)\,.\,(m+in-1) - k\,.\,(k-1)]\,b}{k-m-in} = $ (en faiſant la diviſion) $[1 - k - m - in]\,b$; ou lorſque $c = \dfrac{[(k-in)\,.\,(k-in-1) - m\,.\,(m-1)]\,a}{m-k+in} = (1 - k - m + in)\,a$.

On a donc deux façons différentes de trouver une infinité de cas dans leſquels la propoſée eſt intégrable; &

dans chacun de ces cas on trouvera algébriquement la valeur de v en x, en cherchant celle des coefficients B, C, D, E dont le nombre alors est limité.

CCLXXVII.

SCHOLIE. Il faut bien remarquer que les intégrales trouvées par la méthode précédente ne font que des cas particuliers des intégrales completes, que nous a donnés la fuppofition de quelque conftante $= 0$, ou $= \infty$. Mais en fuivant la méthode indiquée dans le Problême qui eft à la tête de ce Chapitre, on trouvera les intégrales completes de tous ces cas différents.

CCLXXVIII.

Réduction de la formule (M) en une équation différentielle du premier ordre.Nous allons maintenant examiner les équations différentielles du premier degré qui réfultent de notre formule (M), équations qu'on intégrera dans les mêmes cas dans lefquels on integre cette formule.

Soit fuivant la méthode expofée dans le Chapitre VI. Sect. II. $v = c^{\int z\,dx}$, & par conféquent $z = \frac{dv}{v\,dx}$; on voit bien que connoiffant la valeur de v, on aura fur le champ celle de z en x. L'hypothefe précédente nous donne $dv = c^{\int z\,dx} z\,dx$; & comme dx eft fuppofé conftant, on a $ddv = c^{\int z\,dx}.(dx\,dz + z^2\,dx^2)$. Subftituant ces valeurs dans (M), on a pour transformée
$$(a + bx^n).x^2 c^{\int z\,dx}.(dx\,dz + z^2\,dx^2) + (c + fx^n).$$
$$c^{\int z\,dx} zx\,dx^2 + (g + hx^n).c^{\int z\,dx} dx^2 = 0 \; ; \; \text{laquelle}$$

devient après les réductions ordinaires (V)

$$(a+bx^n).x^2 dz + (c+fx^n)zxdx + (a+bx^n).$$
$$z^2 x^2 dx + (g+hx^n)dx = 0,$$ équation différentielle du premier degré.

Donc (Art. CCLXXIII.) en y supposant

$$g = -cm - am.(m-1),$$

& . . . . $\vdots$ . . $h = -fk - bk.(k-1),$

elle sera intégrable, toutes les fois qu'on aura ou bien

$$f = \left\{ \frac{(m+in).(m+in-1) - k.(k-1)}{k-m-in} \right\} b = (1-k-m-in)b;$$

ou bien

$$c = \left\{ \frac{(k-in).(k-in-1) - m.(m-1)}{m-k+in} \right\} a = (1-k-m+in)a;$$

& de plus après avoir trouvé pour ces cas la valeur de v, on aura celle de z au moyen de l'équation $z = \frac{dv}{v\,dx}$.

CCLXXIX.

SCHOLIE. Mais afin que l'on voie mieux les équations particulieres renfermées dans cette équation générale (V), transformons-la dans une autre qui n'ait que trois termes de la forme suivante $Pdz + Qz^2 dx + Rdx = 0$, P, Q & R étant des fonctions de x. Or nous pouvons faire cette transformation de plusieurs manieres différentes que nous allons examiner ici séparément.

CCLXXX.

PREMIERE TRANSFORMATION. Soit dans l'équation (V) $z = Ty$, T étant une fonction inconnue de x, on aura

$dz = y\,dT + T\,dy$; & la transformée sera $(a+bx^n)$. $yx^2\,dT + (a+bx^n) . x^2 T\,dy + (c+fx^n) . Tyx\,dx + (a+bx^n) y^2 T^2 x^2\,dx + (g+hx^n)\,dx = 0$. Soit maintenant $(c+fx^n) . Tyx\,dx + (a+bx^n) . yx^2\,dT = 0$, ou en effaçant yx qui eft commun aux deux termes $(c+fx^n) . T\,dx + (a+bx^n) . x\,dT = 0$, on a $\frac{(c+fx^n)\,dx}{(a+bx^n)\,x} + \frac{dT}{T} = 0$, équation de laquelle il faut tirer la valeur de T .

Pour cela je donne au premier membre la forme fuivante $\frac{acx^{-1}\,dx + afx^{n-1}\,dx}{aa+abx^n}$; j'y ajoute & j'en retranche en même temps $\frac{bcx^{n-1}\,dx}{aa+abx^n}$, j'aurai

$$\frac{acx^{-1}\,dx + bcx^{n-1}\,dx + afx^{n-1}\,dx - bcx^{n-1}\,dx}{aa+abx^n} , \text{ ou bien } \frac{c\,dx}{ax}$$

$+ \frac{(af-bc)x^{n-1}\,dx}{a.(a+bx^n)}$. L'équation entiere fera donc $\frac{c\,dx}{ax} + \frac{(af-bc)x^{n-1}\,dx}{a.(a+bx^n)} + \frac{dT}{T} = 0$. Son intégrale eft, comme on le fait, $\frac{c}{a} lx + \frac{(af-bc)}{abn} . l(a+bx^n) + lT = 0$, en fuppofant la conftante $= 0$; donc $lT = \frac{(bc-af)}{abn} l(a+bx^n) - \frac{c}{a} lx$; d'où l'on tire en repaffant des logarithmes aux nombres $T = \dfrac{(a+bx^n)^{\frac{bc-af}{abn}}}{x^{\frac{c}{a}}}$.

Par conféquent la fuppofition qu'on doit faire pour $z = Ty$, eft celle-ci $z = \dfrac{(a+bx^n)^{\frac{bc-af}{abn}} y}{x^{\frac{c}{a}}}$. Cette

suppofition nous donne $dz = \frac{(bc-af)}{a} \cdot (a+bx^n)^{\frac{bc-af}{abn}-1}$
$yx^{n-\frac{c}{a}-1} dx + (a+bx^n)^{\frac{bc-af}{abn}} x^{-\frac{c}{a}} dy - \frac{c}{a} \cdot (a+$
$bx^n)^{\frac{bc-af}{abn}} yx^{-\frac{c}{a}-1} dx$. Donc en fubftituant pour z
& dz ces valeurs dans l'équation (V), on aura celle-ci
$\frac{(bc-af)}{a} \cdot (a+bx^n)^{\frac{bc-af}{abn}} yx^{n+1-\frac{c}{a}} dx + (a+$
$bx^n)^{\frac{bc-af}{abn}+1} x^{2-\frac{c}{a}} dy - \frac{c}{a} \cdot (a+bx^n)^{\frac{bc-af}{abn}+1}$
$yx^{1-\frac{c}{a}} dx + (c+fx^n) \cdot (a+bx^n)^{\frac{bc-af}{abn}} yx^{1-\frac{c}{a}} dx$
$+ (a+bx^n)^{\frac{2bc-2af}{abn}+1} y^2 x^{2-\frac{2c}{a}} dx + (g+hx^n) dx = 0$.
Pour réduire cette équation, je la divife par la quantité
$(a+bx^n)^{\frac{bc-af}{abn}+1} x^{2-\frac{c}{a}}$ qui multiplie dy, j'ai $dy -$
$\frac{cydx}{ax} - \frac{(af-bc)yx^{n-1}dx}{a \cdot (a+bx^n)} + \frac{(c+fx^n)ydx}{(a+bx^n) \cdot x} + (a+bx^n)^{\frac{bc-af}{abn}}$
$y^2 x^{-\frac{c}{a}} dx + \frac{(g+hx^n)x^{\frac{c}{a}-2} dx}{(a+bx^n)^{\frac{bc-af}{abn}+1}} = 0$.

Maintenant comme $\frac{cydx}{ax} + \frac{(af-bc)yx^{n-1}dx}{a \cdot (a+bx^n)}$ &
$\frac{(c+fx^n)ydx}{(a+bx^n) \cdot x}$ font deux expreffions différentes de la même
grandeur, & que dans l'équation précédente elles font
de fignes contraires, elles s'y détruifent. Conféquemment il ne nous refte plus que (A) $dy +$
$\frac{(a+bx^n)^{\frac{bc-af}{abn}} y^2 dx}{x^{\frac{c}{a}}} + \frac{(g+hx^n)x^{\frac{c}{a}-2} dx}{(a+bx^n)^{\frac{bc-af}{abn}+1}} = 0$;

équation intégrable, si $g = -cm - am.(m-1)$
& . . . . $h = -fk - bk.(k-1)$.
toutes les fois qu'on aura ou bien $f = (1 - k - m - in)b$,
ou bien . . . . $c = (1 - k - m + in)a$,
i repréfentant un nombre entier quelconque.

Examinons féparément les cas particuliers de cette équation.

CCLXXXI.

Equations particulieres de trois termes qu'on peut tirer de cette équation.

Suppofons 1° que $bc = af$, l'équation (A) devient

$$(B)\quad dy + y^2 x^{-\frac{c}{a}}\,dx + \frac{(g + h x^n)\, x^{\frac{c}{a}-2}\,dx}{a + b x^n} = 0.$$

Soit $x^{\frac{a-c}{c}} = t$, on aura $x = t^{\frac{a}{a-c}}$; $dx = \frac{a}{a-c} t^{\frac{a}{a-c}-1}\,dt$; $x^{-\frac{c}{a}} = t^{\frac{-c}{a-c}}$; $x^{\frac{c}{a}-2} = t^{\frac{c-2a}{a-c}}$. Faifant ces fubftitutions dans l'équation précédente, on a celle-ci $dy + \frac{a}{a-c} y^2$

$$t^{\frac{a-c}{a-c}-1}\,dt + \frac{a.(g + h t^{\frac{an}{a-c}})\, t^{\frac{c-2a+a}{a-c}-1}\,dt}{(a-c).(a+b t^{\frac{an}{a-c}})} = 0;\text{ c'eft-}$$

à-dire qu'en réduifant on aura (Y) $dy + \frac{a y^2 dt}{a-c} +$

Premiere équation particuliere.

$$\frac{a.(g + h t^{\frac{an}{a-c}})\,dt}{(a-c).(a + b t^{\frac{an}{a-c}})\,t.t} = 0.\text{ Donc (Corollaire, Arti-}$$

cle CCLXXVI.) cette équation (Y) fera intégrable, fi

Dans quels cas elle eft intégrable.

$$g = -cm - am\,(m-1)$$
& . . . . $h = -fk - bk\,(k-1);$

toutes les fois que . . . $f = (1 - k - m - in) b$,

ou que . . . . $c = (1 - k - m + in) a$.

Donc à caufe de l'hypothefe préfente de $bc = af$, qui donne $f = \frac{bc}{a}$, l'équation (Y) fera intégrable, fi

$$g = - cm - am \cdot (m - 1)$$

& . . . . $h = - \frac{b}{a} \{ ck + g k \cdot (k - 1),$

toutes les fois qu'on aura $c = (1 - k - m - in)$,

ou . . . . $c = (1 - k - m + in)$;

c'eft-à-dire, toutes les fois qu'on aura $\frac{c + a k + (m - 1) a}{an} = \pm i =$ par conféquent un nombre entier pofitif ou négatif.

CCLXXXII.

Si de plus $c = 0$, l'équation (Y) devient $dy + y^2 dt + \frac{(g + h t^n) dt}{(a + b t^n) t t} = 0$, & en mettant pour g & h leurs valeurs trouvées plus haut, on a (Z) $dy + y^2 dt = \frac{(am \cdot (m - 1) + bk \cdot (k - 1) t^n) dt}{(a + b t^n) t t}$; équation intégrable toutes Seconde équation particuliere. les fois qu'on aura $\frac{k + m - 1}{n} = \pm i$. Donc fi on fuppofe Dans quels cas intégrable. alternativement k, ou $m = 0$, dans le premier cas l'équation $dy + y^2 dt = \frac{am \cdot (m - 1) dt}{(a + b t^n) t t}$ fera intégrable, toutes les fois que $\frac{m - 1}{n}$ fera égal à un nombre entier pofitif ou négatif; & fi on fuppofe $m = 0$, l'équation $dy + y^2 dt = \frac{bk \cdot (k - 1) t^n dt}{(a + b t^n) t t}$ fera intégrable, lorfque $\frac{k - 1}{n}$ fera égal à un nombre entier pofitif ou négatif.

CCLXXXIII.

Mais fi l'on a $c = a$, alors l'équation (B) devient $dy + \dfrac{y^2\,dx}{x} = -\dfrac{(g+hx^n)\,dx}{(a+bx^n)\,x}$; & en mettant pour g & pour h leurs valeurs, on a (X) $dy + \dfrac{y^2\,dx}{x} = \dfrac{(amm+bkkx^n)\,dx}{(a+bx^n)\,x}$; équation intégrable, toutes les fois qu'on aura $\dfrac{k+m}{n}$ égal à un nombre entier pofitif ou négatif. Donc en fuppofant dans cette derniere équation $k = 0$, on aura la fuivante $dy + \dfrac{y^2\,dx}{x} = \dfrac{amm\,dx}{(a+bx^n)\,x}$; intégrable fi $\dfrac{m}{n}$ eft un nombre entier pofitif ou négatif ; & en y fuppofant $m = 0$, on aura cette autre équation $dy + \dfrac{y^2\,dx}{x} = \dfrac{bkkx^n\,dx}{a+bx^n}$; intégrable toutes les fois que $\dfrac{k}{n}$ fera un nombre entier pofitif ou négatif.

Troifieme équation particuliere.

Dans quels cas intégrable.

CCLXXXIV.

Reprenons maintenant l'équation (A) $dy +$
$$\frac{(a+bx^n)^{\frac{bc-af}{abn}}\,y^2\,dx}{x^{\frac{c}{a}}} + \frac{(g+hx^n)\,x^{\frac{c}{a}-2}\,dx}{(a+bx^n)^{\frac{bc-af}{abn}+1}} = 0 ;$$
& fuppofons que dans cette équation $c = -a\,(n-1)$
on aura . . . . $x^{\frac{c}{a}} = x^{-n+1}$
$$x^{\frac{c}{a}-2} = x^{-n-1}$$
$$\frac{bc-af}{abn} = \frac{b-f}{bn} - 1$$
$$\frac{bc-af}{abn} + 1 = \frac{b-f}{bn} .$$

Donc

Donc l'équation (A) devient (D) $dy +$

$$\frac{(a+bx^n)^{\frac{b-f}{bn}} y^2 x^{n-1} dx}{a+bx^n} + \frac{(g+hx^n) dx}{x^{n+1} \cdot (a+bx^n)^{\frac{b-f}{bn}}} = 0.$$

Soit dans cette équation (D) $(a+bx^n)^{\frac{b-f}{bn}} = t$,

on aura . . . $a+bx^n = t^{\frac{bn}{b-f}}$

$$x^n = \frac{t^{\frac{bn}{b-f}} - a}{b}$$

$$x = \frac{\left(t^{\frac{bn}{b-f}} - a\right)^{\frac{1}{n}}}{b^{\frac{1}{n}}}$$

$$dx = \frac{\left(\frac{t^{\frac{bn}{b-f}} - a}{b}\right)^{\frac{1}{n}-1} \cdot t^{\frac{bn}{b-f}-1} dt}{b-f}.$$

Donc en faisant ces substitutions dans l'équation (D), on aura la transformée suivante,

$$dy + \frac{y^2 \cdot \left(\frac{t^{\frac{bn}{b-f}} - a}{b}\right) \cdot \left(\frac{t^{\frac{bn}{b-f}} - a}{b}\right)^{\frac{1}{n}-1} \cdot t^{\frac{bn}{b-f}-1} \cdot t\, dt}{(b-f)\, t^{\frac{bn}{b-f}} \cdot \left(\frac{t^{\frac{bn}{b-f}} - a}{b}\right)^{\frac{1}{n}}}$$

$$+ \frac{\left\{g + h\left(\frac{t^{\frac{bn}{b-f}} - a}{b}\right)\right\} \cdot \left(\frac{t^{\frac{bn}{b-f}} - a}{b}\right)^{\frac{1}{n}-1} \cdot t^{\frac{bn}{b-f}-1} dt}{(b-f) \cdot \left(\frac{t^{\frac{bn}{b-f}} - a}{b}\right)^{\frac{1}{n}+1} t}$$

$= 0$; c'est-à-dire, qu'en réduisant on a (E) $dy + \frac{y^2 dt}{b-f}$

Quatrieme équation particuliere.

$$+ \frac{b.(bg - ah + h t^{\frac{bn}{b-f}}) t^{\frac{bn}{b-f}-2} dt}{(b-f).(t^{\frac{bn}{b-f}} - a)^2} = 0.$$

Dans quels cas elle est intégrable.

Si donc on suppose dans cette équation $g = - cm - am(m-1)$; c'est-à-dire à cause de $c = -a(n-1)$, $g = am.(n-1) - am.(m-1) = am.(n-m)$, & $h = -fk - bk.(k-1)$, elle sera intégrable, toutes les fois qu'on aura $\frac{k+m-n}{n}$ égale à i, c'est-à-dire à un nombre entier positif ; ou bien encore lorsqu'on aura $\frac{f+b(m+k-1)}{bn}$ égal à un nombre entier négatif.

Si l'on a de plus dans l'équation $dy + \frac{y^2 dt}{b-f} + \{ b . abm(n-m) + afk + abk(k-1) - fk - bk.(k-1) \ t^{\frac{bn}{b-f}} \} \times \frac{t^{\frac{bn}{b-f}-2} dt}{(b-f).(t^{\frac{bn}{b-f}} - a)^2} = 0$, si l'on a, dis-je, $f = b - bn$,

alors on aura . . . . . . $b - f = bn$

$$\frac{bn}{b-f} = 1,$$

& l'équation précédente devient celle-ci $dy + \frac{y^2 dt}{bn} + \frac{b [am.(n-m) - ak.(n-k) + k.(n-k) t] dt}{nt.(t-a)^2} = 0$, laquelle sera intégrable dans le cas où $\frac{k+m}{n}$ sera égal à $\pm i$, c'est-à-dire à un nombre entier positif ou négatif. De là il suit qu'en supposant $k = n$, l'équation $dy + \frac{y^2 dt}{bn} + \frac{abm.(n-m) dt}{nt.(t-a)^2} = 0$ sera intégrable, si $\frac{m}{n}$ est égal à un nombre entier quelconque. Si $m = n$, l'équation $dy + \frac{y^2 dt}{bn} - \frac{[abk.(n-k) + bk.(n-k) t^2] dt}{nt.(t-a)^2} = 0$ sera intégrable, lorsque $\frac{k}{n}$ sera un nombre entier quelconque.

CCLXXXV.

SECONDE TRANSFORMATION. Soit reprife l'équation (V) $(a+bx^n) x^2 dz+(c+fx^n) xzdx+(a+bx^n) z^2x^2dx+(g+hx^n) dx=0$, dans laquelle on fuppofe

$$g = -cm-am.(m-1)$$
$$\& \quad \ldots \quad h = -fk-bk.(k-1),$$

& qui eft alors intégrable, toutes les fois que

$$f = (1-k-m-in) b,$$

ou que . . . . $c = (1-k-m+in) a,$

nous la transformerons encore en une équation de trois termes en faifant $z=Ty+S$, T & S repréfentent des fonctions de x. Cette fuppofition nous donne

$$dz = Tdy+ydT+dS$$
$$z^2 = T^2y^2+2TSy+SS,$$

& pour transformée l'équation fuivante (F) $(a+bx^n) Tx^2 dy + (a+bx^n) x^2 ydT + (a+bx^n) x^2 dS + (c+fx^n) Tyxdx + (c+fx^n) Sxdx + (a+bx^n) T^2y^2x^2dx + 2(a+bx^n) TSyx^2dx + (a+bx^n) S^2x^2dx + (g+hx^n) dx = 0$. Maintenant afin de faire évanouir le terme affecté de y, fuppofons $(a+bx^n) xdT + 2.(a+bx^n) TSxdx + (c+fx^n).Tdx = 0$, on aura $\frac{dT}{T}+2Sdx+\frac{(c+fx^n)dx}{(a+bx^n)x}=0$. Soit $T=x^p$, de telle forte qu'après avoir divifé par $(a+bx^n) Tx^2$, le coefficient de ydx foit une puiffance fimple de x; on aura $\frac{pdx}{x}+2Sdx+\frac{(c+fx^n)dx}{(a+bx^n)dx}=0$, & par conféquent

F f ij

Seconde transformation pour l'équation (V).

$$\frac{p}{x} + 2S + \frac{c+fx^n}{(a+bx^n)\,x} = 0 : \text{ donc } S = -\frac{p}{2x}$$

$$\frac{-c-fx^n}{2x.(a+bx^n)} = \frac{-ap-c-(f+bp)x^n}{2x.(a+bx^n)} : \text{ donc } dS =$$

$$-\frac{(fnx^{n-1}+bnpx^{n-1})\,dx \cdot 2x\,(a+bx^n)}{4x^2.(a+bx^n)^2}$$

$$-\frac{(2adx+2b(n+1)x^n dx).-(c+ap+(f+bp)x^n)}{4x^2.(a+bx^n)^2}$$

$$= (\text{ en réduisant})$$

$$\frac{a(c+ap)dx-a(n-1).(f+bp)x^n dx+b(f+bp)x^{2n}dx+b(n+1).(c+ap)x^n dx}{2x^2.(a+bx^n)^2} :$$

substituant dans l'équation (F) pour T, T^2, S, S^2, dS leurs valeurs, effaçant le terme que nous y avons supposé égal à zéro & réduisant, on aura $(a+bx^n)\,x^{p+2}\,dy$

$$+ (a+bx^n)y^2 x^{2p+2}\,dx +$$

$$\frac{2acdx + 2a^2 pdx - 2afnx^n dx + 2afx^n dx}{4.(a+bx^n)} +$$

$$\frac{2abpx^n dx + 2bfx^{2n}dx + 2b^2 px^{2n}dx}{4.(a+bx^n)} +$$

$$\frac{2bcnx^n dx + 2bcx^n dx + 2abpx^n dx - ccdx}{4.(a+bx^n)}$$

$$\frac{- 2cfx^n dx - ffx^{2n}dx + a^2 p^2 dx}{4.(a+bx^n)} +$$

$$\frac{2abp^2 x^n dx + b^2 p^2 x^{2n}dx}{4.(a+bx^n)} + gdx + hx^n dx = 0;$$

& en divisant par $a+bx^n$ les termes dont ce binome est un diviseur exact, on aura la transformée suivante $(a+bx^n).x^{p+2}dy + (a+bx^n)y^2 x^{2p+2}dx +$

$$\frac{p.(p+2).(a+bx^n)dx}{4} + \frac{(c+2g)dx+(f+2h)x^n dx}{2}$$

$$\frac{-ccdx + 2n(bc-af)x^n dx - 2cfx^n dx - ffx^{2n}dx}{4\cdot(a+bx^n)} = 0\; ;$$

& enfin en divifant par $(a+bx^n)x^{p+2}$, on a l'équation

$(H)\quad dy + y^2 x^p dx + \frac{p\cdot(p+2)dx}{4x^{p+2}} + \frac{(c+2g)dx + (f+2h)x^n dx}{2x^{p+2}\cdot(a+bx^n)}$

$\frac{-(c+fx^n)^2 dx + 2n(bc-af)x^n dx}{4\cdot(a+bx^n)^2 x^{p+2}} = 0.$ Or cette équation fera intégrable, dans les cas où g étant $= -cm -am(m-1)$ & $h = -fk - bk.(k-1)$, on aura $f = (1-k-m-in)b$, ou $c = (1-k-m+in)a$; c'eft-à-dire, toutes les fois que l'une des deux quantités $\frac{-(k+m-1)b-f}{bn}$, ou $\frac{(k+m-1)a+c}{an}$ fera égale à un nombre entier pofitif.

CCLXXXVI.

Maintenant faifons 1°. $bc = af$, ou $f = \frac{bc}{a}$, l'équation (H) devient celle-ci $dy + y^2 x^p dx + \frac{p\cdot(p+2)dx}{4x^{p+2}} +$

$$\frac{(ac+2ag)dx + (bc+2ah)x^n dx}{2ax^{p+2}\cdot(a+bx^n)} - \frac{\left(cc + \frac{2bccx^n}{a} + \frac{b^2c^2 x^{2n}}{aa}\right)dx}{4x^{p+2}\cdot(a+bx^n)^2}$$

$= 0$; c'eft-à-dire, en réduifant $dy + y^2 x^p dx + \frac{p\cdot(p+2)dx}{4x^{p+2}}$ $+ \frac{(g+hx^n)dx}{x^{p+2}\cdot(a+bx^n)} + \frac{cdx}{2ax^{p+2}} - \frac{ccdx}{4aax^{p+2}} = 0$; ou bien

en mettant au même dénominateur les deux derniers termes & retranchant en même temps $\frac{aadx}{4aax^{p+2}}$, on aura (L)

$$dy + y^2 x^p dx + \frac{(p+1)^2 dx}{4x^{p+2}} - \frac{(a-c)^2 dx}{4a^2 x^{p+2}} + \frac{(g+hx^n)dx}{(a+bx^n)x^{p+2}}$$

$= 0$. En fuppofant dans cette équation $g = -cm -$

Equation transformée (H).

Dans quels cas elle eft intégrable.

Equations particulieres qu'on peut tirer de la transformée (H).

Premiere équation particuliere.

Quels font fes cas d'inté-grabilité.

$a m (m-1)$ & $h = -\frac{b}{a} \times c k + a k (k-1)$, elle fera intégrable toutes les fois que $\frac{(k+m-1)a+c}{an}$ fera un nombre entier pofitif ou négatif. Faifons de plus dans cette équation $c = a$, on aura en mettant pour g & h leurs valeurs, $dy + y^2 x^p dx + \frac{(p+1)^2 dx}{4 x^{p+1}} - \frac{(amm + bkkx^n)dx}{(a+bx^n)x^{p+2}} = 0$, qui fera intégrable fi $\frac{k+m}{n}$ eft égal à un nombre entier quelconque.

CCLXXXVII.

$2°$. Soit dans l'équation (H) $b = 0$, elle fe change en celle-ci $dy + y^2 x^p dx + \frac{p \cdot (p+2)dx}{4 x^{p+2}} + \frac{(2ac+4ag)dx}{4a^2 x^{p+2}} + \frac{(af+2ah)x^n dx}{2a^2 x^{p+2}} - \frac{(cc + 2cfx^n + ffx^{2n} + 2afnx^n)dx}{4a^2 x^{p+2}} = 0$;

& en retranchant & ajoutant comme plus haut $\frac{dx}{4x^{p+2}}$,

on a (O) $dy + y^2 x^p dx + \frac{(p+1)^2 a^2 dx}{4a^2 x^{p+2}} - \frac{(a-c)^2 dx}{4a^2 x^{p+2}} + \frac{4ag dx}{4a^2 x^{p+2}} + \frac{(af + 2ah - afn - cf)x^n dx}{2aax^{p+2}} - \frac{ffx^{2n} dx}{4aax^{p+2}} = 0$,

équation intégrable, fi . . $g = -cm - am(m-1)$ & . . . . $h = -fk$,

toutes les fois qu'on aura $f = (1-k-m-in)b$, ou $c = (1-k-m+in)a$, c'eft-à-dire toutes les fois que $f = 0$, ou que $\frac{(k+m-1)a+c}{an}$ eft un nombre entier pofitif. Dans le cas où $f = 0$, l'équation (O) en y fuppofant $(p+1)^2 a^2 - (a-c)^2 + 4ag = AA$ devient $dy + A^2 x^{-p-2} dx + y^2 x^p dx = 0$, qui eft l'équation de Ricati. Donc (Sect. I. Chap. IX. Art. CXIX.) elle s'inté-

grera toutes les fois qu'on aura $-p-2 = \frac{(2h+1)x-p-4h}{2k+1}$,
h repréfentant un nombre entier pofitif f en commençant par l'unité, c'eft-à-dire, lorfque p fera $= 1$; ce qui eft évident, puifqu'alors l'équation devient $x^3 dy + y^2 x^4 dx + adx = 0$, laquelle eft dans le cas de la formule de M. Bernoulli traitée dans le Chapitre VII. Sect. I.

CCLXXXVIII.

Soit dans l'équation (O) $a^2(p+1)^2 - (a-c)^2 + 4ag = \alpha a^2$, & $af - naf - 2afk - cf = a\epsilon f$, on aura $g = \frac{\alpha a^2 + (a-c)^2 - a(p+1)^2}{4a}$, & $c = a - na - 2ak - a\epsilon$. Donc mettant cette valeur de c dans g, on a $g = \frac{\alpha a + a(n+2k+\epsilon)^2}{4} - \frac{a(p+1)^2}{4}$. Après avoir fait ces fubftitutions, on a (Q) $dy + y^2 x^p dx + \frac{adx}{4x^{p+2}} + \frac{\epsilon f x^n dx}{2ax^{p+2}} - \frac{ff x^{2n} dx}{4a^2 x^{p+2}} = 0$. Dans cette équation on doit Troifieme équation particuliere.
avoir $g = -cm - am.(m-1)$: mais $c = a - na - 2ak - a\epsilon$, & $g = \frac{\alpha a + a(n+2k+\epsilon)^2}{4} - a(p+1)^2$; donc on aura $g = am.(n+2k+\epsilon) - amm$. Donc $4m \times (n+2k+\epsilon) = \alpha + (n+2k+\epsilon)^2 - (p+1)^2 + 4mm$. Donc $(n+2k+\epsilon)^2 - 4m.(n+2k+\epsilon) + 4mm = (p+1)^2 - \alpha$. Donc enfin $n+2k+\epsilon = nm \pm \sqrt{(p+1)^2 - \alpha}$; & l'équation fera intégrable, toutes les fois qu'on aura $\frac{m-n-k-\epsilon}{n}$, ou $\frac{-n-\epsilon \pm \sqrt{(p+1)^2 - \alpha}}{2n}$ égal Dans quels cas elle fe peut intégrer.
à un nombre entier pofitif.

CCLXXXIX.

Soit dans l'équation (Q) $\alpha = 0$ & $\epsilon = 0$, elle devient

<table>
<tr><td>

Quatrieme équation particuliere.

Ses cas d'intégrabilité.

</td><td>

$dy + y^2 x^p dx = \dfrac{ff x^{2n-p-2} dx}{4aa}$, intégrable toutes les fois qu'on aura $\dfrac{-n \pm (p+1)}{2n}$ égal à un nombre entier positif. C'est ce qui est évident par ce que nous avons déja vu tant de fois dans ce Chapitre, & ce qu'on retrouveroit encore par l'Article CXIX. du Chapitre IX. Sect. I. puisque cette équation est celle de Ricati, qui est par conséquent intégrable dans tous les cas où $m = \dfrac{(2h \pm 1) - n - 4h}{2h \mp 1}$, h représentant un nombre entier positif. Mettant ici pour m sa valeur $2n - p - 2$, & pour n sa valeur p, on retrouvera pour l'intégrabilité la même condition que ci-dessus.

</td></tr>
</table>

CCXC.

<table>
<tr><td>

Cinquieme équation particuliere (φ).

Ses cas d'intégrabilité.

</td><td>

Soit dans (Q) a seulement $= 0$, on aura (φ) $dy + y^2 x^p dx + \dfrac{e f x^{-n} dx}{2a x^{p+2}} - \dfrac{ff x^{2n} dx}{4a^2 x^{p+2}} = 0$; équation intégrable, toutes les fois que $\dfrac{-n - e \pm (p+1)}{2n} = i$, c'est-à-dire un nombre entier positif. On aura donc $-n - e \pm (p+1) = 2in$, & par conséquent $e = \pm (p+1) - n.(2i+1)$: de-là il suit que l'équation $dy + y^2 x^p dx = \dfrac{ff x^{2n-p-2} dx}{4aa} + \dfrac{fn(2i+1) \mp f(p+1) x^{n-p-2} dx}{2a}$ est toujours intégrable. Si dans cette équation on suppose $1^\circ.$ $p = 0, n = 2$; $2^\circ.$ $p = 0, n = 1$; $3^\circ.$ $p = -1, n = 1$, on aura les équations suivantes qui seront intégrables

</td></tr>
<tr><td>

Autres équations particulieres intégrables qui viennent de l'équation (φ).

</td><td>

$dy + y^2 dx = \dfrac{ff x^2 dx}{4aa} + \dfrac{f(4i+2 \mp 1) dx}{2a}$, $dy + y^2 dx = \dfrac{ff dx}{4aa} + \dfrac{f(2i+1 \pm 1) dx}{2ax}$, $dy + \dfrac{y dx}{x} + \dfrac{ff x dx}{4aa} + \dfrac{f(2i+1) dx}{2a}$.

</td></tr>
</table>

CCXCI.

CCXCI.

Soit dans l'équation (Q) ϵ seulement $= 0$, on aura l'équation fuivante (ξ) $dy + y^2 x^p dx = \dfrac{ff x^{2n-p-2} dx}{4aa} - \dfrac{\alpha dx}{4 x^{p+2}}$, laquelle fera intégrable toutes les fois qu'on aura $\dfrac{n \pm \sqrt{(p+1)^2 - \alpha}}{2n} = i$, c'eft-à-dire un nombre entier pofitif. On aura donc $2in + n = \pm \sqrt{[(p+1)^2 - \alpha]}$; & en élevant au quarré $n^2 (2i+1)^2 = (p+1)^2 - \alpha$. Donc $\alpha = (p+1)^2 - n^2 . (2i+1)^2$. Donc l'équation $dy + y^2 x^p dx = \dfrac{ff x^{2n-p-2} dx}{4aa} + \dfrac{[n^2(2i+1)^2 - (p+1)^2] dx}{4 x^{p+2}}$ eft toujours intégrable. Donc en fuppofant $p = 0$, $\dfrac{ff}{4aa} = A$, on aura l'équation $dy + y^2 dx = A x^{2n-2} dx + \dfrac{[n^2 . (2i+1)^2 - 1] dx}{4xx}$ qui eft toujours intégrable. Donc en fuppofant fucceffivement $p = 0$, $n = 1$; $p = 0$, $n = 2$; $p = 0$, $n = 3$, &c. on aura les équations fuivantes

$$dy + y^2 dx = A dx + \frac{i(i+1) dx}{xx}$$
$$dy + y^2 dx = A x^2 dx + \frac{4i.(i+1) dx}{xx}$$
$$dy + y^2 dx = A x^4 dx + \frac{9i.(i+1) dx}{xx},$$

& une infinité d'autres qui feront intégrables.

CCXCII.

Je reprends l'équation (Q) $dy + y^2 x^p dx = \dfrac{(ff x^{2n} - 2a\epsilon f x^n - \alpha a^2) dx}{4aa x^{p+2}}$, & je fuppofe $\alpha = -\epsilon^2$, on aura $dy + y^2 x^p dx = (ff x^{2n} - 2a\epsilon f x^n + a^2 \epsilon^2) \dfrac{dx}{4aa x^{p+2}}$

$= \dfrac{(fx^n - a\epsilon)^2 \, dx}{4aax^{p+2}}$; & cette équation sera intégrable, toutes les fois que $-n-\epsilon-\sqrt{(p+1)^2+\epsilon^2} = 2in$. Donc alors on aura $2in+n+\epsilon = \pm\sqrt{(p+1)^2+\epsilon^2}$; & en quarrant les deux membres, on a $4i^2n^2+4in^2+4\epsilon in+n^2+2\epsilon n+\epsilon\epsilon = (p+1)^2+\epsilon\epsilon$; donc en réduisant $\epsilon = \dfrac{(p+1)^2-n^2(2i+1)^2}{2n.(2i+1)}$. Donc l'équation

$$dy+y^2x^p dx = \left(\frac{n^2.(2i+1)^2-(p+1)^2}{4n.(2i+1)} + \frac{fx^n}{2a} \right) \frac{dx}{x^{p+2}}$$

est toujours intégrable. Donc en donnant successivement à p & à n différentes valeurs, on aura différentes équations intégrables. Soit, par exemple, $p = 0$, on aura l'équation intégrable $dy+y^2dx = \left(\dfrac{n^2.(2i+1)^2-1}{4n.(2i+1)} + \dfrac{fx^n}{2a} \right) \times \dfrac{dx}{xx}$. Si $p = -1$, on aura pour lors $dy+\dfrac{y^2dx}{x} = \left(\dfrac{n(2i+1)}{4} + \dfrac{fx^n}{2a} \right) \dfrac{dx}{x}$ qui est intégrable.

CCXCIII.

Soit dans l'équation (Q) $x^{p+1} = t$,

on aura . . . . $x = t^{\frac{1}{p+1}}$

$$x^n = t^{\frac{n}{p+1}}$$

$$x^{p+2} = t^{\frac{p+2}{p+1}}$$

$$dx = \frac{1}{p+1} t^{\frac{-p}{p+1}} dt$$

$$\frac{dx}{x^{p+2}} = \frac{dt}{(p+1)tt}$$

$$x^p dx = \frac{dt}{p+1}.$$

Donc la transformée sera $dy + \dfrac{y^2\,dt}{p+1} = \left\{ \dfrac{n^2\,(2i+1)^2-(p+1)^2}{2n\,.\,(2i+1)} \right.$

$\left. \dfrac{f\,t^{\frac{n}{p+1}}}{2a} \right\} \times \dfrac{dt}{(p+1)\,tt}$; ou $(p+1)\,dy + y^2\,dt =$

$\left\{ \dfrac{n^2\,.\,(2i+1)^2-(p+1)^2}{2n\,.\,(2i+1)} + \dfrac{f\,t^{\frac{n}{p+1}}}{2a} \right\} \times \dfrac{dt}{tt}$; équation qui

est intégrable.

Huitieme
équation par-
ticuliere inté-
grable.

CCXCIV.

En suivant cette méthode on trouveroit encore les cas
d'intégrabilité d'un grand nombre d'équations différentielles qui ne sont pas intégrables absolument ; la difficulté
ne consisteroit que dans la longueur du calcul. Par exemple, si l'on veut chercher les cas d'intégrabilité de l'équation $(a + bx^n + cx^{2n})\,x^2\,ddv + (f + gx^n + hx^{2n})$
$x\,dx\,dv + (p + qx^n + rx^{2n})\,.\,v\,dx^2 = 0$, on les trouveroit en faisant $v = Ax^m + Bx^{m+n} + Cx^{m+2n} + $ &c.
ou bien $v = Ax^k + Bx^{k-n} + Cx^{k-2n} + $ &c. On dé-
termineroit les coefficients A, B, C, D, &c. de la même
maniere que nous avons déterminé ceux des Articles
CCLXXIII. & CCLXXV. ; mais on doit remarquer ici qu'il
faut que deux de ces coefficients soient égaux à zéro, pour
que les autres s'évanouïssent. C'est ce dont il est aisé de
se convaincre en mettant dans la proposée pour v, dv,
ddv leurs valeurs tirées de l'une des deux series précédentes. Par exemple, si on se sert de la serie premiere,
on trouvera qu'afin que $v = Ax^m$ il faut que $p + fm +$
$am\,(m-1) = 0$, & qu'en même temps $q + gm +$

Application
de la métho-
de précédente
à une formule
différentielle
du second or-
dre plus com-
pliquée que la
formule (M).

G g ij

$bm.(m-1)=0$ & $r+hm+cm(m-1)=0$. Pour que $v=Ax^m+Bx^{m+n}$ il fera néceffaire qu'on ait

1°. $B=A.\{q+gm+bm(m-1)\}$

2°. $0=p+fm+am(m-1)$

3°. $0=r+h(m+n)+c(m+n).(m+n-1)$

4°. $n^2.\{h+c(2m+n-1)\}.\{f+a(2m+n-1)\}+\{q+gm+bm.(m-1)\}.\{q+g.(m+n)+b.(m+n).(m+n-1)\}=0$, & ainfi de fuite.

CHAPITRE X.

Examen de plufieurs équations différentielles du fecond ordre, intégrables dans les mêmes cas que d'autres équations du même ordre qui ont un terme de moins.

CCXCV.

Application à une équation différentielle du fecond ordre.

THEOREME. L'Equation différentielle du fecond ordre $ddu+\iota du\,dx+uX\,dx^2+\zeta dx^2=0$ eft intégrable dans les mêmes cas dans lefquels on peut intégrer la fuivante $ddu+\iota du\,dx+uX\,dx^2=0$, qui, comme on le voit, a un terme de moins. ι, X & ζ dans la premiere équation, ι & X dans la feconde font des fonctions de x.

DEMONSTRATION. Je fuppofe $du+t Q\,dx=0$; t & Q étant deux indéterminées ; fubftituant pour du & ddu

leurs valeurs dans la proposée, la divisant enfuite par $Q\,dx$ & changeant les fignes, on aura $dt + \frac{t\,dQ\,dx}{Q\,dx} + t\,\zeta\,dx - \frac{u\,X\,dx}{Q} - \frac{\zeta\,dx}{Q} = 0$. A cette équation j'ajoute l'équation $du + t\,Q\,dx = 0$, j'aurai $(A)\ du + dt + (t\,Q + \frac{t\,dQ}{Q\,dx} + \zeta\,t - \frac{u\,X}{Q})\times dx - \frac{\zeta\,dx}{Q} = 0$. Or cette équation feroit intégrable, fi elle fe pouvoit ramener à la forme fuivante $du + dt + (u + t).P\,dx - \frac{\zeta\,dx}{Q} = 0$, P & Q étant des fonctions connues de x. Car en faifant $u + t = r$, $du + dt = dr$, on auroit $dr + r\,P\,dx - \frac{\zeta\,dx}{Q} = 0$; équation réduite à la formule du Chapitre VII. & qui nous donne $r = G\,c^{-\int P\,dx} + c^{-\int P\,dx} \int \frac{\zeta}{Q}\,c^{\int P\,dx}\,dx$. Donc $(B)\ u = G\,c^{-\int P\,dx} + c^{-\int P\,dx} \int \frac{\zeta}{Q}\,c^{\int P\,dx}\,dx - t$; $du = -G\,c^{-\int P\,dx}\,P\,dx - c^{-\int P\,dx}\,P\,dx \int \frac{\zeta}{Q}\,c^{\int P\,dx}\,dx + \frac{\zeta}{Q}\,dx - dt$. Subftituant cette valeur dans $du + t\,Q\,dx = 0$, on aura une équation réductible encore au cas du Chapitre VII. & qui nous donnera la valeur de t en x. Donc en mettant dans (B) pour t cette valeur, on aura celle de u en x. Donc, dans l'hypothefe précédente, l'équation $ddu + \zeta\,du\,dx + u\,X\,dx^2 + \zeta\,dx^2 = 0$ fera intégrée.

Or pour que l'équation (A) fe puiffe ramener à la fuivante $dt + du + (u + t).P\,dx - \frac{\zeta\,dx}{Q} = 0$, il faut que $t\,Q + \frac{t\,dQ}{Q\,dx} + \zeta\,t - \frac{u\,X}{Q} = (u + t).P$; ce qui arrivera, fi $-\frac{X}{Q} = \zeta + Q + \frac{dQ}{Q\,dx}$. Car alors on aura $du + dt + \left\{ (\zeta + Q + \frac{dQ}{Q\,dx})\times t + (\zeta + Q + \frac{dQ}{Q\,dx})\,u \right\} \times dx - \frac{\zeta\,dx}{Q} = 0$; & en fuppofant $\zeta + Q + \frac{dQ}{Q\,dx} = P$, on aura $du + dt + (u + t).P - \frac{\zeta dx}{Q} = 0$. Mais de l'équation $\zeta + Q + \frac{dQ}{Q dx} = - \frac{X}{Q}$ on tire $Xdx + \zeta Qdx + QQdx + dQ = 0$; donc toutes les fois que cette derniere équation fera intégrable, $ddu + \zeta du dx + uXdx^2 + \zeta dx^2 = 0$ le fera auffi.

CCXCVI.

Prenons maintenant l'équation $ddu + \zeta du dx + uXdx^2 = 0$, & cherchons l'équation de condition d'après laquelle elle feroit intégrable. Je fuppofe fuivant la méthode de M. Euler, expofée dans le Chapitre V. de cette feconde Section, $u = c^{\int y dx}$, dx étant toujours conftant, on aura $du = c^{\int y dx} y dx$; $ddu = c^{\int y dx} dy dx + c^{\int y dx} y^2 dx^2$. Donc après les fubftitutions & réductions on aura la transformée fuivante $Xdx + y \zeta dx + yy dx + dy = 0$. Donc fi cette équation eft intégrable, l'équation $ddu + \zeta du dx + uXdx^2 = 0$ le fera auffi; réciproquement fi cette derniere équation eft intégrable, la premiere le fera, c'eft-à-dire, qu'on aura la valeur de y en x. Car puifqu'on a par l'hypothefe la valeur de u en x & que $y = \frac{du}{u dx}$, on aura donc la valeur de y dans l'équation $Xdx + \zeta y dx + yy dx + dy = 0$. Or cette équation eft, comme on le voit, la même abfolument que la réduite $Xdx + Q\zeta dx + QQ dx + dQ = 0$. Donc l'équation $ddu + \zeta du dx + uXdx^2 + \zeta dx^2 = 0$ eft intégrable dans les mêmes cas que la fuivante $ddu + \zeta du dx + uXdx^2 = 0$ laquelle a un terme de moins. *C. Q. F. D.*

Cherchons maintenant quelques cas particuliers d'intégration des équations précédentes.

CCXCVII.

Théoreme. Si dans l'équation $ddu + \xi\, du\, dx + uX dx^2 + \zeta\, dx^2 = 0$, ξ contient un terme de cette forme $\frac{A}{x}$, il fera toujours poſſible de faire évanouir ce terme, excepté dans le cas où $A = 1$.

En effet, divifant l'équation par dx, elle devient $\frac{ddu}{dx} + \frac{A\,du}{x} + uX dx + \zeta\, dx = 0$, que l'on peut (Art. CCIII.) mettre fous la forme fuivante $d\left(\frac{du}{dx}\right) + \frac{A\,du}{x} + \&c. = 0$. Or dans cette équation il n'y a plus aucune différentielle conftante, puifque $\frac{du}{dx}$ eft une quantité finie ; je fuppofe dx variable, & j'aurai $\frac{ddu}{dx} - \frac{du\,ddx}{dx^2} + \frac{A\,du}{x} + uX dx + \zeta\, dx = 0$; ou $ddu - \frac{du\,ddx}{dx} + \frac{A\,du\,dx}{x} + uX dx^2 + \zeta\, dx^2 = 0$.

Soit maintenant $x = fz^{k}$ & dz conftant, la transformée fera $ddu - \frac{(k-1).dz\,du}{z} + \frac{A k\, dz\, du}{z} + \&c. = 0$, ou $ddu - \frac{k\, dz\, du}{z} + \frac{dz\, du}{z} + \frac{A k\, dz\, du}{z} + \&c. = 0$. Suppofons $k = \frac{-1}{A-1}$, on aura $ddu + \frac{dz\, du}{(A-1).z} + \frac{dz\, du}{z} - \frac{A\, dz\, du}{(A-1).z} + \&c. = 0$; ou enfin $ddu + \frac{dz\, du}{(A-1).z} + \frac{A\, dz\, du}{(A-1).z} - \frac{dz\, du}{(A-1).z} - \frac{A\, dz\, du}{(A-1).z} + \&c. = 0$. Donc il eft évident que toutes les fois que A ne fera pas $= 1$.

la fubftitution de $x = fz^{\frac{1}{A-1}}$ fera évanouir le fecond terme de l'équation qui deviendra pour lors $ddu + B u \varphi(z) dz^2$.

Recherche de quelques cas d'intégration de la formule qui fert d'exemple.

$+ C\Gamma(z)\,dz^2 = 0$, $\varphi(z)$ & $\Gamma(z)$ étant des fonctions différentes de z.

Donc en général si on a $ddu + \frac{A\,du\,dx}{x} + uBx^m dx^2 + \zeta\,dx^2 = 0$, cette différentielle se réduit à l'équation $ddu + uRz^p dz^2 + \zeta' dz^2 = 0$.

Soit $du + tQ\,dz = 0$; en mettant pour ddu sa valeur, divisant l'équation par $Q\,dz$ & changeant les signes, on aura la transformée suivante $dt + \frac{t\,dQ\,dz}{Q\,dz} - \frac{uRz^p dz}{Q} - \zeta' dz = 0$. A cette équation j'ajoute celle-ci $du + tQ\,dz = 0$; ce qui me donne $du + dt + \left(tQ + \frac{t\,dQ}{Q\,dz} - \frac{uRz^p}{Q} \right) \times dz - \zeta' dz = 0$, équation intégrable dans le cas où $tQ + \frac{t\,dQ}{Q\,dz} - \frac{uRz^p}{Q} = (u + t) \times P$. Cette proposition se démontreroit de la même façon dont nous l'avons démontrée Article ccxcv.

Or pour que $tQ + \frac{t\,dQ}{Q\,dz} - \frac{uRz^p}{Q} = (u + t) \times P$, il faut que $- \frac{Rz^p}{Q} = Q + \frac{dQ}{Q\,dz}$. Donc l'équation $ddu + uRz^p dz^2 + \zeta' dz^2 = 0$ s'intégrera dans les mêmes cas que l'équation $Rz^p dz + QQ\,dz + dQ = 0$, qui est l'équation de Ricati. Nous avons donné les cas d'intégration de cette formule aux Articles cxviii. & suivants de cette seconde Partie.

CCXCVIII.

Théoreme 2. Si $A = 1$, l'équation sera $ddu + \frac{du\,dx}{x} + uBx^m dx^2 + \zeta\,dx^2 = 0$; en faisant toujours $du + tQ\,dx = 0$ & suivant les mêmes procédés que dans les Articles précédents,

précédents, l'intégration fe réduira à celle de $B x^m dx +$ $Q x^{-1} dx + QQ dx + dQ = 0$. Soit dans cette équation $Q = r x^{-1}$, la transformée fera $B x^m dx + \frac{r^2 dx}{xx}$ $+ \frac{dr}{x} = 0$; intégrable dans le cas où $m = -2$, puifqu'elle devient alors $B dx + x dr + rr dx = 0$. On trouvera les autres cas d'intégration de l'équation $B x^m dx +$ $Q x^{-1} dx + QQ dx + dQ = 0$, en fe fervant des méthodes employées dans le Chapitre XI. de la premiere Section de cette feconde Partie.

CCXCIX.

Théoreme 3. Reprenons l'équation de condition de l'Art. ccxcvi. $X dx + \xi Q dx + QQ dx + dQ = 0$; & faifons dans cette équation $X = A x^m$ & $\xi = B x^n$, elle devient $A x^m dx + B Q x^n dx + QQ dx + dQ = 0$, la même que celle dont nous avons trouvé les cas d'intégrabilité dans le Chapitre XI. de la premiere Section. Soit donc comme dans l'Article cxxvi. $Q = B x^r + f x^s z^t$, p, r, f, s, t étant des indéterminées prifes à volonté, on aura la transformée fuivante $A x^m dx + B p x^{n+r} dx +$ $B f z^t x^{n+s} dx + pp x^{2r} dx + 2 f p z^t x^{s+r} dx + ff z^{2t}$ $x^{2s} dx + pr x^{r-1} dx + fs z^t x^{s-1} dx + ft x^s z^{t-1} dz$ $= 0$; intégrable dans tous les cas où elle fe peut réduire à une équation de cette forme $X' z^{t-1} dz + z^t X'' dx +$ $z^{2t} X''' dx = 0$, X', X'', X''' étant des fonctions ou des puiffances de x, puifqu'alors c'eft le cas de M. Bernoulli, traité dans les Articles xcv. & fuivants. La transformée sera encore intégrable, toutes les fois qu'elle tombera dans les cas intégrables de l'équation de Ricati.

C C C.

REMARQUE. En faisant $X = A x^m + x^{-1}$, l'équation de condition sera $A x^m d x + x^{-1} d x + B Q x^n d x + Q Q d x + d Q = 0$; dont la transformée ne sera pas, comme il est aisé de le voir, plus compliquée que celle du Théorême précédent. On en trouvera par la même méthode les cas d'intégrabilité.

C C C I.

THEOREME 4. Soit dans l'équation de condition $\xi = 0$ & $X = A x^m + B x^n$, elle devient $A x^m d x + B x^n d x + Q Q d x + d Q = 0$, dont on trouvera encore les cas d'intégrabilité en faisant $Q = p x^r + f x^s z^t$.

C C C I I.

Autre formule à laquelle s'applique notre méthode.

COROLLAIRE GÉNÉRAL. Dans le Chapitre IX. de cette présente Section, nous avons vu comment on pouvoit dans certains cas intégrer l'équation différentielle $(a + b x^n) \times x^2 d d v + (c + f x^n) . x d x d v + (g + h x^n) \times v x d x^2 = 0$. Il s'enfuit du Théorême premier de ce Chapitre, qu'on pourra dans les mêmes cas intégrer cette équation augmentée d'un terme $\xi d x$, ξ étant une fonction quelconque de x.

CCCIII.

SCHOLIE. Reprenons l'équation $ddu + \zeta du dx + uX dx^2 + \zeta dx^2 = 0$, & au lieu de supposer $du + tQ dx = 0$, supposons $du - EtQ dx = 0$, E étant un coefficient indéterminé ; nous aurons la transformée suivante $EQ dt dx + Et dQ dx + EtQ\zeta dx^2 + uX dx^2 + \zeta dx^2 = 0$. Multipliant cette seconde équation par un coefficient indéterminé v, & la divisant par $EQdx$, on aura $v dt + \frac{vt dQ dx}{Qdx} + vt\zeta dx + \frac{vuX dx}{EQ} + \frac{v\zeta dx}{EQ} = 0$. J'ajoute à cette équation la suivante $du - EtQ dx = 0$, & je les divise par v, j'aurai $\frac{du}{v} + dt + \left\{ \frac{t dQ}{Qdx} - \frac{EtQ}{v} + \zeta t + \frac{vuX}{EvQ} \right\}.dx + \frac{\zeta dx}{EQ} = 0$; équation intégrable (Art. ccxcv.), si $\frac{t dQ}{Qdx} - \frac{EtQ}{v} + \zeta t + \frac{vuX}{EvQ} = \left(\frac{u}{v} + t \right) \times P'$. Or il faut pour cela que $\frac{vX}{EQ} = \frac{dQ}{Qdx} - \frac{EQ}{v} + \zeta$; ce qui donne pour nouvelle équation de condition (D) $Xdx - \frac{EQ\zeta dx}{v} + \frac{EQ dx}{v^2} - \frac{EdQ}{v} = 0$. Mais il est visible que cette nouvelle supposition ne rend pas la solution fondamentale plus générale, puisque la nouvelle équation de condition (D) & la première $Xdx + Q\zeta dx + QQ dx + dQ = 0$ reviennent à la même, en mettant dans l'équation (D) Q pour $-\frac{EQ}{v}$.

CCCIV.

COROLLAIRE. En général toute équation $X'dx + \zeta'u dx + X''u^2 dx + du = 0$ deviendra $Xdx + \zeta y dx +$

$y y\, d x + d y = 0$ en faisant $X'' u = y$; puisque cette supposition nous donne $u = \frac{y}{X''}$, $d u = \frac{d y}{X''} - \frac{y\, d X''}{X''^2}$ & pour transformée $X d x + \zeta y\, d x + y^2\, d x + d y = 0$, X étant $= X' X''$ & $\zeta = \frac{\zeta'}{X} - \frac{d X''}{X''^2\, d x}$.

On peut même changer cette équation en celle-ci $\frac{X'\, d x}{r} + X'' y^2\, r\, d x + d y = 0$, qui dans certains cas pourroit être plus commode. Il faut pour cet effet supposer $u = y r$ & $\frac{d r}{r} + \zeta\, d x = 0$. Car alors la transformée sera $X'\, d x + y r \zeta\, d x + y^2\, r^2\, X''\, d x + r\, d y + y\, d r = 0$. Divisons par $y r$, elle devient $\frac{X'\, d x}{y r} + \zeta\, d x + X'' y r\, d x + \frac{d y}{y} + \frac{d r}{r} = 0$; & à cause de $\frac{d r}{r} + \zeta\, d x = 0$, $\frac{X\, d x}{y r} + X'' y r\, d x + \frac{d y}{y} = 0$; ou enfin $\frac{X'\, d x}{r} + X'' y^2\, r\, d x + d y = 0$.

<h2 style="text-align:center">CCCV.</h2>

Corollaire 2. Puisque l'équation $d d u + \frac{d u\, d x}{x} + u X d x^2 + \zeta d x^2 = 0$ se réduit (Théorême 2.) à $X d x + Q x^{-1}\, d x + Q Q\, d x + d Q = 0$, il s'enfuit qu'en faisant $Q = \frac{y}{x}$, elle se réduira à $x X d x + \frac{y^2\, d x}{x} + d y = 0$. En effet la transformée sera $X d x + y x^{-2}\, d x + y^2\, x^{-2}\, d x + x^{-1}\, d y - y x^{-2}\, d x = 0$; c'est-à-dire $X d x + y^2\, x^{-2}\, d x + x^{-1}\, d y = 0$; & en multipliant par x, $x X d x + \frac{y y\, d x}{x} + d y = 0$.

<h2 style="text-align:center">CCCVI.</h2>

On peut appliquer la méthode expliquée dans ce Chapitre à des équations d'un ordre plus élevé que le second.

Soit, par exemple, l'équation du troisieme ordre d^3u $+ \zeta\, ddu\, dx + X\, du\, dx^2 + u\zeta\, dx^3 + \chi\, dx^3 = 0$; ζ, X, ζ, χ étant des fonctions de x. En faisant $ddu + Q\, dt\, dx$ $+ tN\, dx^2 = 0$, Q, t, N étant trois indéterminées, on trouvera que la proposée est réductible à une équation du second degré de cette forme $ddz + R'\, dz\, dx - \frac{\chi\, dx^2}{Q}$ $= 0$; si $N = X + QQ - \frac{dQ}{dx} - \zeta Q$ & $\zeta + NQ -$ $\frac{dN}{dx} - \zeta N = 0$. Car suivant la supposition précédente la transformée sera, après les substitutions ordinaires,

$- Q\, dx\, ddt - dQ\, dt\, dx - \zeta Q\, dt\, dx^2 - N\, dt\, dx^3 +$
$X\, du\, dx^2 - t\, dN\, dx^2 - \zeta t N\, dx^3 + u\zeta\, dx^3 + \chi\, dx^3 = 0$.

Divisant cette équation par $-Q\, dx$ & y ajoutant l'équation $ddu + Q\, dt\, dx + tN\, dx^2 = 0$, on aura ddu $+ ddt + \left(\frac{dQ}{Q\, dx} - Q + \zeta + \frac{N}{Q} \right) \times dt\, dx - \left(\frac{X}{Q} \right) \times du\, dx$ $+ \left(\frac{dN}{dx} + \zeta N - NQ \right) \times \frac{t\, dx^2}{Q} - (\zeta) \frac{n\, dx^2}{Q} - \frac{\chi\, dx^2}{Q} = 0$.

Donc si (F) $\frac{dQ}{Q\, dx} - Q + \zeta + \frac{N}{Q} = - \frac{X}{Q}$, & que $\frac{dN}{dx}$ $+ \zeta N - NQ - \zeta = 0$, on aura en supposant l'un & l'autre membre de l'équation $(F) = R'$, $ddu + ddt$ $+ (du + dt) \times R'\, dx - \frac{\chi\, dx^2}{Q} = 0$; & enfin en faisant $du + dt = dz$, on trouve $ddz + R'\, dx\, dz - \frac{\chi\, dx^2}{Q}$ $= 0$.

Or en substituant dans l'équation $\frac{dN}{dx} + \zeta N - NQ -$ $\zeta = 0$ pour N sa valeur tirée de l'équation (F) qui devient $N = X + QQ - \frac{dQ}{dx} - \zeta Q$, on trouvera une équation différentielle du second degré dont Q sera l'inconnue qu'il faudra déterminer en x. Donc l'intégration

Application de la méthode à une équation différentielle du troisieme ordre.

de l'équation $d^3u + \zeta\, dd\,u\,dx + X\,du\,dx^2 + u\,\zeta\,dx^3 + x\,dx^3 = 0$, se réduit à celle d'une équation différentielle du second ordre.

F I N.

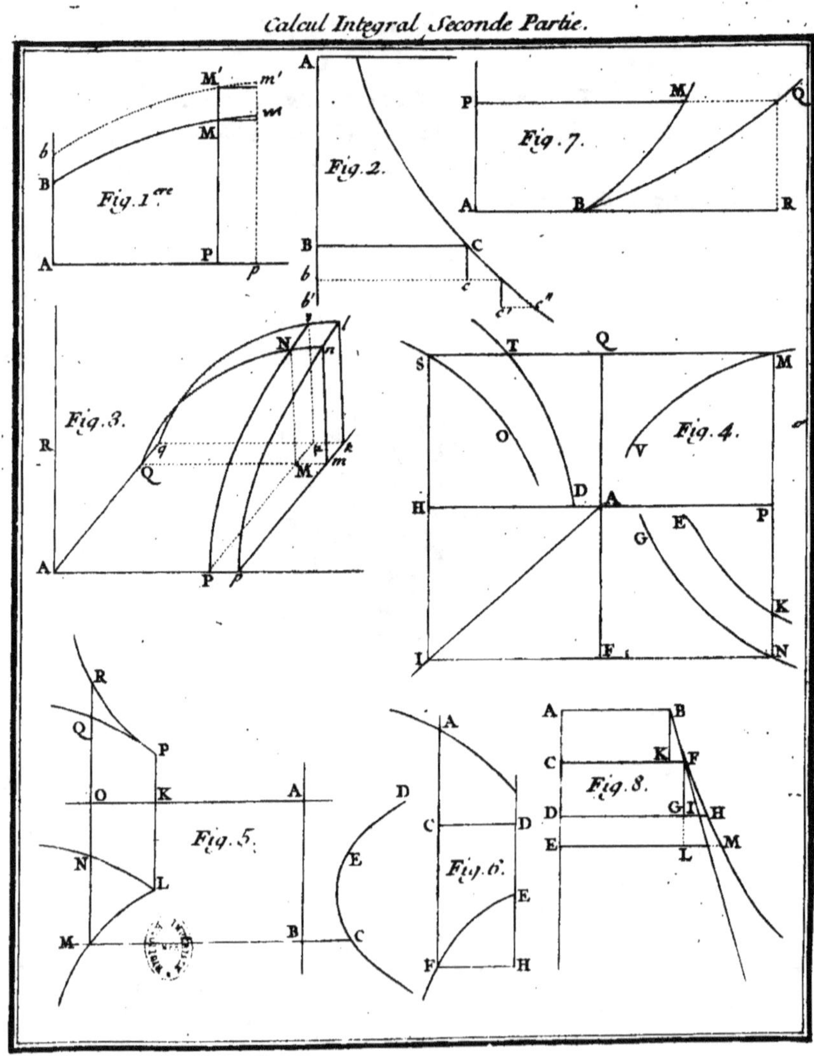
Fig. 1.re
Fig. 2.
Fig. 3.
Fig. 4.
Fig. 5.
Fig. 6.
Fig. 7.
Fig. 8.

TABLE

DES MATIERES

Contenues dans cette Seconde Partie.

SECTION PREMIERE.

De l'Intégration des Différentielles du premier ordre qui contiennent deux ou plusieurs variables.

CHAPITRE PREMIER.

Des quantités & des équations différentielles qui s'intégrent sans qu'il soit nécessaire d'en séparer auparavant les indéterminées & sans aucune autre préparation.

§. I. *Sur l'intégration des quantités différentielles.*

§. II. *Sur l'intégration des équations différentielles.*

CHAPITRE II.

Méthode pour reconnoître quand une différentielle composée de plusieurs variables est la différentielle exacte de quelque quantité, & pour l'intégrer dans ce cas.

§. I. *Exposition de la Méthode appliquée aux quantités & aux équations différentielles qui ne renferment que deux variables.*

Maniere d'intégrer les quantités $A\,dx + B\,dy$ *& les équations* $A\,dx + B\,dy = 0$, *lorsqu'elles sont des différentielles exactes.*

§. II. *Application du Théorème fondamental aux équations différentielles qui renferment plus de deux variables.*

CHAPITRE III.

De la construction des équations différentielles dans lesquelles les indéterminées sont séparées.

CHAPITRE IV.

De la séparation des indéterminées dans les équations différentielles par les regles ordinaires de l'Algebre, ou par de simples transformations.

II. Partie. Ii

CHAPITRE V.

De la séparation des indéterminées dans les équations homogenes.

CHAPITRE VI.

Méthode pour rendre homogenes des équations qui ne le font pas.

CHAPITRE VII.

Sur la conftruction de l'équation
$$AX y^n dy + B y^{n+1} X' dx + C y^q X'' dx = 0.$$

CHAPITRE VIII.

Des Différentielles qui peuvent se ramener par des transformations à la formule du Chapitre précédent.

CHAPITRE IX.

Examen général de tous les cas particuliers d'intégration des équations à trois termes.

CHAPITRE X.

Recherche générale de l'intégration des équations à quatre termes.

CHAPITRE XI.

Examen des cas d'intégration de l'équation
$$x^m dx + a dy + b y x^n dx + c y^2 dx = 0.$$

CHAPITRE XII.

Méthode pour conftruire les équations différentielles à deux variables, dans lefquelles l'une des deux indéterminées manque.

CHAPITRE XIII.

Méthode pour intégrer plufieurs équations différentielles dans lefquelles dx & dy *font élevées à différentes puiffances.*

CHAPITRE XIV.

Autre méthode pour découvrir quelques équations intégrables par le moyen de l'équation $z = \dfrac{dx}{dy}$.

CHAPITRE XV.

Méthode pour intégrer quelques équations différentielles par le moyen des coefficients indéterminés.

CHAPITRE XVI.

Méthode pour déterminer une intégrale par certaines conditions données de la différentielle.

SECTION SECONDE.

De l'Intégration des différentielles à plusieurs variables du second ordre, ou d'un ordre
plus élevé.

CHAPITRE PREMIER.

*De l'intégration de certaines différentielles du second
ordre, dans le cas où l'on sait que telle ou telle
différentielle du premier ordre a été traitée comme
constante dans le passage des premieres différences
aux secondes.*

CHAPITRE II.

*Méthode pour rendre completes les équations diffé-
rentielles de tous les degrés.*

CHAPITRE III.

Méthode pour déterminer dans quelques cas , la différentielle qui , supposée constante , facilitera le plus l'intégration.

CHAPITRE IV.

Dans lequel on applique aux équations différentielles de tous les ordres la méthode de l'article qui apprend à intégrer ou construire les équations différentielles du premier degré dans lesquelles l'une des indéterminées finies ne se trouve à aucun terme.

CHAPITRE V.

Méthode pour transformer un grand nombre d'équations différentielles qui renferment leurs deux indéterminées finies , en d'autres dans lesquelles l'une des deux ne se trouve pas.

CHAPITRE VI.

Application de la Méthode du Chapitre XV. de la premiere Section aux équations différentielles d'un ordre plus élevé que le premier.

CHAPITRE VII.

Exposition d'une Méthode pour construire ces mêmes équations $\dfrac{a\, d^n y}{d x^n} + \dfrac{b\, d^{n-1} y}{d x^{n-1}} + \dfrac{g\, d^{n-2} y}{d x^{n-2}}$, &c. $+ X = 0$, *en y supposant* $X = 0$.

CHAPITRE

CHAPITRE VIII.

Comparaison de la Méthode exposée dans le Chapitre précédent avec celle que nous avons donnée dans le Chapitre VI. Sect. II.

CHAPITRE IX.

Méthode pour trouver les cas d'intégrabilité de quelques équations du second ordre, représentées par la formule (M) $(a+bx^n)x^2\,d\,dv+(c+fx^n)x\,dx\,dv+(g+hx^n)v\,dx^2=o$, *dans laquelle* dx *est constant.*

CHAPITRE X.

Examen de plusieurs équations différentielles du second ordre, intégrables dans les mêmes cas que d'autres équations du même ordre qui ont un terme de moins.

Fin de la Table des Matieres.